高等职业教育数字商务高水平专业群系列教材

编写委员会

总主编

张宝忠　浙江商业职业技术学院原校长
　　　　全国电子商务职业教育教学指导委员会副主任委员

执行总主编

王　慧　浙江同济科技职业学院

副总主编

吴洪贵	江苏经贸职业技术学院	陈　亮	江西外语外贸职业学院
张枝军	浙江商业职业技术学院	金渝琳	重庆工业职业技术学院
景秀眉	浙江同济科技职业学院	王庆春	昆明冶金高等专科学校
曹琳静	山西职业技术学院	徐林海	南京奥派信息产业股份公司

编　委（按姓氏拼音排序）

陈　宏	黑龙江建筑职业技术学院	罗天兰	贵州职业技术学院
陈煜明	上海电子信息职业技术学院	毛卓琳	江西外语外贸职业学院
顾玉牧	江苏航运职业技术学院	孟迪云	湖南科技职业学院
关善勇	广东科贸职业学院	宋倩茜	潍坊工程职业学院
胡晓锋	浙江同济科技职业学院	童晓茜	昆明冶金高等专科学校
皇甫静	浙江商业职业技术学院	王斐玉	新疆能源职业技术学院
蒋　博	陕西职业技术学院	王　皓	浙江同济科技职业学院
金玮佳	浙江同济科技职业学院	魏　顿	陕西能源职业技术学院
李晨晖	浙江同济科技职业学院	吴　凯	绍兴职业技术学院
李洁婷	云南交通职业技术学院	余　炜	杭州全新未来科技有限公司
李　乐	重庆工业职业技术学院	张栩菡	浙江同济科技职业学院
李　喜	湖南商务职业技术学院	张宣建	重庆交通职业学院
李　瑶	北京信息职业技术学院	张子扬	浙江同济科技职业学院
李英宣	长江职业学院	赵　亮	武汉船舶职业技术学院
林　莉	南充职业技术学院	赵　琼	广东科贸职业学院
刘　丹	武汉外语外事职业学院	郑朝霞	赤峰工业职业技术学院
刘　红	南京城市职业学院	周　聪	浙江同济科技职业学院
刘　兰	安徽智信云教育科技有限公司	周　蓉	武汉职业技术大学
刘婉莹	西安航空职业技术学院	周书林	江苏航运职业技术学院
柳学斌	上海中侨职业技术大学	周月霞	杭州新雏鹰知识产权代理有限公司
卢彰诚	浙江商业职业技术学院	朱林婷	浙江商业职业技术学院
陆春华	上海城建职业学院	朱柳栓	浙江商业职业技术学院

高等职业教育数字商务高水平专业群系列教材

总主编：张宝忠

数字技术
与数据可视化

主　编／刘红　　吴洪贵　张淑静
副主编／丁亮　　吕军青　李珂珂

华中科技大学出版社
http://press.hust.edu.cn
中国·武汉

内 容 提 要

本书深入贯彻新发展理念，立足新商科专业数字化转型升级，通过对数字技术在数据可视化中的应用，以及数据可视化的理论基础、设计原则、分析方法及实践应用等的挖掘，使学生对数字技术背景下的数据可视化有较为全面的认识，从而更加深刻地理解数据可视化作为一种高效的信息呈现和分析手段所扮演的日益重要的角色，激发学生热爱数字技术、投身数字经济的热情，打开通往数字世界的大门。本书按照《职业教育专业简介（2022 年修订）》的要求，科学地设计了数字技术基础、数据可视化基础、数据可视化设计原则、可视化工具与技术、数据采集与处理、数据可视化分析方法、数据可视化应用案例七个学习单元，重塑电商类人才对数据可视化本质的认知，使其深入掌握后续专业核心课程相关技术应用，补齐业务指标评估与优化思维底层逻辑的短板。

本书既可作为高等职业院校以及应用型本科院校电子商务类、工商管理类、物流类、经济贸易类学生的专业教材，也可作为相关从业人员的自学参考用书。

图书在版编目（CIP）数据

数字技术与数据可视化 / 刘红，吴洪贵，张淑静主编. -- 武汉：华中科技大学出版社，2024.8.
（高等职业教育数字商务高水平专业群系列教材）. -- ISBN 978-7-5772-1123-7

Ⅰ. TN01

中国国家版本馆 CIP 数据核字第 2024UM1514 号

数字技术与数据可视化　　　　　　　　　　　　　　　　　刘　红　吴洪贵　张淑静　主编
Shuzi Jishu yu Shuju Keshihua

| 策划编辑：宋　焱　张馨芳 |
| 责任编辑：林珍珍 |
| 封面设计：廖亚萍 |
| 版式设计：赵慧萍 |
| 责任校对：张汇娟 |
| 责任监印：周治超 |

出版发行：华中科技大学出版社（中国·武汉）　　　　电话：（027）81321913
　　　　　武汉市东湖新技术开发区华工科技园　　　　邮编：430223

录　　排：华中科技大学出版社美编室
印　　刷：湖北新华印务有限公司
开　　本：787mm×1092mm　1/16
印　　张：22.5　插页：2
字　　数：548 千字
版　　次：2024 年 8 月第 1 版第 1 次印刷
定　　价：68.00 元

本书若有印装质量问题，请向出版社营销中心调换
全国免费服务热线：400-6679-118　　竭诚为您服务
版权所有　侵权必究

网络增值服务

使用说明

欢迎使用华中科技大学出版社人文社科分社资源网

教师使用流程

（1）登录网址：https://bookcenter.hustp.com/index.html（注册时请选择教师身份）

注册 → 登录 → 完善个人信息 → 等待审核

（2）审核通过后，您可以在网站使用以下功能：

浏览教学资源　建立课程　管理学生　布置作业　查询学生学习记录等　（教师）

学员使用流程

（建议学员在PC端完成注册、登录、完善个人信息的操作）

（1）PC端学员操作步骤

① 登录网址：https://bookcenter.hustp.com/index.html（注册时请选择学生身份）

注册 → 完善个人信息 → 登录

② 查看课程资源：（如有学习码，请在"个人中心—学习码验证"中先验证，再进行操作）

首页课程 →（选择课程）课程详情页 → 查看课程资源

（2）手机端扫码操作步骤

手机扫码 → 登录 / 注册 → 查看课程资源

如申请二维码资源遇到问题，可联系编辑宋焱：15827068411

总 序

以数字经济为代表的新经济已经成为推动世界经济增长的主力军。数字商务作为先进的产业运营方法,以前沿、活跃、集中的表现方式,助推数字经济快速增长。在新的发展时期,我国数字商务的高速发展能有效提升产业核心竞争力,对我国经济的高质量发展有重要的意义。在此背景下,数字商务职业教育面临愈加复杂和重要的育人育才责任。

(一)新一代信息技术推动产业结构快速迭代,数字经济发展急需数字化人才

职业教育最重要的特质与属性就是立足产业与经济发展的需求,为区域经济转型和高质量发展提供大量高素质技术技能人才。以大数据、云计算、人工智能、区块链和5G技术等为代表的新一代信息技术,全方位推动整个社会产业经济结构由传统经济向数字经济快速迈进。数字经济已经成为推动世界经济增长的主力军。

产业数字化是数字经济中占比非常大的部分。在产业数字化中,管理学和经济学领域新技术、新方法、新业态、新模式的应用带来了较快的产业增长和效率提升。过去十年,中国数字经济发展迅速,增长速度远远高于同期GDP增长率。

持续发展的通信技术、庞大的人口基数、稳固的制造业基础以及充满活力的巨量企业是中国数字经济持续向好发展的基础与保障,它们使得中国数字经济展现出巨大的增长空间。数字经济覆盖服务业、工业和农业各领域,企业实现数字化转型成为必要之举,熟悉数字场景应用的高素质人才将成为未来最为紧缺的要素资源。因此,为企业培养和输出经营、管理与操作一线人才的职业教育急需做出改变。

(二)现代产业高质量发展,急需明确职业教育新定位、新目标

2019年以来,人力资源和社会保障部会同国家市场监督管理总局、国家统计局正式发布一批新职业,其中包括互联网营销师、区块链工程技术人员、信息安全测试员、在线学习服务师等市场需求迫切的38个新职业。这些新职业具有明确的培养目标和课程体系,对培养什么样的人提出了明确的要求。

专业升级源自高质量发展下的产业升级。在全球数字化转型的背景下,如何将新一代信息技术与专业、企业、行业各领域深度融合,对新专业提出了新要求。2021年3月,教育部印发了《职业教育专业目录(2021年)》。该专业目录通过对接现代产业体系,主动融入新发展格局,深度对接新经济、新业态、新技术、新职业。同时,新专业

被赋予新内涵、新的一体化知识体系、新的数字化动手能力，以有效指导院校结合区域高质量发展需求开设相关专业。

具备基本的数字经济知识将成为职业院校培养高素质技术技能人才的基本要求。职业院校要运用新一代信息技术，通过知识体系重构向学生传授数字化转型所需要的新知识；要学习大数据、云计算、人工智能、区块链、5G等新技术，让学生适应、服务、支持新技术驱动的产业发展；要与时俱进地传授数字技能，如数据采集与清洗、数据挖掘与分析、机器人维修与操作、数字化运营、供应链管理等，因为学生只有具备数字技能，才能在未来实现高质量就业。

为什么要在这个时间节点提出"数字商务专业群建设"这一概念，而不是沿用传统的"电子商务专业群建设"概念？可以说，这是时代的需要，也是发展的选择。电子商务是通过互联网等信息网络销售商品或者提供服务的经营活动，它强调的是基于网络；而数字商务是由更新颖的数字技术，特别是将大数据广泛应用于商务各环节、各方面形成的经营活动，它强调的是基于数据。

1. 数字商务包括电子商务，其内涵更丰富，概念更宽广

商务部办公厅于2021年1月发布的《关于加快数字商务建设 服务构建新发展格局的通知》，将电子商务理解为数字商务最前沿、最活跃、最重要的组成部分。数字商务除了电子商务外，还包括电子政务、运行监测、政府储备、安全监督、行政执法、电子口岸等与商务相关的更广泛的内容。

2. 数字商务比电子商务模式更新颖

无论是实践发展还是理论的流行，数字商务都要比电子商务晚一些。数字商务是电子商务发展到一定阶段的产物，是对电子商务的进一步拓展。这种拓展不是量变，而是带有质变意义的新的转型与突破，可以带来更新颖的商务模式。

3. 数字商务更强调新技术，特别是大数据赋能

新颖的商务模式是由5G、物联网、大数据、人工智能、区块链等较为新颖的技术及其应用，特别是大数据的应用催生的。数据驱动着更前沿的数字技术广泛应用于实体经济中商务活动的各环节、各方面，可以进一步突破先前电子商务的边界，包括打破数字世界与实体世界的边界，使数字技术更深入地融入实体经济发展。

4. 数字商务更强调数字技术跨领域集成、跨产业融合的商务应用

相比电子商务，数字商务不仅包括基于互联网开展的商务活动，而且将数字化、网络化的技术应用延展到商务活动所连接的生产与消费两端；不仅包括电子商务活动的直接关联主体，而且凭借物联网等技术延展到相关的客体以及与开展商务活动相关的所有主体和客体，其主线是产商之间的集成融合。这种跨界打通产供销、连接消费和生产、关联服务与管理的应用，是数字商务提升商务绩效的基础。

5. 数字商务结合具体的应用场景，更深度地融入实体经济

与电子商务相比，数字商务是更基于应用场景的商务活动，在不同的产业应用场景之下，以多种数字技术实现的集成应用具有不同的内容与形式。实际上，这正是数字商务更深度地融入实体经济的体现。换个角度来理解，如果没有具体应用场景的差别，在各行各业各种条件之下数字技术的商务应用都是千篇一律的，那么，商务的智能化也就无从谈起。从特定角度来看，数字商务的智能化程度越高，就越能灵敏地反映、精准地满足千差万别的应用场景下不同经济主体的需要。

大力发展数字商务，不断将前沿的数字技术更广泛、更深入地应用于各种商务活动，必将进一步激发电子商务应用的活力和功效，不断推动电子商务与数字商务的整体升级。更重要的是，范围更广、模式更新的数字商务应用，必将为自电子商务应用以来出现的商务流程再造带来新的可能性，从而为商务变革注入新的发展动能。

本系列教材的理念与特点是如何体现的呢？专业、课程与教材建设密切相关，我国近代教育家陆费逵曾明确提出"国立根本在乎教育，教育根本实在教科书"。由此可见，优秀的教材是提升专业质量和培养专业人才的重要抓手和保障。

第一，现代学徒制编写理念。教材编写内容覆盖企业实际经营过程中的整个场景，实现教材编写与产业需求的对接、教材编写与职业标准和生产过程的对接。

第二，强化课程思政教育。教材是落实立德树人根本任务的重要载体。本系列教材以《高等学校课程思政建设指导纲要》为指导，推动习近平新时代中国特色社会主义思想进教材，将课程思政元素以生动的、学生易接受的方式充分融入教材，使教材的课程思政内容更具温度，具有更高的质量。

第三，充分体现产教融合。本系列教材主编团队由全国电子商务职业教育教学指导委员会委员，以及全国数字商务（电子商务）学院院长、副院长、学科带头人、骨干教师等组成，全国各地优秀教师参与了教材的编写工作。教材编写团队吸纳了具有丰富教材编写经验的知名数字商务产业集群行业领军人物，以充分反映电子商务行业、数字商务产业集群企业发展最新进展，对接科技发展趋势和市场需求，及时将比较成熟的新技术、新规范等纳入教材。

第四，推动"岗课赛证"融通。本系列教材为"岗课赛证"综合育人教材，将电子商务证书的考核标准与人才培养有机融合，鼓励学生在取得电子商务等证书的同时，积极获取包括直播销售员、全媒体运营师、网店运营推广职业技能等级（中级）、商务数据分析师等多个证书。

第五，教材资源数字化，教材形式多元化。本系列教材构建了丰富实用的数字化资源库，包括专家精讲微课、数字商务实操视频、拓展阅读资料、电子教案等资源，形成图文声像并茂的格局。部分教材根据教学需要以活页、工作手册、融媒体等形式呈现。

第六，数字商业化和商业数字化加速融合。以消费者体验为中心的数字商业时代，商贸流通升级，制造业服务化加速转型，企业追求快速、精准响应消费者需求，最大化品牌产出和运营效率，呈现"前台—中台—后台"的扁平化数字商业产业链，即前台无限接近终端客户，中台整合管理全商业资源，后台提供"云、物、智、链"等技术以及数据资源的基础支撑。数字商业化和商业数字化的融合催生了数字商业新岗位，也急需

改革商科人才供给侧结构。本系列教材以零售商业的核心三要素"人、货、场"为依据，以数字经济与实体经济深度整合为出发点，全面构建面向数字商务专业群的基础课、核心课，以全方位服务数字商务高水平专业群建设，促进数字商业高质量发展。

根据总体部署，我们计划在"十四五"期间，结合两大板块对本系列教材进行规划和构架。第一板块为数字商务专业群基础课程，包括数字技术与数据可视化、消费者行为分析、商品基础实务、基础会计实务、新媒体营销实务、知识产权与标准化实务、网络零售实务、流通经济学实务等。第二板块为数字商务专业群核心课程，包括视觉营销设计、互联网产品开发、直播电商运营、短视频制作与运营、电商数据化运营、品牌建设与运营等。当然，在实际执行中，可能会根据情况适当进行调整。

本系列教材是一项系统性工程，不少工作是尝试性的。无论是编写系列教材的总体构架和框架设计，还是具体课程的挑选以及内容和体例的安排，都有待广大读者来评判和检验。我们真心期待大家提出宝贵的意见和建议。本系列教材的编写得到了诸多同行和企业人士的支持。这样一群热爱职业教育的人为教材的开发提供了大量的人力与智力支撑，也成就了职业教育的快速发展。相信在我们的共同努力下，我国数字商务职业教育一定能培养出更多的高素质技术技能人才，助力数字经济与实体经济发展深度整合，助推数字产业高质量发展，为我国从职业教育大国迈向职业教育强国贡献力量。

丛书编委会
2024 年 1 月

编写说明

（一）编写背景

党的二十大将促进数字经济和实体经济深度融合作为建设现代化产业体系的核心内容之一。数字经济和实体经济深度融合的本质是应用新一代数字技术，以价值释放为核心，以数据赋能为主线，对传统产业进行全方位、全角度、全链条的改造，推动各个领域的深刻变革。作为数字经济时代的重要体现，数字技术为人类认知和理解世界提供了全新的视角和途径。在当今社会，数据可视化作为一种高效的信息呈现和分析手段，扮演着日益重要的角色，它通过将抽象的数据转化为视觉化的图形、图像等形式，实现了数据的交互式处理。这种技术不仅在运营管理和决策辅助中发挥着重要作用，而且在多个领域展现出独特的价值，包括信息搜索与知识发现、提升信息传递的影响力和吸引力、迅速识别新的趋势和机遇、增强数据的交互性，以及支持决策过程等。数据可视化广泛应用于金融、教育、医疗、交通、制造等各个领域，并催生了一系列新理论、新方法和新技术。

本教材编写团队由中国特色高水平高职学校和专业建设计划（即"双高计划"）高水平专业群负责人、首批国家级职业教育教师教学创新团队骨干成员、行业企业技术人员等组成，包括国家在线精品课程"商务数据分析与应用"、"十四五"职业教育国家规划教材《商务数据分析与应用》等团队成员。编写团队深入学习党的二十大精神和习近平总书记关于教育的重要论述，根据《职业院校教材管理办法》《高等学校课程思政建设指导纲要》《职业教育专业简介（2022 年修订）》等文件要求，结合新专标以及新版高等职业教育财经商贸大类里电子商务类专业教学标准增加的"数据可视化"课程要求，在深入分析电子商务类专业所面向的行业企业和岗位要求基础上，对相关专业的岗位能力要求做了梳理和分析，基于工作过程系统化的方法重构了教学内容，使学生对数字技术背景下的数据可视化有一个较为全面的认识，更加深刻地理解和掌握数据可视化的信息呈现和分析手段，激发学生热爱数字技术、投身数字经济的热情，提升数实融合的思想认知和综合素质。

（二）教材特色

1. 党的二十大精神引领新定位，落实立德树人根本任务

本教材在课程思政融入上：立足"为党育人、为国育才"的职业教育新定位，尤其是职业院校从就业导向到服务国家战略的人才培养新定位；立足数实融合经济发展新格

局对新岗位的能力要求，尤其是对大国工匠的新需求。通过每个学习单元前设置的可评可测的素养目标、知识目标、技能目标，反映高素质技术技能人才培养的时代新要求。"党的二十大精神""中国文化理念与精神"内容进章节、进栏目、进习题。学习单元开篇设置"思维导图"和"案例导入"，选取与产业发展贴合紧密、反映本单元主要内容、育人特色明显的素材，通过思考题目，引出本单元内容；每一学习单元还设置了"创新应用""社会担当""学思践悟""直通职场"等栏目。其中，"创新应用"精选数字经济与实体经济发展的案例，紧扣时代特色，突出创新突破；"社会担当"体现当代中国企业的社会责任和家国情怀，致力于讲好中国故事；"学思践悟"通过问题或任务引导学生对数据可视化相关问题进行探索；"直通职场"通过介绍相关职业岗位及相关职业技能等级证书要求，展示产业发展的新岗位、新要求。每一主题学习单元分设"知识准备"和"任务实施"两部分，体现理实一体。

2. 新岗位新专标体现新要求，培养产业急需新质人才

教材内容落实新岗位、新专标的培养要求，实施"岗课赛证"一体化，旨在系统阐述数字技术的发展脉络、数字经济的内涵实质，并全面介绍数据可视化的理论基础、设计原则、分析方法及实践应用，为读者打开通往数字世界的大门。

教材共分为七个学习单元。

学习单元一从宏观层面剖析数字技术的历史渊源、当代特点以及对经济社会的深远影响，并论述了数字技术与数字经济、数据可视化之间的内在联系。通过学习这一单元的内容，读者将对数字技术有整体全面的了解。

学习单元二深入探讨数据可视化基础，介绍数据可视化的定义、重要性及应用领域，并详细讲解了常见的可视化工具和方法。通过学习这些内容，读者将学会构建数据可视化的指标体系，理解其在数据分析与决策中的关键作用。

学习单元三聚焦于数据可视化设计原则，涵盖从确定数据可视化目标到图表设计最佳实践的各个方面。通过掌握这些原则，读者能够设计科学、有效的数据可视化作品，增强信息传递的效果。

学习单元四介绍可视化工具与技术，详细讲解了 Excel、BI、Python 和 R 等常用工具在数据可视化中的应用，并探讨了静态、交互式、三维和多维数据可视化技术。通过实际案例分析与实践，读者能够将理论知识应用于实际项目。

学习单元五专注于数据采集与处理，涵盖数据采集方法、工具与技术，数据清洗与处理以及数据转换与特征工程。读者将学习如何高效采集、清洗和处理数据，为后续的数据可视化分析奠定坚实的基础。

学习单元六探讨可视化分析方法，从理论基础、分析流程到高级可视化分析方法，全面介绍静态和交互式可视化分析的各类技术与应用场景。读者将学习如何通过数据可视化分析揭示数据中的深层信息，支持科学决策。

学习单元七通过金融、教育等代表性行业的应用案例，生动地展示了数据可视化在实践中的应用价值。读者能够借鉴这些案例，结合自身行业特点，设计和实施有效的数据可视化解决方案。

与此同时，本教材十分注重理论与实践相结合。每个学习单元均配有相应的实践项目，引导读者在动手操作的过程中加深对知识的理解和对技能的掌握。我们诚挚地希望，通过本教材的学习，读者能够全面领会数字技术和数据可视化方方面面的知识，熟练掌握相关理论和技能，并能够在工作中灵活运用数据可视化分析方法，提升应急监测与预警能力，成为各行业中的数据分析与可视化专家，应对数字经济时代的风险和挑战。

3. 支持O2O教学模式改革，实现多场景应用教学

本教材编写与课程数字化资源建设同步，配套资源遵循"一体化设计、结构化课程、颗粒化资源、多场景应用"的构建逻辑，建设了微课、动画、视频、拓展阅读及课程知识图谱等类型丰富的数字化教学资源，引入学习助手、数字教师等新技术，满足广大院校线上线下混合式教学及不同群体用户线上线下多样化学习的需要。

（三）编写分工

本教材由刘红、吴洪贵、张淑静担任主编，由南京城市职业学院丁亮、上海环鸣信息科技有限公司吕军青、励科（南京）数字技术有限公司李珂珂担任副主编。参与编写的人员有：南京城市职业学院刘红、张淑静、丁亮、严维红、郑艳萍、许利娜、周聪、孙静静、吴娟、刘晶晶、王孝磊、吴春阳、黄文盛，江苏经贸职业技术学院吴洪贵、冯宪伟，苏州市职业大学邵嫣嫣、陈娟，奈曼旗民族职业中等专业学校于莹，上海环鸣信息科技有限公司吕军青，励科（南京）数字技术有限公司李珂珂、吴云翼。本教材数字化课程资源建设由吴洪贵、刘红牵头，励科（南京）数字技术有限公司设计开发。感谢浙江同济科技职业学院王慧、金华职业技术大学胡华江等参与本教材内容的研讨，感谢华中科技大学出版社的编辑在本教材编写与出版过程中的大力支持。

由于编者水平及时间有限，加之数字经济时代数字技术与数据可视化知识技能变化日新月异，疏漏之处在所难免，敬请广大读者批评指正，以使本书日臻完善。

编　者
2024年7月

目 录

学习单元一　数字技术基础　　　　　　　　　　　　　　　　1
　学习目标　　　　　　　　　　　　　　　　　　　　　　　1
　思维导图　　　　　　　　　　　　　　　　　　　　　　　2
　案例导入　　　　　　　　　　　　　　　　　　　　　　　2
　主题学习单元1　数字技术发展概述　　　　　　　　　　　3
　主题学习单元2　数字技术与数字经济　　　　　　　　　11
　主题学习单元3　数字技术在数据可视化中的应用　　　　19
　单元自主学习任务　　　　　　　　　　　　　　　　　　30

学习单元二　数据可视化基础　　　　　　　　　　　　　　　31
　学习目标　　　　　　　　　　　　　　　　　　　　　　31
　思维导图　　　　　　　　　　　　　　　　　　　　　　32
　案例导入　　　　　　　　　　　　　　　　　　　　　　32
　主题学习单元1　数据可视化概述　　　　　　　　　　　33
　主题学习单元2　数据可视化工具和方法　　　　　　　　38
　主题学习单元3　可视化数据指标体系构建　　　　　　　69
　单元自主学习任务　　　　　　　　　　　　　　　　　　81

学习单元三　数据可视化设计原则　　　　　　　　　　　　　82
　学习目标　　　　　　　　　　　　　　　　　　　　　　82
　思维导图　　　　　　　　　　　　　　　　　　　　　　83
　案例导入　　　　　　　　　　　　　　　　　　　　　　83
　主题学习单元1　数据可视化目标与原则　　　　　　　　85
　主题学习单元2　布局与设计　　　　　　　　　　　　　91
　主题学习单元3　图表及图表选择　　　　　　　　　　　97
　单元自主学习任务　　　　　　　　　　　　　　　　　128

学习单元四　可视化工具与技术　　　　　　　　　　　　　129
　学习目标　　　　　　　　　　　　　　　　　　　　　129
　思维导图　　　　　　　　　　　　　　　　　　　　　130

案例导入 130
　　　主题学习单元 1　常用的可视化工具 132
　　　主题学习单元 2　数据可视化技术与方法 140
　　　主题学习单元 3　实际案例分析与实践 149
　　　单元自主学习任务 185

学习单元五　数据采集与处理　　186
　　　学习目标 186
　　　思维导图 187
　　　案例导入 187
　　　主题学习单元 1　数据采集方法与技术 188
　　　主题学习单元 2　数据清洗与处理 209
　　　主题学习单元 3　数据转换与特征工程 230
　　　单元自主学习任务 238

学习单元六　数据可视化分析方法　　239
　　　学习目标 239
　　　思维导图 240
　　　案例导入 240
　　　主题学习单元 1　可视化分析论 242
　　　主题学习单元 2　静态可视化分析方法 249
　　　主题学习单元 3　交互式可视化分析方法 276
　　　主题学习单元 4　高级可视化分析方法 296
　　　单元自主学习任务 310

学习单元七　数据可视化应用案例　　311
　　　学习目标 311
　　　思维导图 312
　　　案例导入 312
　　　主题学习单元 1　金融行业数据可视化分析 313
　　　主题学习单元 2　教育行业数据可视化案例 323
　　　单元自主学习任务 342

参考文献　　343

数字资源目录

学习单元一　数字技术基础　　　　　　　　　　　　　1
　　动画：数字技术的概念　　　　　　　　　　　　　　3
　　微课：数字技术的历史与演进　　　　　　　　　　　4
　　地铁线网三维可视化　　　　　　　　　　　　　　　6
　　动画：当代数字技术的特点　　　　　　　　　　　　6
　　动画：数字技术对社会的影响　　　　　　　　　　　8
　　1-1-1　任务实施　　　　　　　　　　　　　　　　10
　　动画：数字经济的内涵　　　　　　　　　　　　　　11
　　微课：数字技术在推动数字经济中的作用　　　　　　12
　　1-2-1　任务实施　　　　　　　　　　　　　　　　18
　　调研问卷　　　　　　　　　　　　　　　　　　　　18
　　微课：数字孪生技术在数据可视化中的应用　　　　　24
　　动画：数字孪生技术　　　　　　　　　　　　　　　24
　　1-3-1　任务实施　　　　　　　　　　　　　　　　29
　　学习单元一自主学习任务　　　　　　　　　　　　　30

学习单元二　数据可视化基础　　　　　　　　　　　　31
　　动画：数据可视化的定义　　　　　　　　　　　　　33
　　动画：数据可视化的重要性　　　　　　　　　　　　34
　　微课：数据可视化的应用领域　　　　　　　　　　　35
　　动画：数据可视化的应用领域　　　　　　　　　　　35
　　2-1-1　任务实施　　　　　　　　　　　　　　　　37
　　微课：描述性统计分析　　　　　　　　　　　　　　38
　　电商可视化大屏　　　　　　　　　　　　　　　　　48
　　微课：数据的推断性统计分析方法　　　　　　　　　52
　　动画：数据可视化的常见工具　　　　　　　　　　　60
　　2-2-1　任务实施　　　　　　　　　　　　　　　　65
　　数据源素材（1）　　　　　　　　　　　　　　　　65
　　动画：可视化数据指标体系的重要性　　　　　　　　69

微课：构建可视化数据指标体系的步骤　　72
　　2-3-1　任务实施　　73
　　数据源素材（2）　　74
　　学习单元二自主学习任务　　81

学习单元三　数据可视化设计原则　　82

　　微课：确定可视化目标　　85
　　动画：数据可视化设计原则　　87
　　3-1-1　任务实施　　88
　　动画：图形设计基础　　91
　　动画：视觉设计原则　　93
　　微课：关键信息表达技巧　　94
　　3-2-1　任务实施　　95
　　数据源素材（3）　　96
　　动画：图表类型概述　　98
　　3-3-1　任务实施　　117
　　微课：选择合适的图表　　119
　　学习单元三自主学习任务　　128

学习单元四　可视化工具与技术　　129

　　微课：常用的数据可视化工具　　132
　　动画：Excel 在数据可视化中的应用　　132
　　动画：BI 工具概述及其应用　　133
　　动画：Python 数据可视化库　　135
　　动画：R 数据可视化库　　136
　　数据源素材（4）　　138
　　微课：数据可视化技术与方法　　140
　　动画：静态数据可视化技术　　140
　　动画：交互式数据可视化技术　　141
　　动画：三维和多维数据可视化技术　　142
　　动画：时间序列数据可视化　　144
　　4-2-1　任务实施　　144
　　4-2-2　任务实施　　146
　　微课：使用 Excel 进行数据可视化实践　　149
　　4-3-1　任务实施　　150
　　4-3-2　任务实施　　154
　　4-3-3　任务实施　　158
　　使用 BI 工具进行数据可视化实践　　163
　　创建交互式报告　　172

数据共享与数据协作 177
　　学习单元四自主学习任务 185

学习单元五　数据采集与处理　　186
　　动画：数据采集方法 188
　　微课：数据采集方法 188
　　动画：数据采集工具 191
　　5-1-1　任务实施 204
　　微课：数据清洗与处理 209
　　动画：数据清洗 209
　　动画：缺失值 210
　　动画：异常值 220
　　5-2-1　任务实施 227
　　动画：数据转换 230
　　微课：数据转换与特征工程 231
　　动画：特征选择与构造 234
　　动画：特征缩放与特征归一化 236
　　5-3-1　任务实施 236
　　学习单元五自主学习任务 238

学习单元六　数据可视化分析方法　　236
　　微课：认知原理和视觉感知原理在可视化分析中的应用 243
　　动画：数据可视化分析流程 246
　　针对城市居民慢性病分布及其影响因素成功设计可视化分析 247
　　动画：可视化分析的方法 248
　　静态可视化到动态可视化的进步 249
　　6-1-1　任务实施 249
　　微课：静态可视化分析方法 249
　　动画：探索性数据分析的基本内涵 249
　　动画：描述性统计可视化概述 252
　　动画：比较分析与对比分析 257
　　动画：分布分析和趋势分析 263
　　游戏行业市场规模趋势 265
　　动画：关联分析和相关分析 268
　　6-2-1　任务实施 271
　　微课：交互式可视化分析方法 276
　　6-3-1　任务实施 277
　　6-3-2　任务实施 282
　　动画：探索性可视化与发现 287

6-3-3 任务实施 287
6-3-4 任务实施 290
微课：高级可视化分析方法 296
动画：空间数据分析与地理可视化 296
6-4-1 任务实施 307
学习单元六自主学习任务 310

学习单元七 数据可视化应用案例 308

微课：金融行业数据可视化应用场景 314
数据可视化助力可持续发展新局面 316
7-1-1 任务实施 316
微课：教育行业数据可视化 323
动画：专业知识图谱和课程知识图谱 329
7-2-1 任务实施 334
学习单元七自主学习任务 342

学习单元一　数字技术基础

学习目标

◇ **素养目标**

- 通过了解我国数字技术应用现状，强化数字中国概念。
- 通过感受数字孪生技术的应用，激发创新精神，形成民族自信和自豪感。
- 通过了解数据可视化在数字经济中的重要作用，培养历史使命感。

◇ **知识目标**

- 了解数字经济的内涵以及数字技术对数字经济的推动作用。
- 了解大模型和 AIGC 在数据可视化中应用的基本原理和领域。
- 掌握数字孪生技术的概念和特征、数字孪生技术的应用场景。

◇ **技能目标**

- 能够运用大模型和 AIGC 生成的技术，设计和实现动态且互动性强的数据可视化解决方案。
- 能够应用个性化的数据可视化技术，根据用户的行为和偏好，定制可视化输出，提高数据报告的个人或团队使用体验。
- 能够正确处理数据结构与数据可视化的关系，根据数据结构的特点选择合适的可视化方式。

思维导图

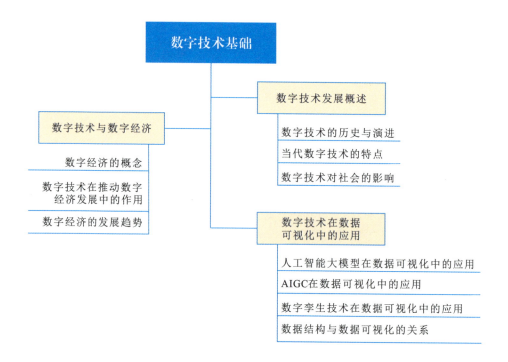

案例导入

数智赋能汽车产业转型升级[①]

近年来，新能源和智能网联汽车成为全球汽车产业转型升级的战略方向。在汽车产业智能化、网联化升级进程中，我国智能网联车企逐渐掌握核心技术、占领科技制高点，成为汽车强国战略的重要支撑。

公开资料显示，"十四五"期间，各地围绕智能网联汽车产业积极布局，不断探索智能网联汽车时代新命题并刷新"成绩单"。国家智能网联汽车创新中心的研究数据显示，到2025年，我国智能网联汽车产业仅汽车部分新增的产值会达到1.06万亿元。

智能网联汽车融合了物联网、云计算、大数据、人工智能等多种创新技术，如今该领域已成为国内汽车龙头企业加速布局的产业新赛道。如包括北京汽车集团有限公司、浙江吉利控股集团有限公司在内的不少传统汽车企业，正围绕

---

① 来源：人民网，http://paper.people.com.cn/zgcsb/html/2023-10/09/content_26020766.htm。

提升智能网联关键零部件的研发应用能力,加快智能驾驶、智能座舱、数字化云平台等技术创新,推动智能驾驶出租车、无人驾驶巴士、无人配送等多个场景应用落地。

据了解,智能网联汽车最突出的一项技术就是自动驾驶。资料显示,自动驾驶行业是数字经济与实体经济融合的代表,也是解决交通拥堵和环境污染等问题的有效手段。根据国家标准,我国将驾驶自动化分为0级到5级共6个级别,其中2级为组合驾驶辅助,5级为完全自动驾驶。目前,北京、深圳、苏州等城市都开设了自动驾驶测试路段。

◇ 思考
1. 你了解数字技术是如何赋能新能源汽车发展的吗?
2. 数字技术与新能源汽车结合实现了哪些突破?

从党的二十大报告中我们可以看到,促进数字经济和实体经济深度融合是我国制造业高质量发展的重要方向。数字化转型和绿色低碳发展已经成为我国经济发展的重要趋势和方向。未来,我们需要继续加强政策引导和技术创新,推动更多企业实现数字化转型和绿色低碳发展,为实现中华民族伟大复兴的中国梦贡献力量。

主题学习单元1　数字技术发展概述

知识准备

数字技术作为当代最具创新性和影响力的技术领域之一,已经在全球范围内引起了广泛关注和研究。当前,数字技术正以惊人的速度改变着我们的世界,从日常生活到商业领域,无不受其影响。数字技术的发展不仅改变了人们的生活方式和工作模式,也为经济增长和社会进步提供了强大的动力。

一、数字技术的历史与演进

(一)数字技术的概念

"数字技术"是随着互联网的迭代发展,在市场需求中应运而生的一门技术。它以电子计算机为基础,通过数字化信息处理实现信息传递、存储、获取等功能。数字技术的发展深刻地改变了人类的生产方式和生活方式,成为新质生产力的主要代表。

动画:数字技术的概念

社会担当

为什么说数字技术是新质生产力？

数字技术被视为新质生产力，主要是因为它在科技与信息技术快速发展的背景下，通过融合其他生产要素，创造满足社会需要的产品和服务，有效地提高了经济效益和市场竞争力。新质生产力的特点是创新、高效和可持续发展，而这些特点在数字技术的实践中得到了充分体现。首先，技术创新是新质生产力的核心。数字技术的广泛应用，如人工智能、大数据、物联网等，为生产力的提升提供了强大的动力。这些技术的应用极大地提高了生产效率、优化了产品和服务的质量，并催生了全新的商业模式。其次，知识经济是新质生产力的重要组成部分。数字技术通过激发创新和知识的应用，为企业创造巨大的价值。在知识经济时代，知识、技能和创意的重要性日益凸显，而数字技术正是推动知识经济发展的关键因素。此外，数字化经济也是新质生产力的重要表现形式。数字化经济指的是将传统产业与信息技术融合，通过数字化手段提高生产效率、推动产业升级。数字化经济以数字技术为基础，实现了产业链的数字化、网络化和智能化，改变了传统产业的生产方式和商业模式。

综上所述，数字技术通过技术创新、知识经济和数字化经济等，促进新质生产力的产生和发展，对经济社会发展产生深远的影响。

数字技术的应用领域非常广泛，涵盖数字化生产方式、数字化商业模式、数字化管理范式以及数字化产品形式等多个方面。例如，在数字化生产方式中，智能制造和工业互联网等技术被用于将传统的大规模标准化产品生产转变为大规模定制化产品生产。在数字化商业模式中，传统的线下环节逐渐向线上迁移，并与线上环节融为一体，从而实现更高效、便捷的商业运营。此外，数字技术还在管理范式和产品形式上发挥重要作用，推动了企业内外部资源的优化管理和新型数字产品的创造。

（二）数字技术的演进

互联网行业从门户网站时代到搜索引擎时代，再到移动社交网络时代直至今天的自媒体时代，数字化普遍存在于企业的系统之中。当企业发展到一定的规模时，逐步建立起来的管理系统，包括前端、数据中心、信息系统以及后台等一应俱全，部分企业定制系统时甚至会特地做成开源或半开源的状态，以便日后随着企业的发展在系统中增加相应的模块，这便是数字化的初级形态。

微课：数字技术的历史与演进

科学技术是第一生产力，也是生产力系统中最为活跃和关键的构成要件。顺应新一轮科技和产业革命，数字技术已成为新质生产力的内核，它是由物联网、大数据、云计算、区块链、人工智能等组合而成的有机整体。从物联网到大数据，再到云计算、区块链、人工智能，这一系列技术的演进不仅展示了数字技术发展的历史轨迹，还反映了这些技术如何相互作用和叠加，共同推动全球数字化转型进程。数字技术框架如图 1-1-1 所示。

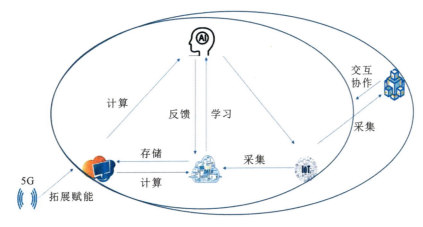

图 1-1-1　数字技术框架

（三）数字技术变革

当前数字技术变革有三大特征。

1. 数据的爆炸式增长和计算能力的飞速提升

在生物学、天文学、社会科学等领域，数据的收集和存储已经超出了人类的分析和理解能力。随着云计算、量子计算、神经元计算等技术的发展，计算能力得到了前所未有的提升，人工智能可以处理更复杂、更多维度和有更多变量的问题。

2. 学习曲线的缩短与知识更新迭代的加速

大数据、人工智能、区块链等数字科技正在迅速改变产业形态。这些技术将有效地协助人类进行高质量的创新，解决传统的效率低、风险大、失败率高等问题。人工智能技术能够实现自主学习，可以对经验性知识进行深度挖掘；云计算能够实现高性能处理，从而帮助人类创造知识和进行科学决策，构建基于大数据、云计算和人工智能技术的"新脑"。

3. 开源社区的涌现与开放式创新的形成

以移动互联网、云计算、大数据为基础，快速发展起来的开放式创新有助于创新主体突破资源约束、降低创新成本、提升创新效率。开放式创新模式凭借海量资源、全球网络、多主体参与、分布式协作等诸多特征，成为开放的、透明的、增长的、立体的创新生态系统。

（四）数字技术的未来展望

数字技术作为当今时代的核心驱动力，正在以前所未有的速度推动社会变革。展望未来，我们可以预见一个更加智能、互联、高效的世界。

1. 人工智能将成为数字技术的重要发展方向

随着算法的不断优化和计算能力的提升，人工智能将在更多领域展现其强大的应用潜力。无论是在自动驾驶、医疗诊断领域，还是教育、娱乐领域，人工智能都将以其独特的智能和学习能力，为人类生活带来更多便利和创新。

2. 云计算和大数据将构建数字技术的基石

未来社会数据量会急剧增长，云计算将为人们提供强大的数据存储和处理功能，大数据技术则能帮助人们挖掘数据价值，发现新的商业机会和社会治理方式。此外，物联网技术将实现万物互联，将各种设备和系统紧密地连接在一起。智能家居、智能城市、智能农业等应用将不断涌现，使我们的生活更加便捷、高效。

3. 新一代通信技术也将为数字技术的发展提供有力支撑

5G 技术的普及将极大地提升网络速度和稳定性，为远程办公、在线教育等提供强大的技术支持。而未来的 6G 技术更将开启全新的通信时代，为人们带来更加丰富的应用场景和体验。

创新应用

地铁线网三维可视化

数字孪生技术在地铁线网的管理和运维中的应用是一个前沿且迅速发展的领域。随着物联网、大数据、云计算以及人工智能技术的发展，地铁线网数字孪生技术在智能交通和智慧城市建设中的作用日益凸显。

图扑软件基于 HTML5 的 2D、3D 图形渲染引擎，结合 GIS 地图，以 B/S 技术架构打造地铁线网数字孪生平台。地铁线网数字孪生技术通过高级传感器、物联网技术等手段实时收集地铁运行数据（包括车辆位置、客流量等），并通过强大的数据处理能力实现对地铁系统状态的全面监控与预测，实现实时数据的整合与优化，助力地铁运营管理朝着更高效、更智能、更安全的方向发展，推动交通行业的数字化转型升级。

更多案例内容请扫描二维码查看。

地铁线网三维可视化

二、当代数字技术的特点

随着科学技术的飞速发展，数字技术已成为当今时代最引人注目的领域之一。它以独特的魅力和广泛的应用领域，深刻影响着社会的方方面面。其特点主要体现在以下几个方面。

动画：当代数字技术的特点

1. 二进制基础的简洁性与高效性

数字技术最显著的特点之一便是其基于二进制数制的简洁性与高效性。二进制数制即以 0 和 1 两个数码表示所有信息，使得数字电路的设计变得非常简单。这种简洁性不仅降低了数字电路的制造成本，还提高了其可靠性。同时，二进制数制的运算规则也相对简单，使得数字信息的处理速度更快、效率更高。

此外，二进制数制还具有强大的扩展性。通过增加二进制数的位数，可以表示更大范围的信息，满足不断增长的信息处理需求。这种扩展性使得数字技术能够不断适应新的应用场景，推动社会进步和发展。

2. 高抗干扰能力与高精度的信息传输

数字技术具有高抗干扰能力，这主要得益于其信息传输方式的特殊性。在数字电路中，信息以离散的脉冲形式进行传输。这种传输方式使得信息在传输过程中不易受到外界干扰的影响。因此，数字技术能够在复杂多变的环境中保持稳定的性能，确保信息的准确传输。

此外，数字技术还具有高精度的特点。通过增加二进制的位数，可以提高信息的精度，使得数字技术能够处理更复杂、更精细的信息。这种高精度使得数字技术在科学研究、工程设计等领域具有广泛的应用前景。

3. 信息存储的便利性与长期性

数字技术使得信息存储更加便利和长久。与传统的模拟信号存储方式相比，数字信号的存储更加稳定可靠。数字信号以二进制形式存储于介质中，不易受外界环境影响而发生变化，因此可以长期保存而不失真，为后人留下宝贵的信息资源。

此外，数字技术还提供了大容量、高速度的存储介质，如硬盘、闪存等。这些存储介质能够存储大量的数字信息，并且读写速度极快，使得信息的获取和分享更加便捷。

4. 良好的保密性与安全性

数字技术具有良好的保密性与安全性。由于数字信息是以二进制形式表示的，因此可以通过特定的逻辑运算进行加密处理，使得信息在传输和存储过程中不易被窃取或篡改。这种加密技术广泛应用于网络通信、电子支付等领域，保障了信息安全。

此外，数字技术还可以通过设置权限、身份验证等方式来限制对信息的访问和操作，进一步提高了信息的安全性。

5. 通用性与标准化

数字技术的通用性与标准化是其得以广泛应用的重要基础。数字技术采用标准化的逻辑部件和接口设计，使得不同厂商生产的数字设备能够相互兼容和连接。这种通用性使得数字技术能够广泛应用于各个领域，促进了信息的共享和交流。

同时，数字技术的标准化也为技术创新和产业发展提供了便利。通过制定统一的标准和规范，可以推动数字技术不断发展和完善，提高整个行业的竞争力。

6. 不断创新与发展

当代数字技术还具有不断创新与发展的特点。随着科学技术的进步和应用的深入，数字技术不断涌现新的技术发展和应用。例如，云计算、大数据、人工智能等技术的快速发展，为数字技术的创新提供了强大的动力。这些新技术不仅拓展了数字技术的应用领域，还提高了数字技术的性能和效率。

此外，数字技术还与其他领域的技术深度融合，形成许多新的交叉学科和应用领域。这种跨领域的融合为数字技术的发展提供了更广阔的空间和更大的可能性。

三、数字技术对社会的影响

数字技术对社会的影响是广泛而深远的，它不仅改变了人们的生活方式，还重塑了社会的运作机制。

动画：数字技术对社会的影响

（一）经济领域的机遇

1. 数字化转型

数字技术推动各行业进行数字化转型，实现更高效的生产和运营。例如，在制造业中，引入自动化生产线和智能机器人可以显著地提高生产效率，减少人力成本。

2. 商业模式创新

数字技术催生了新的商业模式，如共享经济、平台经济等。这些新模式不仅创造了新的经济增长点，还促进了资源的优化配置和共享。

3. 就业结构变化

数字技术的发展也带来了就业结构的变化。一方面，它创造了大量与数字技术相关的新职业，如数据分析师、人工智能工程师等；另一方面，一些传统职业可能面临挑战，需要适应新的技术环境。

（二）文化领域的创新

1. 文化创新

数字技术为文化产业带来了创新的可能性。通过虚拟现实、增强现实等技术，人们可以体验到更多沉浸式的文化内容。同时，数字技术也为艺术家和创作者提供了更广阔的进行展示和推广的空间。

2. 文化传播

数字技术使得文化传播更加便捷和高效。通过社交媒体、在线视频平台等渠道，人们可以轻松地获取和分享各种文化信息，促进了文化的多元化和全球化。

（三）教育领域的变革

1. 在线教育普及

数字技术使得在线教育成为可能。在线教育打破了地域和时间的限制，使更多人能够享受到优质的教育资源。

2. 个性化教育

通过大数据分析，数字技术可以根据学生的学习特点和需求，提供个性化的学习方案，增强教育效果。

3. 教育公平

数字技术有助于缩小教育差距，使得偏远地区的人们和弱势群体也能够获得良好的教育机会。

（四）医疗领域的改善

1. 远程医疗

数字技术使医生可以通过远程视频会诊等方式，为患者提供便捷的医疗服务，缓解了医疗资源分布不均的矛盾。

2. 精准医疗

通过大数据分析和人工智能算法，数字技术可以帮助医生进行更准确的诊断和治疗，提高了医疗质量和效率。

3. 健康管理

数字技术使个人健康管理成为可能，通过智能穿戴设备、健康 App 等工具，人们可以实时监测自己的健康状况，预防疾病的发生。

（五）城市管理的优化

1. 智能化管理

数字技术使城市管理更加智能化和高效化。通过大数据、云计算等技术手段，人们可以实时监测城市运行状况，优化资源配置，提高城市治理水平。

2. 公共服务优化

数字技术可以提高公共服务的质量和效率，如智能交通系统可以减少交通拥堵，智能安防系统可以提高社区安全性。

然而，数字技术对社会的影响并非全然积极正面。它也带来了一些挑战和问题，如数据隐私泄露、网络安全威胁、数字鸿沟等。因此，我们在享受数字技术带来的便利和机遇的同时，也要关注并解决这些问题，确保数字技术的健康发展和社会福利的最大化。

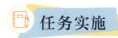
任务实施

◇ **任务描述**

信息技术和数字技术是两个既相关又不完全相同的概念。请从核心目标、应用领域和技术手段三个方面分析两者的区别。

◇ **实践准备**

① 分组研讨，每组4~6名同学。

② 选出组长并确定组内其他成员分工。

1-1-1　任务实施

◇ **实践指导**

① 线上收集信息技术和数字技术的相关内容。

② 小组之间分享收集结果，并对结果进行筛选和整理。

③ 小组成员采用头脑风暴法，分别从核心目标、应用领域和技术手段三个方面进行讨论，并将结果填入表1-1-1中。

表1-1-1　信息技术与数字技术的区别

	核心目标	应用领域	技术手段
信息技术			
数字技术			

◇ **实施评价**

根据任务实施情况，完成如表1-1-2所示的任务评价表。

表1-1-2　任务评价表

任务编号		任务名称	
任务完成方式		□ 小组协作完成　　□ 个人独立完成	
评价			
本单元成绩：			
自我评价： （20%）		小组评价： （20%）	教师评价： （60%）
存在的主要问题			

主题学习单元2 数字技术与数字经济

一、数字经济的概念

党的二十大报告提出,"加快发展数字经济,促进数字经济和实体经济深度融合,打造具有国际竞争力的数字产业集群"。数字经济的崛起与繁荣,为经济社会发展赋予了新领域、新赛道和新动能、新优势,正在成为引领中国经济增长和社会发展的重要力量。

(一)数字经济的内涵

关于什么是数字经济,2016年G20杭州峰会发布的《二十国集团数字经济发展与合作倡议》给出了一个权威的定义,其指出:"数字经济是指以使用数字化的知识和信息作为关键生产要素、以现代信息网络作为重要载体、以信息通信技术的有效使用作为效率提升和经济结构优化的重要推动力的一系列经济活动。"这一界定在社会上得到了广泛认可。其强调了数字经济的三个核心要素。

动画:数字经济的内涵

1. 数字化的知识和信息

这是数字经济中的关键生产要素,包括各种形式的数据、知识、信息等,它们经过数字化处理后,能够在全球范围内快速流通和共享,为经济发展提供新的动力。

2. 现代信息网络

作为数字经济的重要载体,现代信息网络如互联网、物联网、移动通信网络等,为数字化知识和信息的传输、存储和处理提供了基础设施。这些网络使得信息和数据能够在全球范围内实时、高效地传输,为数字经济活动提供了必要的支撑。

3. 信息通信技术的有效使用

这是提升效率和优化经济结构的重要推动力。通过应用先进的信息通信技术,企业可以优化生产流程、降低运营成本、提高生产效率;政府可以改进公共服务、提升治理效能;个人可以享受更便捷的生活服务、提升生活质量。

(二)数字经济的构成

根据中国信息通信研究院提出的数字经济"四化"框架,可以将数字经济划分为以下四个部分。

1. 数字产业化

数字产业化中的"产业"指的是信息通信产业（行业），具体包括电子信息制造业、电信业、软件和信息技术服务业、互联网行业等。这些产业（行业）是数字经济的基础，为数字经济其他部分提供技术、装备和服务支持。

2. 产业数字化

这部分关注的是传统产业运用数字技术实现的产能增加和效率提升。例如，工业互联网、智能制造、车联网、平台经济等融合型新产业、新模式、新业态都属于这一范畴。它们通过应用数字技术，推动传统产业转型升级和创新发展。

3. 数字化治理

数字化治理包括多元治理、以"数字技术＋治理"为典型特征的技管结合，以及数字化公共服务等。数字化治理利用数字技术提升政府、社会组织等的治理效能，推动社会治理体系和治理能力现代化。

4. 数据价值化

数据价值化涵盖数据采集、数据标准、数据确权、数据标注、数据定价、数据交易、数据流转、数据保护等多个环节。随着数据成为新的生产要素，数据价值化在数字经济中的地位日益凸显，它涉及数据的全生命周期管理，旨在实现数据的合规、安全、有效利用。

如图 1-2-1 所示，数字经济的这四大部分相互关联、相互促进，共同构成了数字经济的完整生态系统。随着数字技术的不断发展和应用，数字经济的内涵和外延还将继续丰富和拓展。

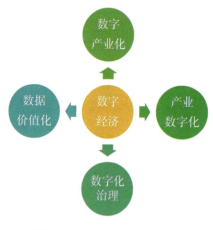

图 1-2-1　数字经济生态系统

微课：数字技术在推动数字经济中的作用

二、数字技术在推动数字经济发展中的作用

数字经济作为新时代经济发展的重要引擎，正以其独特的魅力和强大的动力引领经

济社会的深刻变革。在这一进程中，数字技术发挥着举足轻重的作用，它不仅为数字经济提供了强大的技术支撑，更为其注入了源源不断的创新活力。

（一）数字技术对数字经济的推动作用

1. 数字技术为数字经济提供了高效的数据处理和分析能力

在数字经济时代，数据已成为新的生产要素，而数字技术正是处理和分析这些数据的关键。通过云计算、大数据等技术，我们可以对海量数据进行快速、准确的存储、处理和分析，从而发现数据背后的价值，为决策提供科学依据。这种能力使得数字经济能够更加精准地把握市场脉搏，更加有效地配置资源，实现高效、可持续的发展。

2. 数字技术推动了数字经济的创新发展

数字技术以其强大的创新性和灵活性，为数字经济提供了源源不断的创新动力。无论是物联网、人工智能、区块链等新兴技术的涌现，还是传统产业与数字技术的深度融合，都体现了数字技术在推动数字经济创新发展方面的巨大潜力。这些创新不仅催生了新业态、新模式，更为经济社会发展注入了新的活力。

3. 数字技术提升了数字经济的服务质量

在数字经济时代，消费者的需求日益多样化、个性化，而数字技术正是满足这些需求的重要手段。通过电子商务平台、智能客服等应用，企业可以为消费者提供更加便捷、高效的服务体验；通过个性化推荐、精准营销等手段，企业可以更好地满足消费者的个性化需求。这种服务质量的提升，不仅提高了消费者的满意度和忠诚度，也为数字经济的发展奠定了坚实的基础。

4. 数字技术促进了数字经济的跨界融合

在数字技术的推动下，传统产业与新兴产业之间的界限逐渐模糊，跨界融合成为数字经济发展的新趋势。这种融合不仅有助于打破行业壁垒，推动实现资源共享和优势互补，更有助于催生新的经济增长点，为经济社会发展注入新的动力。

当然，数字技术在推动数字经济中的作用远不止于此。它还在提升政府治理能力、优化公共服务、促进国际交流与合作等方面发挥重要作用。可以说，数字技术已经成为推动数字经济发展的核心驱动力，其重要性不言而喻。

（二）数字技术推动数字经济发展的实际案例

数字技术广泛应用于数字经济的各个领域，包括电子商务、数字金融、智能制造、智慧城市等。通过数字技术，企业能够实时掌握市场动态、分析用户行为、优化产品策略，从而提高经营效率和盈利能力；政府则可以利用数据可视化制定政策、监管执法和提供公共服务，提升治理效能和民生福祉。同时，数字技术还促进了数字经济与其他产业的深度融合，推动了经济结构的优化升级。

1. 电子商务的销售趋势分析

以电商平台为例,通过数字技术,平台能够实时展示各类商品的销售趋势、用户购买行为以及地域分布等信息。平台数据以图表等形式展现,使得平台运营者能够迅速识别热销商品、潜在市场以及用户偏好。基于这些可视化数据,平台能够及时调整营销策略、优化库存管理,进而提升销售效率和用户满意度。

2. 数字金融领域的风险评估

在数字金融领域,金融机构可以利用数字技术对信贷业务进行风险评估。通过将客户的信用记录、财务状况以及市场数据整合成可视化图表,金融机构能够更直观地识别潜在的高风险客户和行业趋势。这不仅有助于降低信贷风险,还能为相关负责人提供决策支持,优化资产配置。

3. 智能制造的生产过程监控

智能制造企业可以采用数字技术对生产线进行实时监控。通过在生产线上布置传感器和摄像头,企业能够实时收集生产数据并将其转化为可视化图表,展示生产线的运行状态、设备效率以及产品质量等信息。企业管理人员可以根据可视化数据及时调整生产计划、优化设备配置,从而提高生产效率和质量。

4. 智慧城市的交通流量分析

在智慧城市建设中,数据可视化技术被广泛应用于交通流量分析。通过收集和分析交通数据,城市管理者能够了解各路段的车流量、拥堵状况以及交通事故发生情况。这些数据以地图、柱形图等形式展现,使得管理者能够直观地识别交通瓶颈和潜在风险点。基于这些可视化数据,城市管理者可以制定合理的交通规划、优化交通资源配置,从而缓解交通拥堵,提高出行效率。

这些例子展示了数字技术在推动数字经济发展中的重要作用。总之,直观、生动的数据展示不仅有助于企业、政府和社会各界更好地理解数字经济的内在逻辑和运行规律,还能促进资源的优化配置和创新发展。

数据资本:数字经济时代的新力量

在数字经济时代,数据作为一种新的资本形式,具有巨大的价值和影响力,"数据资本"这一概念也应运而生。简单来说,数据资本就是以数据为基础的经济活动所产生的价值和收益。

1. 数据资本的特点

数据资本的特点表现为:数据是数据资本的核心;数据资本具有高附加值;数据资本具有高流动性。

2. 数据资本的形成和积累

数据资本的形成和积累需要经历以下几个阶段：数据的收集和存储—数据的分析和处理—数据的应用和创新。

3. 数据资本的价值和影响

数据资本的价值和影响包括以下几个方面：一是数据资本的利用可以促进创新、提高生产效率，从而推动经济增长；二是企业通过积累和分析数据，可以更好地了解市场和消费者，从而获得竞争优势；三是政府可以利用数据进行更精准的政策制定，提高公共服务的质量和效率；四是进行数据治理。

4. 数据资本的未来发展趋势

随着信息技术的不断发展，数据资本的未来发展趋势也将发生变化。未来，数据资本将更加注重数据的质量和安全性，也将更加注重数据的共享和合作。此外，数据资本还将与人工智能、区块链等新技术结合，从而实现更加智能化的高效率的经济活动。

总之，数据资本是数字经济时代的核心资源，它具有巨大的价值和影响力。在未来的发展中，我们要更加注重数据的质量和安全性，也要更加注重数据的共享和合作，积极探索有效的数据利用方式，同时要关注数据治理和隐私保护等相关问题，以实现数据资本的可持续发展和社会共享价值的最大化。

三、数字经济的发展趋势

在创新、协调、绿色、开放、共享的新发展理念指引下，我国数字经济快速发展，成为国民经济高质量发展的新动能。

（一）数字经济规模及增长预测

1. 当前数字经济规模

中国信息通信研究院发布的《中国数字经济发展研究报告（2023年）》显示，2022年，我国数字经济规模达到50.2万亿元，同比名义增长10.3%，已连续11年显著高于同期GDP名义增速，数字经济占GDP比例达到41.5%，这一比例相当于第二产业占国民经济的比率。

该报告认为，我国数字经济结构优化可以促进质的有效提升。2022年，我国数字产业化规模与产业数字化规模分别达到9.2万亿元和41万亿元，占数字经济比例分别为18.3%和81.7%，数字经济的二八比例结构较为稳定。其中，第三、二、一产业数字经济渗透率分别为44.7%、24.0%、10.5%，同比分别提升1.6、1.2、0.4个百分点，第二产业的渗透率增幅与第三产业的渗透率增幅差距进一步缩小，形成服务业和工业数字化共同驱动发展的格局。

该报告指出，我国数字经济全要素生产率进一步提升。2022年，我国数字经济全要素生产率为1.75，相较2012年提升了0.09，数字经济全要素生产率水平和同比增幅都显著高于整体国民经济生产效率，对国民经济生产效率提升起到支撑、拉动作用。分产业看，第一产业数字经济全要素生产率小幅上升，第二产业数字经济全要素生产率十年间整体呈现先升后降态势，第三产业数字经济全要素生产率大幅提升，成为驱动数字经济全要素生产率增长的关键力量。

2. 未来数字经济市场规模预测

第一，从过去几年的增长趋势来看，中国数字经济规模呈现稳健的增长态势。特别是近年来，随着数字技术的不断发展和应用，数字经济的规模和影响力持续扩大。因此，未来我们有理由相信数字经济市场规模将继续保持增长态势。

第二，政策环境对数字经济的发展具有重要影响。近年来，中国政府高度重视数字经济的发展，出台了一系列支持政策，为数字经济的快速增长提供了有力保障。特别是在2024年国务院政府工作报告中，将"大力推进现代化产业体系建设，加快发展新质生产力"作为第一大任务，其中深入推进数字经济创新发展是重要板块，这无疑将为数字经济的发展提供强大的政策支持。未来，随着政策的进一步推动和落地，数字经济市场有望获得更多发展机遇。

第三，技术进步也是推动数字经济市场增长的关键因素。随着云计算、大数据、人工智能等技术的不断发展，数字经济的应用场景将不断拓展，为市场增长提供新的动力。

（二）数字经济的发展趋势

1. 数据资源的价值日益凸显

在数字经济时代，数据已经成为一种重要的生产要素和资源。随着大数据、云计算、人工智能等技术的不断发展，数据的采集、存储、处理和分析能力不断提升，数据的价值也日益凸显。政府和企业越来越重视数据的收集和利用，其通过数据挖掘和分析，可以更好地了解市场需求、优化生产流程、提高决策效率，从而促进经济的持续发展。

同时，随着政府主导下的数字需求市场逐步形成，数据资源的利用将更加规范化和高效化。政府将通过政策引导和市场机制，推动数据资源的共享和开放，促进数据资源的优化配置和高效利用。这将有助于提升政府治理水平和社会服务效率，推动数字经济健康发展。

2. 产业数字化加速推进

产业数字化是数字经济发展的重要方向之一。随着数字化技术的不断发展和应用，各产业都在加速推进数字化转型。在第一产业中，数字农业将成为全面推进乡村振兴的重要抓手和驱动力。通过应用物联网、大数据、人工智能等技术，可以实现农业生产的智能化、精准化和高效化，提高农业生产效率和质量，促进农业可持续发展。在第二产业中，工业互联网建设将加速推进。工业互联网平台将成为传统产业数字化转型的重要途径，通过连接设备、人员和服务，实现生产过程的数字化、网络化和智能化，提高生产效率和产品质量，降低生产成本和能耗。在第三产业中，围绕数据要素市场的相关产业将快速兴起，传统第三产业的数字化转型也将加速进行，尤其是数字金融、数字健康、数字文旅、数字科创等领域将涌现大量新模式和新业态。

3. 跨境数据贸易成为新亮点

随着全球化的深入发展和数字技术的广泛应用，跨境数据贸易已经成为服务贸易的重要组成部分。跨境数据贸易的快速发展将促进全球范围内的数据流动和共享，推动各国经济的互联互通和共同发展。同时，跨境数据贸易也将面临一系列挑战和问题，如数据隐私保护、数据安全风险、贸易壁垒等。因此，各国需要加强合作和协调，建立完善的跨境数据贸易规则和监管体系，为跨境数据贸易的健康发展提供有力保障。

4. 数字化与绿色化深度融合

随着全球气候变化和环境问题日益严峻，绿色发展成为各国共同关注的重要议题。数字化与绿色化的深度融合将成为未来数字经济发展的重要趋势之一。通过应用数字化技术实现能源利用效率的提升、碳排放的减少以及废弃物的回收利用等目标，可以推动实现产业绿色化并促进产业可持续发展。同时，政府也将加大对绿色数字化技术的研发和应用支持力度，推动数字化与绿色化的深度融合和协同发展。

（三）数字经济的机遇与风险

数字经济作为当今全球经济的重要组成部分，带来诸多机遇的同时也面临一系列风险。

1. 数字经济带来的机遇

（1）产业升级与转型

数字经济为传统产业提供了升级与转型的机会。通过引入先进的数字技术，企业能够优化生产流程、提高运营效率，进而提升市场竞争力。同时，数字经济的兴起也催生了新的商业模式和业态，为产业创新提供了广阔的空间。

（2）市场拓展与全球化

数字经济打破了地理空间的限制，使企业能够更便捷地进入新市场，实现全球化发展。同时，跨境电商、跨境交易等新型商业模式也为企业提供了更广阔的市场空间。

（3）提高生产效率与降低成本

通过应用数字技术，企业可以实现生产流程的自动化和智能化，降低人力成本，提高生产效率。此外，数字技术还可以帮助企业实现精准营销，降低营销成本。

2. 数字经济发展面临的风险

（1）数据安全与隐私保护

随着数字经济的发展，数据安全和隐私保护问题日益突出。数据泄露、滥用等风险可能给企业和个人带来巨大损失。因此，加强数据安全和隐私保护成为数字经济发展的重要任务。

（2）技术更新换代的挑战

数字经济的发展离不开技术的支持。然而，技术的更新换代速度较快，企业可能面临技术落后、被淘汰的风险。因此，企业需要保持敏锐的市场洞察力，及时跟进新技术的发展。

（3）经济波动的风险

数字经济与全球经济紧密相连，全球经济波动可能给数字经济带来冲击。例如，经济衰退、贸易战等因素可能导致数字经济市场需求下降，进而影响企业的经营和发展。

（4）其他

还有一些其他风险和挑战需要关注。例如，数字经济可能加剧贫富差距，导致就业结构变化等社会问题；同时，数字技术的滥用也可能导致虚假信息泛滥、社会动荡等风险。

由此可见，中国数字经济的机遇与风险并存。积极把握和利用数字经济发展的机会窗口，促进数字经济与实体经济深度融合，打造具有国际竞争力的数字产业集群，将有助于加快构筑国家竞争新优势，实现宏观经济稳定增长和经济结构转型升级，促进实现高质量发展，为2035年我国基本实现社会主义现代化、到本世纪中叶把我国建成富强民主文明和谐美丽的社会主义现代化强国奠定雄厚的经济基础。

任务实施

◇ 任务描述

数字经济发展速度之快、辐射范围之广、影响程度之深前所未有，正推动生产方式、生活方式和治理方式深刻变革，成为重组全球要素资源、重塑全球经济结构、改变全球竞争格局的关键力量。"十四五"时期，我国数字经济转向深化应用、规范发展、普惠共享的新阶段。请根据《"十四五"数字经济发展规划》，对所在地区的知名企业进行调研，并将调研结果整理成调研报告。

1-2-1　任务实施

◇ 实践准备

① 分组调研，每组4~6名同学。
② 课前收集资料并研读《"十四五"数字经济发展规划》。
③ 课前了解调研网站问卷星的服务流程。

◇ 实践指导

① 课中各小组明确调研对象，要求每个小组所调研的企业分属不同行业（校企合作企业优先）。
② 课中各小组依据调研问卷模板设计调研方案（调研问卷见二维码）。
③ 课后通过问卷星网站向目标企业发放调研问卷。
④ 收集并整理调研数据。
⑤ 完成××企业"十四五"数字经济发展调研报告，报告内容不得少于2000字。

调研问卷

◇ **实施评价**

任务评价表见学习单元一之主题学习单元1的表1-1-2。

主题学习单元3 数字技术在数据可视化中的应用

一、人工智能大模型在数据可视化中的应用

人工智能大模型（artificial intelligence large model，简称 AI 大模型）是指那些采用深度学习技术，参数数量为数十亿到数万亿级别的机器学习模型，其能够处理和学习大量数据。自 2010 年以来，从早期的卷积神经网络到循环神经网络的发展，AI 大模型在图像和语言处理领域展示出强大的能力。2017 年，Transformer 架构的提出进一步推动了自然语言处理技术的飞跃，特别是 BERT 和 GPT 系列模型的成功应用。近年来，AI 大模型如 GPT-3 和 DALL-E 展示了在多模态任务上的卓越能力，可用于处理文本、图像和音频数据。随着技术的发展，未来 AI 大模型将更加注重通用性、效率、安全性和伦理问题的处理。

（一）AI 大模型的主要应用技术

随着科学技术的快速发展和互联网的普及，海量数据的产生和积累已成为一种常态。如何有效地处理和利用这些数据，成为许多企业和组织面临的重要问题。大数据模型的相关应用技术应运而生，为人们提供了处理和分析海量数据的工具和方法。

1. 智能数据分析技术

智能数据分析技术是运用统计学、模式识别、机器学习、数据抽象等数据分析工具从数据中发现知识的分析方法。智能数据分析的目的是直接或间接地提高工作效率，在实际使用中扮演智能化助手的角色，使工作人员在恰当的时间获得恰当的信息，帮助他们在有限的时间内做出正确的决定。

2. 自然语言处理（NLP）技术

自然语言处理技术是人工智能领域一个重要的分支，致力于使计算机能够理解、解释、生成人类语言。NLP 技术涉及多个层面的语言梳理，包括文本分析、语音识别、机器翻译等。

这种技术大幅提升了数据可视化的交互性和可探索性。用户不再需要通过复杂的界面或编程查询来探索数据，而是可以直接通过自然语言交流，使数据探索变得更加直观和容易。例如，在分析商业销售数据时，用户可以简单地问"哪个产品线在上个季度的表现最好"，AI大模型便能提供相应的数据图表作为回答。

3. 数据分析和挖掘技术

数据分析和挖掘是大数据应用的核心环节。数据分析技术可以帮助人们发现数据中隐藏的规律和模式，从中提取有价值的信息。数据分析技术包括统计分析、机器学习、数据挖掘等技术。统计分析技术可以帮助人们对数据进行描述和总结，发现数据之间的相关关系；机器学习技术可以通过训练模型，实现自动学习和数据预测；数据挖掘技术可以发现数据中的潜在模式和关联规则。

4. 数据可视化技术

数据分析的结果往往以图表形式呈现，数据可视化技术可以将分析结果以直观且易于理解的方式展示出来。数据可视化的具体形式包括折线图、柱形图、饼图、散点图、热力图、地图等。通过数据可视化，人们可以更好地理解数据，发现数据的变化趋势和异常，为决策的制定提供依据。

（二）AI大模型在数据可视化中的主要应用

AI大模型的发展推动了人工智能技术的进步，为数据分析和可视化带来了新的机遇和挑战，使得数据可视化工作能够更加精准和高效，进一步促进了信息的传播和决策的制定。AI大模型主要的应用有如下几个方面。

1. 自动化生成可视化

AI大模型可以根据数据的特点和用户的需求自动生成最适合展示数据的可视化类型，如地图或复杂的交互式视图。

2. 增强数据解读能力

通过深度学习技术，AI大模型能够识别数据中的模式和趋势，为非专业用户提供关键洞察，简化决策过程。

3. 交互式可视化

AI技术可以支持动态和交互式的数据可视化，允许用户通过查询和过滤操作来探索数据集，实时更新显示结果。

4. 多维数据集成

AI大模型有助于整合来自不同源的多种数据类型（如文本、数字、图像），并通过统一的界面展示复杂的数据关系。

5. 个性化可视化体验

基于用户的行为和偏好，AI 大模型能够定制个性化的可视化输出，提供更符合用户需求的数据展示。

6. 其他领域

其他领域包括但不限于自动驾驶、医疗诊断、游戏、法律和金融分析等。

AI 大模型在天气预报可视化中的应用

1. 传统天气预报图

传统的天气预报在报纸或电视新闻中通常以静态图的形式呈现，展示了某一特定时刻的天气状况，包括气温、降水量、风速等。这些静态图表提供基本的天气信息，但存在时效性有限、交互性缺失、深度分析困难的局限。

2. AI 大模型驱动的互动天气预报平台

AI 大模型驱动的互动天气预报平台利用大模型技术，如机器学习和深度学习模型等技术开发的动态天气预报平台，能提供实时数据更新、增强的交互性、自定义和深入分析等先进功能。

3. 进步体现

AI 大模型的应用显著提升了天气预报的动态性和互动性，使得天气数据不仅限于被动接收，还支持用户的主动探索和分析。这种从静态到动态的转变，不仅让天气数据变"活"了，还通过大数据和机器学习技术的运用，增强了数据的预测精度和个性化体验。用户能够更准确地了解未来的天气变化，合理规划日常活动和应对可能的天气风险，极大地提高了天气预报服务的实用性和科技感。

二、AIGC 在数据可视化中的应用

人工智能生成内容（artificial intelligence generated content，AIGC）是指通过人工智能技术自动创作的内容。这些内容可以包括文本、图像、视频、音乐等多种形式。AIGC 的快速发展对媒体、娱乐、设计、教育等多个行业产生了深远的影响。

（一） AIGC 的几个关键应用技术

1. 文本生成技术

文本生成技术是 AIGC 的一大支柱，其利用自然语言处理（NLP）技术和机器学习模型（如 GPT 系列、BERT 等）自动生成具有特定意图的文本内容。这些技术一开始是简单的自动化文本生成，如自动回复和填充文本，之后逐步发展为创作完整的文章、故事和诗歌等。

以新闻自动撰写、内容营销、聊天机器人为例，其分别利用 AI 自动生成体育赛及财经报道等新闻文章、自动生成营销文案和广告语、在客服和虚拟助手领域提供人性化的交互体验。

2. 图像生成技术

图像生成技术通过深度学习模型，尤其是生成对抗网络（GANs），能够根据文字描述创造逼真的图像，或对现有图像进行编辑和风格转换。这项技术最初用于生成简单的图形和纹理，如今已经发展为能够创作高质量的艺术作品和逼真的人脸图像。

以数字艺术和设计、虚拟试衣、游戏和电影为例，图像生成技术分别利用 AI 生成独特的艺术作品和设计元素、时尚行业模拟衣物呈现在顾客身上的外观、创建复杂的背景场景和角色。

3. 音频生成技术

音频生成技术利用 AI 创造或修改音乐、语音和其他声音效果。通过深度学习模型，其可以模仿特定的声音风格和音乐作品，生成新的音乐或语音内容。

以个性化音乐创作、语音合成、声音效果生成为例，音频生成技术分别利用 AI 根据用户的喜好生成音乐、生成逼真的人声用于有声读物或虚拟助手、在视频游戏和电影中创造逼真的声音环境。

4. 视频生成技术

视频生成技术结合了文本、图像和音频生成技术，通过 AI 自动生成或编辑视频内容。视频内容多样，从简单的视频剪辑和效果添加到完整的视频序列生成应有尽有。

以自动视频编辑、虚拟现实内容创造、教育和训练为例，视频生成技术分别利用 AI 根据预设的风格和要求自动剪辑视频、为 VR 平台创造逼真的互动体验、生成模拟情境视频用于教育和训练。

（二） AIGC 在数据可视化中的作用

AIGC 在数据可视化中的应用正在彻底改变我们理解和呈现数据的方式。通过利用 AIGC，数据可视化变得更加自动化、个性化，并且增强了用户的互动体验。以下是 AIGC 在数据可视化中应用的几个关键方面。

1. 智能化数据洞察和模式识别

AIGC 能够深入分析数据集，智能化识别其中的模式、趋势和潜在的数据洞察，这一点超越了传统自动化数据分析的范畴。通过深度学习和复杂算法，AIGC 不仅能预测数据趋势和异常，还能挖掘数据间隐含的复杂关系，为数据可视化提供丰富的、多维度的分析基础。

2. 可视化推荐系统

AIGC 可以作为一个可视化推荐系统，自动提出与数据最匹配的可视化设计建议。这种智能推荐考虑了数据的特性、用户的偏好以及最佳设计实践，从而确保生成的可视化内容既丰富又美观。它能够识别数据的关键变量和关系，进而推荐最适合展示这些信息的图表类型和设计风格。

3. 自动化美学设计

AIGC 在数据可视化的自动化美学设计中扮演着重要的角色。它不仅关注数据的准确呈现，还致力于优化可视化内容的视觉吸引力和用户体验。AIGC 能够根据最新的设计趋势和规则，自动调整颜色搭配、布局和字体，使得数据可视化产品既专业又美观。

4. 适应性数据故事讲述

AIGC 在适应性数据故事讲述方面展现了其独特的价值。根据用户的背景和兴趣，AIGC 能够调整数据的呈现方式，从而讲述更吸引人、更易于理解的数据故事。它通过分析用户的互动行为和反馈，实时调整数据故事的内容和呈现方式，确保信息传达的个性化和有效性。

5. 沉浸式数据体验

借助 AIGC，数据可视化可以创造出沉浸式体验，例如在增强现实（AR）或虚拟现实（VR）中展示数据。这种技术让用户能够以全新的方式与数据互动，如通过 3D 模型探索复杂的数据集或在虚拟环境中直观地观察数据变化。AIGC 在此过程中负责生成具有较强适应性和互动性的可视化内容，为用户提供前所未有的数据探索体验。

通过智能化数据洞察和模式识别、可视化推荐系统、自动化美学设计、适应性数据故事讲述以及沉浸式数据体验等，AIGC 在数据可视化领域发挥着越来越重要的作用。它不仅提高了数据可视化的效率和质量，还极大地增强了可视化内容的吸引力和互动性，为用户提供了更加丰富和个性化的数据探索体验。

> 社会担当

AIGC 在生成心血管健康数据可视化素材中的应用

AIGC 使医生和研究人员能通过自动生成的图表和其他视觉素材，更直观地理解和分析病患数据。

1. 自动生成数据可视化素材

人们可以利用 AIGC，根据心血管健康数据自动创建数据可视化图表，如条形图、折线图、散点图等。人们根据数据的类型和分析的需求，选择最合适的图表类型并进行美观的设计。

2. 定制化视觉展示生成

AIGC 可以根据用户的具体需求（如展示特定疾病的分布或某治疗方案的效果），生成定制化的视觉展示，如热力图或动态变化的图表。这些视觉素材不仅能展示静态数据，还可以展示数据随时间或条件变化的动态过程。

3. 增强现实（AR）和虚拟现实（VR）应用中的视觉素材生成

AIGC 生成的高度详细的 3D 模型和动画，可以帮助医生和研究人员在 AR 或 VR 环境中深入探索心血管数据。例如，在虚拟现实中模拟心脏血流动态，为手术培训和医学教育提供支持。

4. 交互式数据探索工具

AIGC 支持创建可以与用户交互的数据探索工具，使用户可以通过简单的操作（如点击、滑动等）探索不同数据层面。例如，医生可以通过交互式工具查询特定患者群体的治疗响应，系统即时生成并调整相应的视觉展示。

三、数字孪生技术在数据可视化中的应用

（一）数字孪生技术

1. 数字孪生概述

微课：数字孪生技术在数据可视化中的应用

动画：数字孪生技术

近年来，随着物联网、大数据、云计算、人工智能等新一代信息技术的发展及广泛应用，制造业向着智能制造的方向发展，"数字孪生"这一概念越来越多地被提及。数字孪生是指通过数字模型对现实世界的物理实体进行建模和仿真，在数字虚拟空间中进行分析和优化，从而为实体的设计、生产和运营提供支持，如图 1-3-1 所示。数字孪生技术主要应用于模拟和监控现实系统，其主要基于现实中的传感器和数据，通过构建实际系统进行仿真、监控和优化。

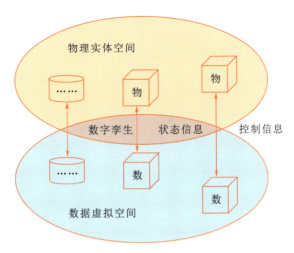

图 1-3-1　数字孪生技术

2. 数字孪生技术的特点

（1）交互操作性

数字孪生中的物理对象和数字空间能够双向映射、动态交互和实时连接，因此数字孪生具备以多样化数字模型映射物理实体的能力，具有能够在不同数字模型之间转换、合并和建立"表达"的等效性。

（2）可扩展性

数字孪生技术具备集成、添加和替换数字模型的能力，能够针对多尺度、多物理、多层级的模型内容进行扩展。

（3）实时性

数字孪生技术要求实现数字化，即以一种计算机可识别和处理的方式管理数据以对随时间变化而变化的物理实体进行表征。表征的对象包括外观、状态、属性、内在机理，形成物理实体实时状态的数字虚体映射。

（4）保真性

数字孪生技术的保真性指描述数字虚体模型和物理实体的接近性。要求数字虚体模型和物理实体不仅保持几何结构的高度仿真，在状态、相态和时态上也要仿真。值得一提的是，在不同的数字孪生场景下，同一数字虚体模型的仿真程度可能不同。例如工况场景中可能只要求描述数字虚体模型的物理性质，而不需要关注其化学结构细节。

（5）闭环性

数字孪生中的数字虚体模型用于描述物理实体的可视化模型和内在机理，以便对物理实体的状态数据进行监视、分析推理、优化工艺参数和运行参数，实现决策功能，即赋予数字虚体模型和物理实体同一个大脑，因此数字孪生技术具有闭环性。

（二）数字孪生可视化

数字孪生可视化是通过图像、动画或交互界面等手段，将数字孪生的模型以可视化形式呈现出来，使用户能够更直观地理解和操作数字孪生。

数字孪生可视化是一种强大的工具,其为人们提供了理解和优化世界的一种全新的方式。数字孪生技术将现实世界中的物理对象、系统或过程通过数字化建模的方式呈现在虚拟空间中,以便进行实时监测、分析和预测。在过去的几年,数字孪生可视化已经在各行各业得到了广泛的应用,并取得了显著的成果,如图 1-3-2 所示。

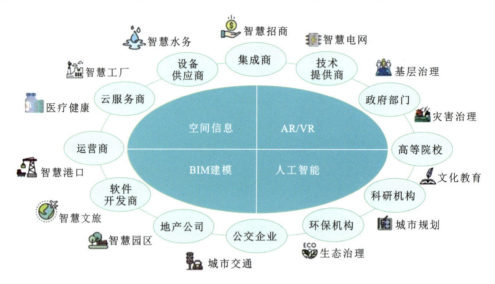

图 1-3-2　数字孪生技术的应用场景

1. 数字孪生可视化将带来更深入的洞察

通过对物理对象进行数字化建模,人们可以在虚拟环境中对其进行模拟和测试,从而更全面地了解其工作原理和性能。这使得人们能够更好地理解复杂系统的行为,并做出更准确的决策。例如,在工业领域,数字孪生可视化可以帮助人们优化设备的运行情况,提高生产效率,降低成本。

2. 数字孪生可视化可以更直观地与数据进行交互

通过将数据可视化呈现在虚拟环境中,人们可以更清晰地观察和理解数据之间的关系和趋势。这有助于人们更好地分析和解释复杂的数据集,发现其中的模式和规律,并根据这些发现,制定相应的策略。

3. 数字孪生可视化可以提高人们的沟通和协作效率

通过共享数字孪生模型,团队成员可以在虚拟的环境中共同工作,进行实时的讨论和协商。这有助于促进团队成员之间的合作和理解,提高人们的工作效率和创造力。例如,在建筑和设计领域,数字孪生可视化可以帮助团队成员更好地协同工作,共同完成复杂的项目。

4. 数字孪生可视化可以更直观地与用户进行互动

将虚拟模型呈现在现实世界中,可以为用户创造更加沉浸式的体验,让用户更好地理解和使用产品或服务。这有助于提升用户满意度和体验感,增强产品或服务的竞争力。

综上，数字孪生可视化可以带来许多益处，它不仅可以提供更深入的洞察，还可以提升数据交互、沟通协作和用户体验。所以在工业、文化等领域，数字孪生可视化都有广泛的应用前景。

（三）数字孪生可视化在制造业中的应用

随着数字化技术的发展和制造业的快速转型，传统工厂面临越来越多的挑战和机遇。当前，制造业面临生产线稳定性差、效率低下和质量控制难等挑战，传统的生产管理方式无法满足日益复杂的生产管理需求。数字孪生智慧工厂作为一种创新性的解决方案，能够有效地提升制造企业的竞争力和生产效率。它将物理工厂与数字虚拟模型结合，通过实时数据的采集和数字模型的建立，实现对生产过程的全面监测和优化以及对未来趋势的预测和决策支持。数字孪生技术通过模拟和优化生产过程，可以实时监测工厂设备状态、预测故障并优化生产计划，从而提高生产线的稳定性和效率。

制造业数字孪生可视化是将制造业的物理实体、过程和系统在数据虚拟空间中进行精准映射，并通过可视化技术来展示和分析这些数字孪生模型的过程。这种技术有助于制造商更深入地理解生产过程中的各个环节，提高生产效率，优化产品质量，并预测和解决潜在问题。

具体来说，数字孪生可视化在制造业中的应用主要体现在以下几个方面。

1. 生产线模拟与优化

通过数字孪生模型，制造商可以模拟不同的生产场景，评估不同工艺参数对生产效率的影响，从而找到最优的生产方案。这不仅可以提高生产效率，还能降低生产成本。

2. 质量管理与控制

数字孪生技术可以帮助制造商在生产过程中实时监控产品质量，并对可能出现的问题进行预警。通过对生产过程的每个部分进行建模和分析，制造商可以准确识别出现误差的位置，并采取相应的措施来避免质量问题的发生。

3. 设备状态监测与预测性维护

数字孪生技术可以实时监测设备的运行状态和性能参数，预测设备的故障风险，并提供相应的维修建议。这有助于减少设备故障对生产的影响，提高设备的可靠性，延长设备的使用寿命。

4. 供应链管理与优化

数字孪生技术可用于跟踪和分析供应链中的关键性能指标，如物流效率、库存水平等。通过对这些指标进行可视化展示和分析，制造商可以优化供应链管理，提高供应链的可靠性和响应速度。

此外，数字孪生可视化技术还可以促进跨学科合作，使工程、生产、销售和市场营销等部门能够共享运营数据，从而更高效地协同工作，做出更明智的决策。

（四）数字孪生可视化系统的技术组成和实现原理

数字孪生可视化系统的技术组成和实现原理涉及多个关键部分。

1. 数据采集与感知

数字孪生可视化系统需要从现实世界的物理系统中获取数据。这包括使用传感器、设备、生产线等各种数据源进行数据收集。这些数据通过物联网、互联网等途径传输到系统中，为后续的数据处理和分析提供基础。

2. 数据处理与分析

收集到的数据需要经过一系列处理和分析，包括数据清洗、预处理、特征提取、模型构建等。这些处理和分析的结果将直接影响数字孪生模型的准确性和可信度。

3. 可视化展示

可视化展示即利用计算机图形学、物理引擎等技术，将处理后的数据转化为可视化形式。这包括利用 3D 扫描技术或 CAD 设计软件将真实物体或系统进行数字化建模，并转化为可视化形式。用户可通过交互设备，如触摸屏、手柄等，与模型进行交互，进行模拟、分析和优化。

四、数据结构与数据可视化的关系

数据结构和数据可视化是当今信息化时代中两个极为重要的领域，它们在多个方面存在密切的联系并相互影响。前者涉及信息存储和处理的基本规则和方法，后者则是将这些数字信息转化为直观、易理解的视觉形式。

数据结构是计算机科学中的重要概念，它是指数据元素之间的关系以及数据元素本身的存储结构。数据结构主要关注数据的组织、存储和管理。人们可以使用数组、链表、栈、队列、树、图等数据结构来组织、存储和管理数据。

数据可视化是将数据通过图表等可视化手段呈现出来，使数据更加直观、易于理解。数据可视化通常需要对数据进行一定的预处理和分析，以便更好地反映数据之间的特征和关系，然后通过图形、图像、动画等直观的形式呈现数据，让人们更好地理解和分析数据。数据可视化可以帮助人们快速理解和分析大量复杂的数据，因此在商业分析、金融、生物信息学等领域得到了广泛的应用。

数据结构和数据可视化是相互依存的。数据结构为数据的组织和存储提供了基础，而数据可视化将这些数据以易于理解的方式展现出来。例如，在数据分析中，人们经常使用树形结构来组织和展示数据的层级关系。此时，树形结构的底层概念属于数据结构的范畴，而当我们用柱形图、折线图等方式将其呈现出来时，这些图形就属于数据可视化的范畴。

在实际应用中，人们通常需要将这两个领域的知识结合起来，以便更有效地处理和理解数据。例如，在数据分析中，首先需要使用合适的数据结构来组织和存储数据，然后通过数据可视化手段将这些数据呈现出来。数据可视化和数据结构在某些方面存在交叉。例如，在数据可视化的过程中，人们可能需要使用一些数据结构来优化数据的展示效果。比如，在地图上展示人口分布时，可能会用到二维数组这一数据结构，并通过热力图的形式将其可视化。随着技术的发展和应用的深入，我们期待看到更多的创新方法和工具在这两个领域涌现，推动数据处理和分析的发展。

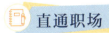

数据分析相关岗位

数据分析项目经理任职要求包括熟悉一种以上主流关系型数据库、熟练编写 SQL 语句、工作细致认真负责、对数据敏感，加分项包括熟悉数据库体系结构、对数据库的原理与存储结构等知识有一定的了解、对 SQL 语句有实际的优化经验。

大数据分析工程师任职要求包括具备数据分析经验、确认数据处理与分析需求、设计逻辑数据模型及物理数据模型、根据分析结果发现数据规律及数据质量等问题。

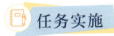

◇ 任务描述

一家电子商务公司希望深入了解其顾客的购买行为，以便更好地制定市场营销策略和开发产品。该公司积累了大量的顾客购买数据，包括购买时间、频率、金额、偏好及反馈等。然而，由于数据的复杂性和庞大量级，该公司面临着如何有效分析和呈现这些数据的挑战。

1-3-1 任务实施

◇ 实践准备

公司决定采用 AIGC（人工智能生成内容）来自动化分析和可视化这些数据，以揭示顾客行为的关键模式和趋势。

◇ 实践指导

1. 智能数据解析

首先通过 AIGC 系统对公司积累的大量顾客购买数据进行智能解析，识别关键购买模式、偏好趋势以及异常购买行为，比如特定时间段内销售额的增减、顾客偏好的变化等。

2. 可视化推荐和生成

根据分析结果,利用AIGC相关技术提出多种数据可视化方案,自动推荐最适合展示这些复杂数据集的图表类型。

3. 交互式数据故事讲述

利用AIGC系统进一步根据用户的查询记录和兴趣,动态生成个性化数据故事,即通过自然语言处理(NLP)技术,简单地来提一些问题,如"哪个产品类别在假日期间销售最好",系统即时生成包含答案的交互式可视化图表。

4. 结果呈现

最终的结果要能根据当前的设计趋势,自动优化图表,还能根据目标受众的具体需求个性化调整可视化的细节,确保每个人都能从中获得最大的价值。

◇ 实施评价

任务评价表见学习单元一之主题学习单元1的表1-1-2。

单元自主学习任务

请同学们扫描二维码完成本单元自主学习任务。

学习单元一自主学习任务

学习单元二　数据可视化基础

学习目标

◇ 素养目标
- 感受数据可视化赋能高质量发展，厚植爱国情怀。
- 通过运用描述性或推断性统计分析方法对数据进行处理和分析，培养精益求精的工匠精神。
- 体会数据处理和分析过程中的系统化、程式化思想，提高科学素养。

◇ 知识目标
- 了解数据可视化的定义和常见的数据可视化工具。
- 熟悉数据的描述性统计分析方法，包括定性、定量数据的图表展示和数据的概括性度量。
- 掌握数据的推断性统计分析方法，包括参数估计和假设检验。
- 掌握构建可视化数据指标体系的流程。

◇ 技能目标
- 能够叙述数据可视化应用于具体场景的方式。
- 能够根据数据类型和具体情境，运用工具对数据进行描述性统计分析和推断性统计分析，形成软件输出的图表，并对图表内容进行解释。
- 能够根据企业实际数据分析需求构建可视化数据指标体系。

思维导图

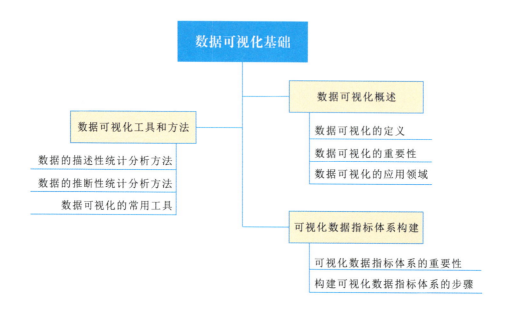

案例导入

数实相融,算启未来[①]

2016年在贵州省X新区注册的A公司,一直专注于空间大数据可视化研究、空间大数据应用功能开发、空间大数据统计分析应用等,拥有测绘航空摄影、摄影测量与遥感、地理信息系统工程乙级资质,是贵州省高新技术企业、"专精特新"培育企业、诚信示范企业。

该公司为X新区设计了"一网一云一平台"大数据管理系统,对X新区进行三维还原,用户点击想要查看的路段、街道,即可查看该区域实景。若需要对某一路段地块进行开发,系统还可以根据施工图纸预估施工成本。如果需要对某一地块进行测量,系统也可将误差控制在"厘米级"。该系统可以协助政府工作人员和企业管理人员快速建立起覆盖海量数据从存储、交换、管理、分析到可视化呈现的各个阶段的有效体系,并提供一套完善而高效的辅助分析决策系统,帮助揭示那些隐藏在行为背后的内在规律,让使用者更好地认识人、地、事、物的内在联系。

---

① 来源:新浪网,https://k.sina.com.cn/article_3740356007_def14da7020035urd.html。

该公司还为政府开发设计了智慧招商管理系统。在这个系统中，X新区各工业园区所在位置一目了然。用户点击厂房图标，即可进入厂房内部查看厂房实景、厂房面积和层高等。企业如果有入驻该厂房的意向，还可在系统上测算厂房装修所需的时间、资金等，不到现场就可以选定入驻的厂房。

在交通领域，该公司为某高速公路提供了全生命周期的测绘管理服务。在线路踏勘阶段，该公司通过数据采集为相关工作人员敲定线路走向提供更为精准的决策依据；在施工过程中，该公司结合图纸测算架一座桥梁或打通一条隧道的成本；在应急领域，该公司综合该地区多年的水利数据进行防洪沙盘推演，模拟出五十年一遇或百年一遇洪灾可能淹没的区域，为政府制定应急预案提供参考。

◇ 思考

1. 根据大数据管理系统将误差控制在"厘米级"，思考可视化前期的数据记录与整理要注意什么。
2. 结合辅助分析决策系统的工作模式，分析行业数据可视化系统运行的逻辑。
3. 数据可视化系统可以为决策提供依据，还能提高效率，起到降本增效的作用，你还能举一些数据可视化系统降本增效的例子吗？

主题学习单元1　数据可视化概述

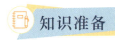

一、数据可视化的定义

数据可视化是通过文字、表格、图形、图像、符号等方式对抽象、复杂、杂乱无章、不易理解的数据进行形象直观的展示，从而达到传递数据包含的信息、发掘信息蕴藏的商业价值进而辅助决策的目的。数据可视化可以利用计算机图形或图像处理技术，将数据转换为图形或图像，并进行交互处理，从而增强人们对这些数据所蕴含规律的认知和理解。

动画：数据可视化的定义

数据可视化通常是为了从数据中寻找以下三个方面的信息。

1. 模式

模式即数据蕴含的规律。比如，收集某市连续几年的月降水量数据，绘制降水量随月份变化的折线图，可以发现哪些月份降水量偏高、哪些月份降水量偏低，发现该市月降水量的周期性变化。

2. 关系

关系指数据之间的关联性。比如，收集身高与体重数据，绘制身高与体重的散点图，以探寻身高与体重之间是否存在某种协同变化的关系。

3. 异常

异常指异于正常值的数据。异常值可能由数据真实的异常现象引起，也可能由设备或者录入错误引起，分析者应该具体问题具体分析。对于前者，应该及时发现并解决异常问题；对于后者，应该将异常值剔除。

二、数据可视化的重要性

数据可视化在理解数据、发现隐藏模式、增强沟通效果、辅助决策制定以及提升工作效率等方面具有重要作用。无论是企业还是个人，都应该重视数据可视化，充分利用其优势来提高工作效率和决策质量。

例如：互联网时代数据通常是海量的，数据经常以二维表的形式存储在 Excel、WPS、数据库中。抖音部分用户载体类型分布数据如表 2-1-1 所示。

动画：数据可视化的重要性

表 2-1-1　抖音号载体类型原始表

抖音号	载体类型	抖音号	载体类型
TV5AgFj6bkiVvgoW	直播	AysTFTakHquqA3fbpZ2	短视频
VQEIXR	商品卡	2zmqfDhewyvqBQrp	短视频
Kav8xj8w3c3R	短视频	NeyxRdn4RioiIXjBb	其他
3YiG0SzFdb	直播	RtQPIt6k2uprepuo11X	商品卡
2RvUv7AYSoNbgAg	商品卡	X6QAU9XZxmaKrmY64Yut	商品卡
SaHPMQwRroe2k4OsyH	短视频	WWqu61N6aMRP7wE	商品卡
KB6hWJpc	短视频	LRHPUwUf	其他
qRmmgfxKFeD	短视频	4c7naN06h2	商品卡
ZYIyrKsb	商品卡	FheYqPw9WMIwenq	直播
ZBIbjl4dl1ngn5	直播	oXaAgI8TOWMdSLcX	直播
9qkzn43Zgcazcfh	短视频	OCxNtfonr1r0w	直播
w8WQKcKk6sGg79	短视频	erHLoQFuhtct	直播
5GnDdp9xQJvWS	商品卡	W7U0XfQUCCtg7EHcH5	其他
CIRMPWMAy	其他	C5AhBRAG	其他
QtBICBJg6TVLxhQ76zKa	其他	dCQu1AaeDcgJH	短视频
vSCGaSSEXI2P8E5sOywv	直播	QSnjKkOwjZ7eoY	其他
Sk3796RPk	商品卡	yjvkCCZ7nbkadq8nNrr	其他

续表

抖音号	载体类型	抖音号	载体类型
iNqi3Zj8YmBb8sl7jTh	直播	yXPnYj	其他
sberYqekw	直播	b0Yoryd	其他
7WDj6om75Uo	商品卡	z8ZB9HK1CWGj	其他
2BBLU3T	其他	eLF6EnEjXpWwzfn7lLCv	短视频
ZoTy2A	直播	kfBjpUOdltTU0e1GAp	短视频
esLmO00	直播	OU8lPPAvc6	其他
9SA8GGOOopvSk9LHTERl	其他	0Ubsl8gPcOOJf9nem1I	短视频
yhHrOSZ34nyOH3HC	商品卡	aCdVeVGZXIfSnvba	短视频

可以发现，原始数据表格杂乱无章，并且难以发现相关信息。数据可视化可以将数据直观灵动地呈现出来，根据该原始数据绘制饼图，得到图2-1-1。

数据可视化的作用主要包括数据记录和表达、数据操作、数据分析三个方面。数据可视化通过图形图像处理、计算机视觉以及用户界面等技术，将数据以概要形式抽提出来，展示数据的各种属性和变量，使得数据

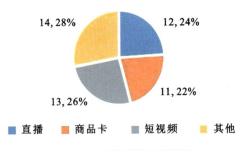

图 2-1-1　载体类型分布饼图

更加直观易懂。通过可视化方式，用户可以对数据进行交互操作，这种交互性增强了用户对数据的理解和控制，使得数据分析过程更加灵活。数据可视化不仅展示了数据本身，还支持对数据进行深入分析，通过立体建模等特殊技术方法，对数据进行解释、建模，帮助用户发现数据中的模式和关系，从而做出更明智的决策。

三、数据可视化的应用领域

数据可视化通过运用计算机图形学和图像处理技术，将庞杂的数据集转化为图形或图像的形式展现于屏幕，实现了数据的交互式处理。这种技术不仅在运营管理和决策辅助中发挥着重要的作用，还在多个领域展示了其独特的价值，包括信息提取与知识发现、提升信息传递的影响力和吸引力、快速发现新趋势与新机遇、增强数据的交互性、支持决策过程等。

微课：数据可视化的应用领域

动画：数据可视化的应用领域

1. 信息提取与知识发现

数据可视化可以帮助用户从大量的信息中提取有用的内容。通过图形化的展示，数据中的规律、趋势和关联更加明显，有助于用户更深入地理解数据的含义和价值。

例如，在农业研究中，农业数据可视化系统能够记录、分析、预估、检测农作物生产、销售全过程的数据，包括环境参数、作物生长状况、运输数据、销售数据等，通过互联网、物联网、云计算、雷达技术等监控并呈现农作物生产、销售的全过程，形成让产销者省心、消费者放心的运营模式。

2. 提升信息传递的影响力和吸引力

相较于传统的文字或表格形式，数据可视化具有更强大的呈现方式，能够更好地吸引人们的注意力。通过运用色彩、形状、大小等视觉元素，数据可视化可以将信息更加生动、直观地传达受众，从而增强信息的影响力。

3. 快速发现新趋势与新机遇

在商业智能领域，数据可视化可以帮助企业快速识别市场变化和发展趋势。通过实时监测和多维度分析，企业管理层更容易了解大数据集的关键指标，从而根据市场环境及时制定和调整企业的发展策略。

可视化技术还可用于广告、数据可视化报告和市场调研分析，帮助企业推广产品和服务。通过挖掘和分析数据，电商企业可以更了解自己的产品，也可以更了解自己的客户，还可以更了解自己的仓储，从而根据客户的购买习惯和喜好开展精准营销，实时动态地根据仓储情况调整营销策略。

4. 增强数据的交互性

数据可视化不仅展示了数据的静态结果，还鼓励用户与数据进行交互。用户可以通过探索、筛选、排序等操作，深入挖掘数据中的细节和规律，从而发现其中的奥秘。

数据可视化技术可以为学习者提供交互式学习体验，有助于其更好地理解和记忆相关知识。一方面，借助计算机软件和多媒体资料，教师可以将抽象晦涩的知识以仿真化、模拟化、形象化、现实化的方式呈现给学生；另一方面，可视化教学平台为教师提供了监测学生学习效果及自己教学效果的途径，教师可以借此更快速地调整教学目标、方法和策略。

5. 支持决策过程

无论是在商业领域、教育领域还是在医疗领域，数据可视化都可以为决策者提供直观、全面的数据展示，帮助他们更准确地把握现状、预测未来，并据此做出更加科学、合理的决策。

在工业研究中，数据可视化系统为用户搭建数字化管理平台，呈现物联网系统中的人员、设备、物料、环境等信息，辅助管理者进行决策，以达到降本增效的目的。

在互联网金融的驱动下，金融活动大多体现为数据驱动的业务。在金融业研究中，数据可视化应用于证券市场分析、期货市场走势预测、用户特征分析、客户信用风险预警、汇率波动分析、反欺诈、反"洗钱"等场合，同时能对企业日常业务动态进行实时监控，实现有效的监督与风险控制。

当今社会信息量急剧增加，数据无所不在，但原始数据往往难以直接理解和分析。通过图表等形式，数据可视化将抽象、复杂的数据转换为直观、易于理解的视觉格式，不仅加快了人们对数据的理解速度,还揭示了数据之间的关系、模式和趋势。因此,无论是在商业决策、公共政策、科学研究,还是在日常生活中,数据可视化都发挥着重要的作用。

可视化产业链

我国的数据可视化产业链上游主要是服务器供应商,中游主要是数据可视化咨询公司,下游主要是电商、金融、政府、制造业等应用行业。产业链结构如图 2-1-2 所示。

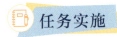

图 2-1-2　产业链结构

任务实施

◇ **任务描述**

请结合自己的专业与兴趣,以小组形式完成一份数据可视化应用于某行业的调研报告,内容包括但不限于行业介绍、可视化应用现状、可视化应用趋势、挑战与建议,要求不少于 2000 字。

◇ **实践准备**

行业资讯、报刊、问卷等。

2-1-1　任务实施

◇ **实践指导**

① 从新闻网站查阅行业资讯，了解行业背景。
② 查阅书籍和期刊，了解数据可视化的应用。
③ 设计调查问卷，走访行业典型。
④ 结合通过定性资料和问卷获取的定量数据，撰写调查报告和汇报PPT。

◇ **实施评价**

任务评价表见学习单元一之主题学习单元1的表1-1-2。

主题学习单元2　数据可视化工具和方法

一、数据的描述性统计分析方法

描述性统计分析方法是在清洗数据之后、分析数据之前，对数据分布的基本特征进行初步了解的方法，它主要包括用表格和图形方式对数据进行直观描述和用统计量对数据特征进行概括性度量。

微课：描述性
统计分析

（一）数据的图表展示

数据可分为定性数据和定量数据。定性数据是指变量取值为有限个类别的变量数据，如性别、年级等。定量数据是指变量取值为数值的变量数据，如身高、体重等。数据经过预处理后，需要根据其所属类别采取对应的方式进行整理。

1. 定性数据的整理与图示

（1）频数分布表

频数是某一类别的数据个数。把每个类别及其对应频数在一张表格上列出，就得到了频数分布表。单个变量和多个变量均可绘制频数分布表。

a. 单个变量的频数分布表

单个定性变量的频数分布表中有两列，第一列是该定性变量的所有类别取值，第二列是各个类别下的频数。单个变量的频数分布表可以清晰地展示各个类别频数的高低。

比如，为了解某产品不同类型子产品的销售情况，某公司调查了50名顾客，记录了顾客性别和（顾客购买的）产品类型，具体如表2-2-1所示。

表 2-2-1 顾客性别和产品类型数据

顾客性别	产品类型	顾客性别	产品类型	顾客性别	产品类型
女	类型 E	男	类型 C	男	类型 C
男	类型 C	男	类型 C	男	类型 E
男	类型 B	女	类型 E	女	类型 D
女	类型 C	男	类型 E	男	类型 B
男	类型 E	女	类型 C	女	类型 D
男	类型 B	男	类型 B	女	类型 E
女	类型 E	女	类型 C	女	类型 D
女	类型 C	女	类型 E	女	类型 E
男	类型 A	女	类型 B	女	类型 C
女	类型 E	男	类型 D	女	类型 A
女	类型 B	女	类型 E	女	类型 A
女	类型 D	女	类型 A	女	类型 A
男	类型 E	男	类型 B	女	类型 B
女	类型 A	女	类型 B	女	类型 E
男	类型 C	女	类型 E	女	类型 C
女	类型 D	男	类型 C	女	类型 D
女	类型 E	男	类型 D		

我们可以分别针对顾客性别和产品类型绘制单个变量的频数分布表。绘制频数分布表的方式可选用数据透视表。表 2-2-2 是不同顾客性别的频数分布表,表 2-2-3 是不同产品类型的频数分布表。

表 2-2-2 不同顾客性别的频数分布表

行标签	计数项:顾客性别
男	19
女	31
总计	50

表 2-2-3 不同产品类型的频数分布表

行标签	计数项:产品类型
类型 A	5
类型 B	9
类型 C	12
类型 D	8
类型 E	16
总计	50

b. 多个变量的列联表

以一个变量作为行变量,以另一个变量作为列变量,反映两个变量分布的表就是列联表,也称交叉表。还可以更换行列,得到呈现效果不同的列联表。三个及三个以上的变量也可在列联表中展现分布情况。我们仍利用数据透视表来绘制列联表。以性别作为行变量、产品类型作为列变量,绘制的交叉表如表 2-2-4 所示,以产品类型作为行变量、性别作为列变量,绘制的交叉表如表 2-2-5 所示。

表 2-2-4 性别与产品类型交叉表(性别为行标签)

计数项:产品类型	行标签					总计
列标签	类型 A	类型 B	类型 C	类型 D	类型 E	
男	1	5	6	2	5	19
女	4	4	6	6	11	31
总计	5	9	12	8	16	50

表 2-2-5 性别与产品类型交叉表(产品类型为行标签)

计数项:产品类型	列标签		总计
行标签	男	女	
类型 A	1	4	5
类型 B	5	4	9
类型 C	6	6	12
类型 D	2	6	8
类型 E	5	11	16
总计	19	31	50

(2)定性数据的图示

a. 柱形图/条形图

柱形图是用宽度相同的柱形的高度来表示频数多少的图形。条形图是用宽度相同的条形的长度来表示频数多少的图形。这两者仅在视觉效果上存在差别。柱形图/条形图可以清晰明了地反映定性变量各个类别频数的多少。顾客性别分布条形图如图 2-2-1 所示,产品类型分布柱形图如图 2-2-2 所示。

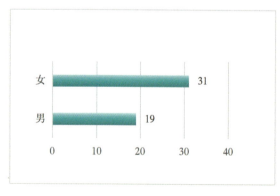

图 2-2-1 顾客性别分布条形图

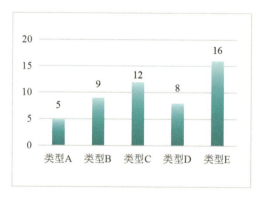

图 2-2-2 产品类型分布柱形图

我们还可以绘制反映顾客性别和产品类型两个变量分布的簇状柱形图和堆积条形图,分别如图 2-2-3 和图 2-2-4 所示。

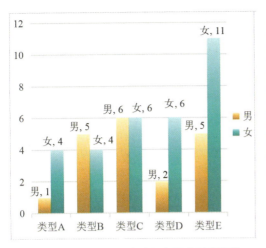

图 2-2-3　不同顾客性别和产品类型分布的簇状柱形图

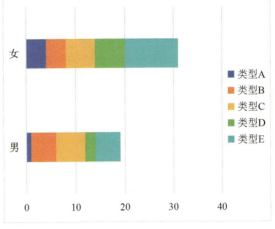

图 2-2-4　不同顾客性别和产品类型的堆积条形图

b. 饼图

饼图是通过将圆形切分，以扇形角度或面积的大小来表示频数多少的图形，它的特点是可以反映一个样本中各组成部分占总体的比例，即反映结构性内容。反映不同产品类型占总体比例的饼图如图 2-2-5 所示。如果要将不同性别下的产品类型分布做对比，则涉及两个分类变量频数分布，便可绘制环形图，如图 2-2-6 所示。

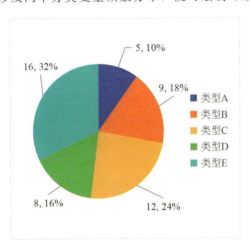

图 2-2-5　产品类型分布饼图

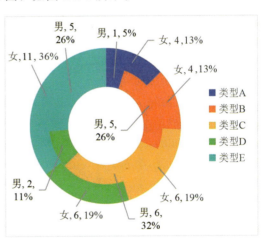

图 2-2-6　顾客性别和产品类型分布环形图

2. 定量数据的整理与图示

以上适用于定性数据的整理与图示方法，也适用于定量数据。但定量数据还有一些特定的整理与图示方法，这些方法并不适用于定性数据。

（1）频数分布表

定量数据也可绘制频数分布表，但定性数据可直接按照各个变量的值进行频数分布表的类别划分，而定量数据在绘制频数分布表之前要先对数据进行分组。数据分组后再计算各组中数据出现的频数，形成定量数据的频数分布表。数据分组可分为单变量值分组和组距分组。单变量值分组与定性变量分类类似,是把每一个变量值作为一组,适用于离散型变量,且要求变量的不同取值个数较少。在连续型变量或变量值较多的离散型变量情况下,通常采用组距分组。其思想是将全部变量值依次划分为若干个区间,每个区间作为一组。每组的最小值称为下限,最大值称为上限。

表 2-2-6 是不同载体类型下某商品的点击次数原始数据(单位:次),现对该数据进行组距分组。

表 2-2-6 某商品点击次数原始数据

日期	商品点击次数	日期	商品点击次数	日期	商品点击次数
2023/6/26 2:37	1609	2023/6/3 10:07	1390	2023/6/15 21:52	30
2023/6/21 5:46	360	2023/6/29 11:47	937	2023/6/14 1:56	209
2023/6/1 8:01	510	2023/6/23 9:06	33	2023/6/12 12:26	365
2023/6/23 8:44	670	2023/6/19 13:39	662	2023/6/6 14:47	543
2023/6/5 20:53	126	2023/6/10 16:54	361	2023/6/9 4:27	429
2023/6/24 1:10	59	2023/6/22 5:01	59	2023/6/27 21:05	1080
2023/6/20 8:45	1166	2023/6/22 11:44	131	2023/6/6 13:11	785
2023/6/4 13:35	238	2023/6/20 16:33	787	2023/6/10 23:51	50
2023/6/21 11:33	921	2023/6/15 18:39	221	2023/6/27 0:22	30
2023/6/15 20:12	269	2023/6/17 5:48	427	2023/6/7 9:03	596
2023/6/26 3:40	300	2023/6/13 22:06	427	2023/6/24 5:12	264
2023/6/15 4:28	199	2023/6/16 11:38	209	2023/6/17 18:37	1121
2023/6/16 12:55	110	2023/6/17 15:32	509	2023/6/4 8:46	19
2023/6/2 11:29	137	2023/6/8 3:39	26	2023/6/9 6:03	1274
2023/6/22 19:15	25	2023/6/15 12:57	120	2023/6/28 11:51	127
2023/6/5 8:44	94	2023/6/14 16:05	900	2023/6/25 11:08	1
2023/6/13 15:54	42	2023/6/8 23:10	75		

组距分组和绘制频数分布表的步骤如下。

第一步,确定组数。组数要结合数据量和数据特点,以更好地观察数据分布为目的。一般情况下,组数 $K \in [5, 15]$。组数可参考公式 $K = 1 + \dfrac{\lg n}{\lg 2}$ 来确定。例如本例 $n = 50$,可算出 $K \approx 7$,因此可将组数定为 7 组。

第二步,确定组距。组距是每组上下限的差。组距=(最大值-最小值)÷组数。例如,本例中最大值为 1609,最小值为 1,组距≈230。

第三步,绘制频数分布表。Excel 中可使用 Countifs 函数实现绘制。绘制结果如表 2-2-7 所示。

表 2-2-7　某商品点击次数频数分布表

按商品点击次数分组	频数	频率
0—230	23	46%
230—460	10	20%
460—690	6	12%
690—920	3	6%
920—1150	4	8%
1150—1380	2	4%
1380—1610	2	4%

组距分组有以下几点注意事项。

第一，遵循不重不漏的原则。不重是指每一个数据都只能落入一组，不能在多组重复落入；不漏是指每一个数据都有组可落入。

第二，遵循上组限不计入的原则。即当相邻两组的上下限重叠时，等于某组上限值的变量值不计入本组而计入下一组，等于本组下限值的变量值计入本组。

第三，合理设置开口组。当全部数据的最大值与最小值相差悬殊，或者数据中存在异常值时，第一组和最后一组可以合并相邻几组，设置"××以下"和"××以上"的开口组。

（2）定量数据的图示

a. 直方图

直方图用矩形的宽度和高度来表示定量变量的分布，其每一个矩形的宽度是组距，高度是频数、频率或频率密度（频率/组距）。如果高度是频率密度，那么所有矩形的面积之和是频率之和，也就是1。反映商品点击次数分布情况的直方图如图2-2-7所示。从图中可清楚地看到，商品点击次数集中在1170次以内，且总体来说点击次数偏少的占据大多数。

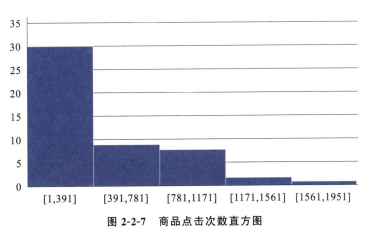

图 2-2-7　商品点击次数直方图

b. 茎叶图

茎叶图是由茎和叶构成的图形，每个数据的高位数值作为茎，最后一个数字作为叶。由于茎叶图上都是原始数据的罗列，因此它既可以反映全部数据的分布形态，又对数据信息量减损较少。但是茎叶图不适用于数据量庞大的情况。商品点击次数的茎叶图如图 2-2-8 所示。

商品点击次数 Stem-and-Leaf Plot		
Frequency	Stem	Leaf
13	0.	0122333455579
7	1.	1222339
6	2.	002366
4	3.	0666
3	4.	222
4	5.	0149
2	6.	67
2	7.	88
0	8.	
3	9.	023
1	10.	8
2	11.	26
1	12.	7
1	13.	9
1	Extremes	(>=1609)
Stem width:	100.00	
Each leaf:	1 case(s)	

图 2-2-8　商品点击次数茎叶图

图 2-2-8 中的第一列是每个茎上的叶子的频数，第二列是茎，第三列是叶，最下方有 1 个极端值，茎宽 100。

c. 箱线图

箱线图由一组数据的最大值、最小值、中位数、上四分位数和下四分位数这五个特征值组成。箱体的首尾是两个四分位数，连接箱体的线端点是最大值和最小值，箱体中标出中位数，离群点也会标出。箱线图可以反映数据分布状况。商品点击次数的箱线图如图 2-2-9 所示。

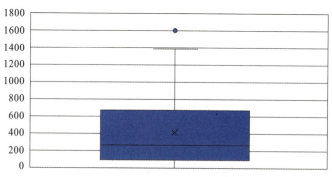

图 2-2-9　商品点击次数箱线图

d. 折线图

折线图是反映定量变量随时间变化趋势的图形，它适用于时间序列数据。

已知某产品 2019 年 1 月至 2021 年 12 月的交易指数如表 2-2-8 所示，绘制反映交易指数随统计时间变化的折线图，如图 2-2-10 所示。可以发现，该产品交易指数呈增长趋势，且存在周期性。

表 2-2-8　某产品 2019 年 1 月至 2021 年 12 月的交易指数

统计时间	交易指数
2019 年 1 月	3658734
2019 年 2 月	2011786
2019 年 3 月	2847309
2019 年 4 月	2952567
2019 年 5 月	3013512
2019 年 6 月	3428400
2019 年 7 月	3318257
2019 年 8 月	3522158
2019 年 9 月	3746754
2019 年 10 月	3576104
2019 年 11 月	4322015
2019 年 12 月	4306463
2020 年 1 月	4998654
⋮	⋮
2021 年 12 月	6048751

图 2-2-10　交易指数随时间变化折线图

e. 散点图

散点图是展示两个定量变量相关关系的图形。每一对数据确定一个坐标，形成一个散点。

某产品的单价和销售额数据如表 2-2-9 所示,绘制反映产品销售额与单价相关关系的散点图,如图 2-2-11 所示。从散点图可知,销售额随着单价先增后减。

表 2-2-9　某产品单价与销售额数据表

产品代码	1	2	3	4	5	6	7	8	9	10	11
单价	15	16	17	18	19	20	21	22	23	24	25
销售额	21000	24500	27050	29800	31560	32950	34600	33550	32000	31070	29050

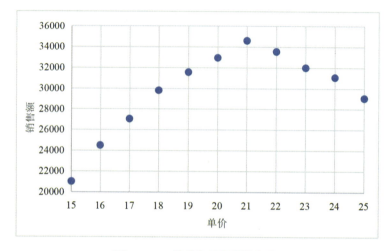

图 2-2-11　单价与销售额散点图

f. 气泡图

气泡图用于展示三个定量变量之间的关系,在散点图的基础上,以气泡的大小来呈现第三个变量的取值大小。

在上例中增加利润变量,如表 2-2-10 所示;绘制反映利润、销售额、单价三个变量之间关系的气泡图,如图 2-2-12 所示。由气泡图可知,利润(气泡大小)随着产品单价和销售额的增加先增后减。

表 2-2-10　单价、销售额和利润数据表

产品代码	1	2	3	4	5	6	7	8	9	10	11
单价	15	16	17	18	19	20	21	22	23	24	25
销售额	21000	24500	27050	29800	31560	32950	34600	33550	32000	31070	29050
利润	200	320	660	980	1300	1950	1280	880	600	450	290

g. 雷达图

雷达图用于一个定性变量和多个定量变量的描述,通常该定性变量作为系列划分(如划分为城市与农村、男性与女性),定量变量是描述某个个体各方面的指标。每一个定量变量各自构成一个坐标轴,数值大小反映每个系列在该指标上的得分情况。雷达图在对比各定量变量数值总和时作用明显,当各个定量变量都是越大越好或都是越小越好时,各系列围成的图形面积越大或越小,即反映该系列综合水平越高,因此雷达图常用于综合评价。

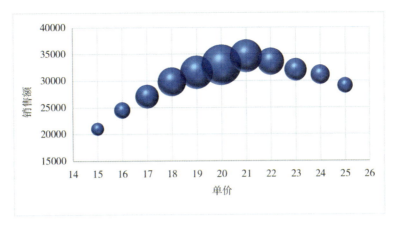

图 2-2-12　产品单价、销售额和利润关系的气泡图

某公司三位总经理人选的各方面特质量化数据如表 2-2-11 所示,以"总经理人选"这一定性变量作为系列划分,"业务能力""管理能力""沟通能力""创新能力""亲和力"作为描述各系列的指标,绘制雷达图如图 2-2-13 所示。根据各人选围成的面积大小和是否存在明显短板,确定最佳人选。从雷达图可知,王五的各方面能力总体最强,且没有明显短板,应作为总经理的最佳人选。

表 2-2-11　总经理人选各方面特质量化数据

总经理人选	业务能力	管理能力	沟通能力	创新能力	亲和力
张三	80	93	80	95	83
李四	75	76	97	50	65
王五	95	93	90	80	90

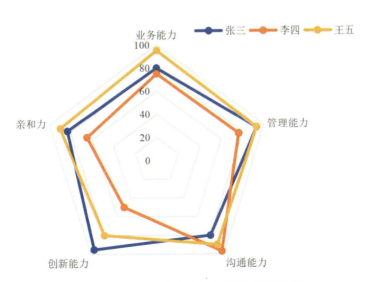

图 2-2-13　总经理人选各方面特质对比雷达图

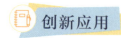

电商可视化大屏

每年的"双十一"等购物节,很多平台都会出一份电商数据可视化大屏,来展示平台的销售数据。同时,单个新媒体运营账号也可制作可视化大屏。

电商可视化大屏需要从指标选取、图表确定、大屏排版、配色美化四个方面同步展开。首先,可视化大屏的核心是数据指标,其包括粉丝指标、流量指标、内容指标等;其次,图表是可视化大屏的重要组成部分,需要根据数据类型和情境需求选择对应的图表;再次,可视化大屏的排版可选择不同的版式,如中心发散结构或并列结构;最后,配色有深色调、浅色调,也可直接套用模板,配色美化应该结合应用场景来进行配色。

更多的案例详情请扫描二维码查看。

电商可视化大屏

(二)数据的概括性度量

图表可以大致反映数据的分布情况,但要更准确全面地描述数据,还需要计算数据分布的一些特征值,包括反映数据集中趋势的特征值和反映离散程度的特征值。

1. 集中趋势

集中趋势是指一组数据的中心值特点。分类数据、顺序数据和数值型数据适用的集中趋势特征值各不相同。适用于分类数据集中趋势特征值的有众数,适用于顺序数据的有中位数和众数,适用于数值型数据的有平均数、中位数和众数。

(1)众数

众数是一组数据中出现次数最多的变量值,用 M_0 表示。众数适用于分类数据,当然也适用于顺序数据和数值型数据。表 2-2-12 是由表 2-2-1 所示的顾客性别和产品类型数据原始表绘制得到的不同产品类型的频数分布表。产品类型是分类数据,可使用众数来度量其集中趋势,产品类型的众数就是"类型 E"。

表 2-2-12　不同产品类型的频数分布表

行标签	计数项:产品类型
类型 A	5
类型 B	9
类型 C	12
类型 D	8

行标签	计数项：产品类型
类型 E	16
总计	50

众数不受极端值的影响，且可能不存在也可能不止一个。

（2）中位数

中位数是一组数据排序后处于中间位置的变量值，用 M_e 表示。中位数适用于顺序数据，当然也适用于数值型数据。设一组数据为 $x_1, x_2, \cdots, x_n$；从小到大排序后为 $x_{(1)}, x_{(2)}, \cdots, x_{(n)}$；则中位数：

$$M_e = \begin{cases} x_{(\frac{n+1}{2})}, & n \text{ 为奇数} \\ \dfrac{x_{(\frac{n}{2})} + x_{(\frac{n}{2}+1)}}{2}, & n \text{ 为偶数} \end{cases}$$

表 2-2-13 是成交客单价原始数据，属于数值型数据，可使用中位数度量其集中趋势。

表 2-2-13 成交客单价原始数据

日期	成交客单价（元）	日期	成交客单价（元）	日期	成交客单价（元）
2023/6/3 5：17	86.12	2023/6/13 23：57	25.66	2023/6/21 22：45	88.53
2023/6/4 7：43	52.63	2023/6/14 3：28	75.87	2023/6/22 8：34	14.18
2023/6/4 17：13	80.05	2023/6/14 4：53	18.05	2023/6/23 1：24	20.88
2023/6/6 9：43	54.55	2023/6/14 17：43	5.59	2023/6/23 11：19	33.01
2023/6/7 12：20	95.82	2023/6/14 17：48	67.22	2023/6/23 23：15	85.67
2023/6/7 20：53	4.78	2023/6/15 11：01	85.92	2023/6/24 22：22	69.43
2023/6/8 0：01	16.96	2023/6/15 14：37	48.93	2023/6/24 23：50	27.18
2023/6/8 9：53	93.05	2023/6/15 15：59	0.57	2023/6/25 20：15	28.74
2023/6/8 17：40	95.43	2023/6/18 7：08	80.65	2023/6/26 7：02	31.77
2023/6/10 1：41	89.37	2023/6/18 15：15	6.57	2023/6/26 9：58	33.38
2023/6/10 5：41	99.36	2023/6/18 15：17	38.94	2023/6/27 11：39	8.85
2023/6/10 17：40	62.63	2023/6/18 23：57	89.16	2023/6/27 16：38	0.81
2023/6/10 21：22	4.86	2023/6/19 19：11	46.47	2023/6/27 17：25	30.26
2023/6/10 23：03	63.09	2023/6/20 5：11	87.74	2023/6/28 3：30	29.25
2023/6/11 8：08	18.51	2023/6/20 19：01	34.49	2023/6/28 17：13	20.44
2023/6/12 14：18	71.83	2023/6/20 20：13	99.85	2023/6/30 4：22	65.73
2023/6/13 13：12	0.72	2023/6/21 1：12	25.25		

要计算成交客单价的中位数，先将成交客单价按照从小到大的顺序排列，再按照公式计算中位数：$M_e = \dfrac{x_{25} + x_{26}}{2} = \dfrac{38.94 + 46.47}{2} = 42.705$。

（3）平均数

平均数是一组数据总和与总个数的比值，适用于数值型数据，在集中趋势的几个特征值中占据较为重要的地位。

简单平均数由未经分组的原始数据计算得到，其公式为：$\bar{x} = \dfrac{x_1 + x_2 + \cdots + x_n}{n}$。

加权平均数由分组数据计算得到，其公式为：$\bar{x} = \dfrac{M_1 f_1 + M_2 f_2 + \cdots + M_k f_k}{f_1 + f_2 + \cdots + f_k}$。其中，$M_1, M_2, \cdots, M_k$ 是各组的组中值，$f_1, f_2, \cdots, f_k$ 是各组的频数。

上文的表 2-2-7（即某商品点击次数频数分布表）中，商品点击次数是数值型数据，且是分组后的数据。

计算商品点击次数的加权平均数：

$$\bar{x} = \dfrac{115 \times 23 + 345 \times 10 + 575 \times 6 + 805 \times 3 + 1035 \times 4 + 1265 \times 2 + 1495 \times 2}{23 + 10 + 6 + 3 + 4 + 2 + 2}$$

$$= \dfrac{21620}{50} = 432.4$$

均值、中位数、众数均可度量定量数据的集中趋势。当均值＜中位数＜众数时，数据呈现左偏分布；当均值＞中位数＞众数时，数据呈现右偏分布。

2. 离散程度

数据的离散程度是指数据远离中心的程度。不同类型数据适用的离散程度特征值不同。适用于分类数据离散程度特征值的有异众比率，适用于顺序数据的有四分位差、异众比率，适用于数值型数据的有方差、标准差、四分位差和异众比率。

（1）异众比率

异众比率是指非众数组的频数占总频数的比例，用 V_r 表示，适用于分类数据，当然也适用于顺序数据和数值型数据。异众比率可以用来衡量众数的代表性好坏，异众比率越小，众数的代表性越好。

上文介绍的表 2-2-12 的不同产品类型的频数分布表中，产品类型属于分类数据，可计算异众比率，反映其离散程度。该表中，众数是"类型 E"，众数组的频数是 16，总频数是 50，因此异众比率为 $34 \div 50 \times 100\% = 68\%$。该值较大，说明本例中众数的代表性不是特别好。

（2）四分位差

四分位差是上四分位数与下四分位数的差值，用 Q_d 表示。四分位差适用于顺序数据和数值型数据，可以衡量中间 50% 的数据的离散程度。四分位差不受极端值的影响，可衡量中位数的代表性。

上文中的表 2-2-13 列举了成交客单价原始数据，成交客单价属于数值型数据，可计算四分位差。

将数据按照成交客单价从低到高排序，上四分位数 $Q_U=80.65$，下四分位数 $Q_L=20.44$，因此四分位差为 60.21。

（3）方差与标准差

方差是各变量值与其均值离差平方的平均数，方差的平方根是标准差，因此标准差的量纲与变量值的量纲相同。方差和标准差适用于数值型数据，是最常用的度量离散程度的特征值。方差和标准差的公式如下：

$$s^2 = \frac{\sum_{i=1}^{n}(x_i - \overline{x})^2}{n-1}$$

$$s = \sqrt{\frac{\sum_{i=1}^{n}(x_i - \overline{x})^2}{n-1}}$$

如果是分组数据，则每组数据都以组中值来代替。

在上文的表 2-2-7 某商品点击次数频数分布表中，商品点击次数是数值型数据，可计算平均数。可得：

$$\overline{x} = 432.4$$

$$s = \sqrt{\frac{(115-432.4)^2 \times 23 + (345-432.4)^2 \times 10 + \cdots + (1495-432.4)^2 \times 2}{49}} = 404.80$$

偏度与峰度

我们可以通过计算一组数据的偏度和峰度，来度量数据相对于正态分布的偏斜程度和扁平程度。

1. 偏度

"偏度"这一概念由统计学家皮尔逊于 1895 年提出，它衡量数据的对称度，记作 SK。SK＝0 时，数据呈现对称分布；SK＜0 时，数据呈现左偏分布；SK＞0 时，数据呈现右偏分布。

2. 峰度

"峰度"这一概念由统计学家皮尔逊于 1905 年提出，它衡量数据的尖峰与扁平程度，记作 K。K＝0 时，数据呈现与标准正态分布相一致的扁平程度；K＜0 时，数据呈现扁平分布；K＞0 时，数据呈现尖峰分布。

◇ 问题

偏度与峰度在衡量一组数据的偏斜程度和扁平程度中分别起什么作用？

二、数据的推断性统计分析方法

推断性统计分析方法是一种通过对样本数据进行分析和推断来评估总体数据特征的方法。在统计学中,人们往往无法直接获取总体的数据,因此需要通过从总体中抽取的样本数据来推断总体的特征,如均值、方差、比例等。

微课:数据的推断性统计分析方法

推断性统计分析方法的基本思想是,尽管试验各组可能具有不同的算术平均数,但这种差异可能仅基于随机水平。例如,在没有试验操控的情况下,人的操作也可能产生各种波动。推断性统计分析方法可以帮助我们确定这种差异是否大到足以排除随机性的解释,从而推断出差异是由试验的自变量变化引起的。

例如,一位研究者要对某地区 200 万名居民的人均消费情况进行调查,打算随机抽取 500 人进行调查,以 500 人的人均消费情况对该地区 200 万名居民的情况进行推断,就是以样本数据去推断总体特征。又如,某超市欲购进一批某某产品,国家规定该产品的质量不得低于 50 克,为了检验这批产品的质量是否符合要求,超市随机抽取 100 个产品进行质量测试,测得其平均质量为 49 克。那么,能否就此判定该批产品质量不合格?这类问题均属于统计推断问题。统计推断的两种常见形式是参数估计与假设检验。

(一)统计量及抽样分布

1. 随机样本

(1)总体

总体是随机试验的全部可能观察值。根据容量是否有限,总体可分为有限总体和无限总体。

(2)个体

个体是总体的每一个可能观察值。

(3)简单随机样本

简单随机样本是从总体中随机抽取的部分个体组成的集合。样本中所含个体的数量是样本量。

我们可使用 Excel 中"数据分析"下的"随机数发生器"生成随机数,如生成 100 个服从均值为 0、标准差为 1 的正态分布的随机数,如图 2-2-14 所示。

我们还可以从这个总体中生成样本量为 10 的简单随机样本,通过"数据分析"中的"抽样"来实现,如图 2-2-15 所示。

2. 统计量

设 X_1,X_2,…,X_n 是来自总体 X 的一个样本,$g(X_1,X_2,…,X_n)$ 是 X_1,X_2,…,X_n 的函数,若 g 中不含未知参数,则称 $g(X_1,X_2,…,X_n)$ 是一个统计量,即统计量是不含总体参数的样本的函数。常用的统计量有样本均值 $\bar{x}$、样本方差 s^2、样本标准差 s 等,其计算公式分别如下。

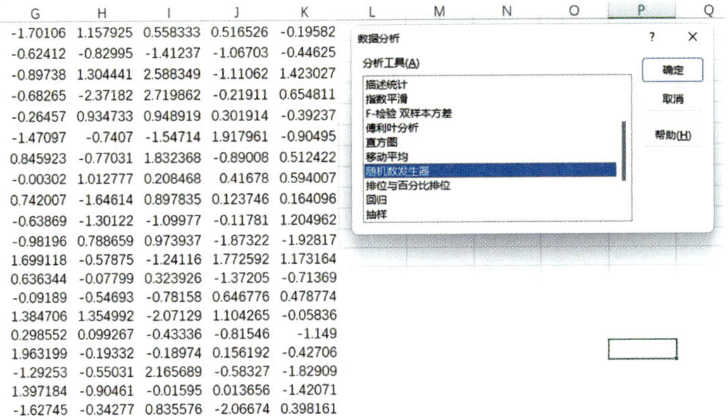

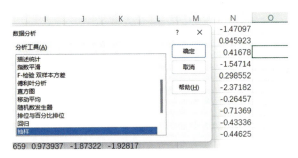

图 2-2-14　随机数发生器 Excel 操作示意图

图 2-2-15　抽样 Excel 操作示意图

$$\overline{x} = \frac{1}{n}\sum_{i=1}^{n} X_i$$

$$s^2 = \frac{1}{n-1}\sum_{i=1}^{n}(X_i - \overline{X})^2$$

$$s = \sqrt{\frac{1}{n-1}\sum_{i=1}^{n}(X_i - \overline{X})^2}$$

3. 抽样分布

统计量的分布是抽样分布。下面介绍统计学中来自正态总体的统计量服从的三大抽样分布。

（1）χ^2（卡方）分布

设 X_1，X_2，…，X_n 是来自总体 $N(0,1)$ 的样本，则统计量 $\chi^2 = X_1^2 + X_2^2 + \cdots + X_n^2$ 服从自由度为 n 的 χ^2 分布，记为 $\chi^2 \sim \chi^2(n)$。卡方分布的概率密度图如图 2-2-16 所示。

其中，红色线是自由度为 1 的图像，黑色线是自由度为 5 的图像，蓝色线是自由度为 11 的图像。

（2）t 分布

设 $X \sim N(0,1)$，$Y \sim \chi^2(n)$，且 X 与 Y 相互独立，则 $t = \dfrac{X}{\sqrt{Y/n}}$ 服从自由度为 n 的 t 分布，记为 $t \sim t(n)$。t 分布的概率密度图如图 2-2-17 所示。

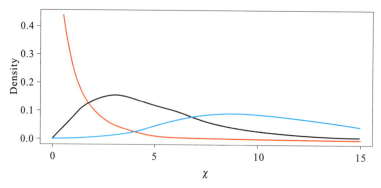

图 2-2-16　卡方分布的概率密度图

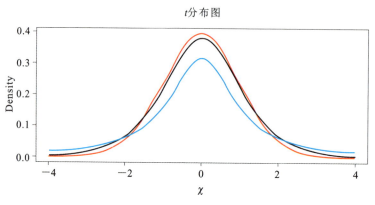

图 2-2-17　t 分布的概率密度图

其中，蓝色线是自由度为 1 的图像，黑色线是自由度为 5 的图像，红色线是自由度为 30 的图像。

（3）F 分布

设 $U \sim \chi^2(n_1)$，$V \sim \chi^2(n_2)$，且 U 与 V 相互独立，则称随机变量 $F = \dfrac{U/n_1}{V/n_2}$ 为服从自由度为 (n_1, n_2) 的 F 分布，记为 $F \sim F(n_1, n_2)$。F 分布的概率密度图如图 2-2-18 所示。

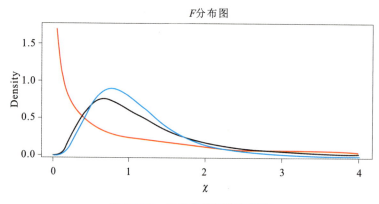

图 2-2-18　F 分布的概率密度图

其中，红色线是自由度为 (1，10) 的图像，黑色线是自由度为 (10，10) 的图像，蓝色线是自由度为 (10，40) 的图像。

（二）参数估计

参数估计是在抽样分布的基础上，以统计量来推断总体参数。参数估计包括点估计和区间估计。

1. 点估计

点估计是指以统计量直接估计总体参数，即"点对点"估计。

（1）估计量

用来估计总体参数的统计量。

（2）估计值

根据一个具体样本计算出来的估计量的数值。

（3）估计方法

矩估计法、最大似然估计法。

（4）常见点估计

以样本均值 $\bar{x}$ 估计总体均值 μ，以样本比例 p 估计总体比例 π，以样本方差 s^2 估计总体方差 σ^2。

（5）评判标准

评价一个估计量好坏的标准是无偏性、有效性和相合性。

2. 区间估计

区间估计是指在点估计的基础上，构建一个区间，并且能反映该区间包含总体参数的可信度。设总体含有一个未知参数 θ，对于给定的 $\alpha(0<\alpha<1)$，若根据样本确定的两个统计量 $\underline{\theta}$ 和 $\overline{\theta}$，满足 $P\{\underline{\theta}<\theta<\overline{\theta}\} \geqslant 1-\alpha$，则称区间 $(\underline{\theta}, \overline{\theta})$ 为 θ 的置信水平为 $1-\alpha$ 的置信区间。

（1）单个总体均值的置信区间

a. σ^2 已知

此时 $Z=\dfrac{\overline{X}-\mu}{\sigma/\sqrt{n}} \sim N(0,1)$，故置信区间为 $\overline{X} \pm \dfrac{\sigma}{\sqrt{n}} z_{\frac{\alpha}{2}}$。

b. σ^2 未知

此时 $t=\dfrac{\overline{X}-\mu}{s/\sqrt{n}} \sim t(n-1)$，故置信区间为 $\overline{X} \pm \dfrac{s}{\sqrt{n}} t_{\frac{\alpha}{2}}(n-1)$。

（2）单个总体方差的置信区间

此时 $\chi^2=\dfrac{(n-1)s^2}{\sigma^2} \sim \chi^2(n-1)$，故置信区间为 $\left(\dfrac{(n-1)s^2}{\chi^2_{\frac{\alpha}{2}}(n-1)}, \dfrac{(n-1)s^2}{\chi^2_{1-\frac{\alpha}{2}}(n-1)}\right)$。

（3）两个总体均值差的置信区间

a. σ_1^2, σ_2^2 已知

此时 $Z=\dfrac{\overline{X}-\overline{Y}-(\mu_1-\mu_2)}{\sqrt{\dfrac{\sigma_1^2}{n_1}+\dfrac{\sigma_2^2}{n_2}}} \sim N(0,1)$，故置信区间为 $\overline{X}-\overline{Y} \pm z_{\frac{\alpha}{2}}\sqrt{\dfrac{\sigma_1^2}{n_1}+\dfrac{\sigma_2^2}{n_2}}$。

b. $\sigma_1^2 = \sigma_2^2 = \sigma^2$ 未知

此时 $t = \dfrac{\overline{X} - \overline{Y} - (\mu_1 - \mu_2)}{s_\omega \sqrt{\dfrac{1}{n_1} + \dfrac{1}{n_2}}} \sim t(n_1 + n_2 - 2)$，$s_\omega^2 = \dfrac{(n_1-1)s_1^2 + (n_2-1)s_2^2}{n_1 + n_2 - 2}$，故置信区间为 $\overline{X} - \overline{Y} \pm t_{\frac{\alpha}{2}}(n_1 + n_2 - 2) s_\omega \sqrt{\dfrac{1}{n_1} + \dfrac{1}{n_2}}$。

（4）两个总体方差比的置信区间

此时 $F = \dfrac{s_1^2/s_2^2}{\sigma_1^2/\sigma_2^2} \sim F(n_1-1, n_2-1)$，故置信区间为 $\left(\dfrac{s_1^2}{s_2^2} \cdot \dfrac{1}{F_{\frac{\alpha}{2}}(n_1-1, n_2-1)}, \dfrac{s_1^2}{s_2^2} \cdot \dfrac{1}{F_{1-\frac{\alpha}{2}}(n_1-1, n_2-1)} \right)$。

（三）假设检验

假设检验包括对总体分布形式和总体参数的检验，这里只介绍对总体参数的检验。显著性检验是假设检验中一种重要的方法，其基本原理是对总体参数做出假设，然后根据抽样分布，对假设是否该被拒绝做出推断。

假设检验的基本思想是小概率思想。小概率思想是指：认定小概率事件在一次性试验中不会发生；若发生，即可推翻原假设。显然，小概率事件发生的概率越小，否定原假设的说服力越强，故常把这个概率值 α 称为显著性水平，α 通常取 0.05。

假设检验的基本步骤如下。

第一步，提出假设。H_0 表示总体参数与某个值没有显著差异；H_1 表示总体参数与某个值有显著差异。

第二步，给定显著性水平 α。

第三步，构造检验统计量。

第四步，根据统计量的取值和分布计算 p 值，比较 p 值与 α。若 $p \geqslant \alpha$，则不拒绝原假设，即没有理由认为总体参数与某个值存在显著差异；若 $p < \alpha$，则拒绝原假设，即有理由认为总体参数与某个值存在显著差异。

1. 单个总体均值的检验

a. σ^2 已知

此时 $Z = \dfrac{\overline{X} - \mu}{\sigma/\sqrt{n}} \sim N(0, 1)$，采用单样本 Z 检验。

b. σ^2 未知

此时 $t = \dfrac{\overline{X} - \mu}{s/\sqrt{n}} \sim t(n-1)$，采用单样本 t 检验。

某专业上一届学生某门课平均成绩为 65 分，现从本届随机抽取 20 份试卷，其分数为：72、76、67、78、63、59、64、85、70、75、60、75、87、83、54、76、56、66、68、62，问本届学生的水平与上届的是否基本一致？其中，$\alpha = 0.05$。

总体方差未知，需要对今年（本届）的分数是否来自均值为 65 的总体进行检验，故采用单样本均值 t 检验，检验结果如表 2-2-14 所示。

表 2-2-14 单个样本均值 t 检验结果表

	检验值 = 65					
	t	df	sig.（双侧）	均值差值	差分的 95% 置信区间	
					下限	上限
成绩	2.254	19	0.036	4.80000	0.3429	9.2571

从检验结果可知，$p<0.05$，拒绝原假设，即本届学生水平与上届不一致。

2. 单个总体方差的检验

此时 $\chi^2 = \dfrac{(n-1)s^2}{\sigma^2} \sim \chi^2(n-1)$，采用单样本 χ^2 检验。

3. 两个总体均值差的检验

a. σ_1^2，σ_2^2 已知

此时 $Z = \dfrac{\overline{X} - \overline{Y} - (\mu_1 - \mu_2)}{\sqrt{\dfrac{\sigma_1^2}{n_1} + \dfrac{\sigma_2^2}{n_2}}} \sim N(0, 1)$，采用双样本 Z 检验。

b. $\sigma_1^2 = \sigma_2^2 = \sigma^2$ 未知

此时 $t = \dfrac{\overline{X} - \overline{Y} - (\mu_1 - \mu_2)}{s_\omega \sqrt{\dfrac{1}{n_1} + \dfrac{1}{n_2}}} \sim t(n_1 + n_2 - 2)$，$s_\omega^2 = \dfrac{(n_1 - 1)s_1^2 + (n_2 - 1)s_2^2}{n_1 + n_2 - 2}$，采用双样本等方差 t 检验。

c. $\sigma_1^2 \neq \sigma_2^2$ 且均未知

此时 $t = \dfrac{\overline{X} - \overline{Y} - (\mu_1 - \mu_2)}{\sqrt{\dfrac{s_1^2}{n_1} + \dfrac{s_2^2}{n_2}}} \sim t(f)$，$f = \dfrac{\left(\dfrac{s_1^2}{n_1} + \dfrac{s_2^2}{n_2}\right)^2}{\dfrac{\left(\dfrac{s_1^2}{n_1}\right)^2}{n_1 - 1} + \dfrac{\left(\dfrac{s_2^2}{n_2}\right)^2}{n_2 - 1}}$。

表 2-2-15 记录了某教师采用新、旧两种教学方式对学生进行教学前后学生的学习效果，比较这两种教学方式的效果有无差别。

表 2-2-15 在新旧教学方式下学生的学习效果数据

学生	教学方式	分值
1	1.00	9.00
2	1.00	10.50
3	1.00	13.00
4	1.00	8.00

续表

学生	教学方式	分值
5	1.00	11.00
6	1.00	9.50
7	1.00	10.00
8	1.00	12.00
9	1.00	12.50
10	2.00	12.50
11	2.00	14.00
12	2.00	16.50
13	2.00	9.00
14	2.00	11.50
15	2.00	10.00
16	2.00	10.00
17	2.00	14.00
18	2.00	15.50

样本为两个来自正态总体的独立样本，总体方差未知，故先要对两个样本进行方差齐性检验，即检验两个总体的方差是否一致。表 2-2-16 是经方差齐性检验得到的检验结果表，$p>0.05$，故不拒绝原假设，没有理由认为两个总体方差不相等。开展双样本等方差 t 检验，检验结果如表 2-2-17 所示，$p>0.05$，不拒绝原假设，故没有理由认为该教师的新的教学方式有显著差异。

表 2-2-16　方差齐性检验结果

	变量 1	变量 2
平均	10.61111	12.55556
方差	2.798611	6.902778
观测值	9	9
df	8	8
F	0.405433	
p（$F\leqslant f$）单尾	0.111588	
F 单尾临界	0.290858	

表 2-2-17　双样本等方差 t 检验结果

	变量 1	变量 2
平均	10.61111	12.55556

续表

	变量 1	变量 2
方差	2.798611	6.902778
观测值	9	9
合并方差	4.850694	
假设平均差	0	
df	16	
t Stat	−1.87284	
p（$T\leq t$）单尾	0.03974	
t 单尾临界	1.745884	
p（$T\leq t$）双尾	0.07948	
t 双尾临界	2.119905	

4. 成对样本的检验

前面所有的双样本检验都是假设两个样本是独立的，而对于某种成对出现的样本，应该针对每个个体计算差值，进行成对样本的检验，实质是进行差值的单样本 t 检验。

某批学生培训前后的数学成绩如表 2-2-18 所示，检验培训是否有效。

表 2-2-18　学生培训前后数学成绩数据

学号	培训前	培训后	d
1	99	98	1
2	88	89	−1
3	79	81	−2
4	59	78	−19
5	54	78	−24
6	89	89	0
7	79	87	−8
8	56	76	−20
9	88	56	32
10	99	76	23
11	23	89	−66
12	89	89	0
13	70	99	−29
14	50	89	−39
15	68	89	−21

续表

学号	培训前	培训后	d
16	78	98	−20
17	89	78	11
18	56	89	−33

样本为配对样本，应进行配对样本 t 检验。检验结果如表 2-2-19 所示，$p<0.05$，拒绝原假设，故培训使学生前后成绩有了显著差异。

表 2-2-19　配对样本均值比较 t 检验结果

	变量 1	变量 2
平均	72.94444	84.88889
方差	403.8203	106.8105
观测值	18	18
泊松相关系数	−0.06801	
假设平均差	0	
df	17	
t Stat	−2.18301	
p（$T\leqslant t$）单尾	0.021674	
t 单尾临界	1.739607	
p（$T\leqslant t$）双尾	0.043347	
t 双尾临界	2.109816	

5. 两个总体方差比的检验

此时 $F=\dfrac{S_1^2/S_2^2}{\sigma_1^2/\sigma_2^2} \sim F(n_1-1, n_2-1)$，采用双样本方差 F 检验。

三、数据可视化的常用工具

（一）非编程类

1. Excel

Excel 是 Microsoft Office 旗下的一款表格计算软件，在众多可视化工具中有着基础性且难以撼动的地位。它可以实现数据处理、数据分析、图表制作等。Excel 的交互性较强，用户可以看到每一行数据。Excel 还能实时更新，即更新数据后，数据分析或者图表可以自动实时更新修改。但是 Excel 不适用于大数据的处理与可视化。

动画：数据可视化的常见工具

2. Tableau

Tableau 采用拖放操作和仪表板界面,操作直观。Tableau 可通过 Tableau Desktop 将多个数据库组合在一起,还能通过 Tableau Server 共享可视化结果。但是 Tableau 价格较高。

3. Power BI

Power BI 集合了查询编辑器、表关系管理、数据透视图和数据视图四个模块,对数据进行集成,并为 R 语言和 Python 语言提供了接口。其操作界面如图 2-2-19 所示。

图 2-2-19　Power BI 界面图

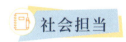

政务可视化

党的十八大以来,党中央、国务院从推进国家治理体系和治理能力现代化全局出发,准确把握全球数字化、网络化、智能化发展趋势和特点,围绕实施网络强国战略、大数据战略等作出了一系列重大部署。

政务可视化系统助力如下目标的实现:到 2025 年,与政府治理能力现代化相适应的数字政府顶层设计更加完善、统筹协调机制更加健全,政府数字化履职能力、安全保障、制度规则、数据资源、平台支撑等数字政府体系框架基本形成;到 2035 年,与国家治理体系和治理能力现代化相适应的数字政府体系框架更加成熟完备,整体协同、敏捷高效、智能精准、开放透明、公平普惠的数字政府基本建成,为基本实现社会主义现代化提供有力支撑。

（二）编程类

1. Apache Echarts

Apache Echarts 是使用 JavaScript 实现的开源可视化库，运行流畅，支持 PC 端和移动端，兼容绝大多数浏览器，支持的图表类型众多。Echarts 最初由百度团队开发，后于 2018 年捐赠给 Apache 基金会。

2. Highcharts

Highcharts 是一个用纯 JavaScript 编写的图表库，它能够简单且便捷地在 web 网站或 web 应用程序中添加具有交互性的图表。Highcharts 不仅提供了曲线图、区域图、柱形图、饼图、散点图和综合图表等多种类型的图表，还具有兼容性强、操作性强、使用简单的特点。此外，Highcharts 免费提供给个人学习、个人网站和非商业用途使用。除了 Highcharts 以外，Highsoft 还提供了 Highstock 和 Highmaps，分别用于显示分时数据和地图。这些工具在数据分析、业务报告等多个领域都有广泛的应用。

3. AntV

AntV 是由蚂蚁集团开发的一套数据可视化规范以及专业级的数据可视化工具库。AntV 的名称源自 Ant Design 与 Visualization 的结合，旨在提供一套完整的数据可视化解决方案。AntV 遵循有信任感、轻松感、意义感的设计价值观。其中，"信任感"是指数据准确、真实和可靠，让用户敢于看数；"轻松感"是指信息清晰优雅直观，让用户轻松看数；"意义感"是指启发用户的理解和洞察，让用户获取工作意义。

AntV 的核心特点包括以下几点。一是丰富的可视化图表类型。AntV 提供了包括折线图、柱形图、散点图、饼图、地图等多种类型的图表，能够满足各种数据展示和分析的需求。二是高度定制性。AntV 允许用户通过配置和扩展来实现图表的个性化定制，无论是颜色、形状、大小，还是交互方式，都可以根据实际需求进行调整。三是易于集成。AntV 的工具库可与多种前端框架（如 React、Vue 等）进行无缝集成，使得开发者能够轻松地将数据可视化功能嵌入现有的应用系统。四是性能优化。AntV 在性能优化方面进行了大量的工作，确保在各种场景下都能保持流畅的数据渲染和交互体验。五是社区支持。AntV 拥有庞大的开发者社区，提供了丰富的教程、示例和文档，能够帮助用户快速上手并解决在使用过程中遇到的问题。

4. R

R 是开源软件，可以实现统计分析和统计图表绘制。其语法通俗易懂，绘图灵活。用户可根据输出窗口实时修改代码窗口，并实时运行。R 中有很多绘图包。

（1）ggplot2

这是 R 语言中最流行的可视化包之一，它采用图层式绘图语法，使得创建复杂且精美的图形变得简单。ggplot2 支持各种统计图形的绘制，并且具有高度的灵活性和可定制性。

（2）lattice

与 ggplot2 类似，lattice 也是一个强大的可视化包，其采用格网图形语法，能够处理复杂的数据集和图形。

（3）plotly

这个包可以将 R 图形转化为交互式的 web 图形，非常适合在网页或在线平台上展示数据。

（4）highcharter

这是一个用于创建交互式图表的 R 包，其基于 Highcharts 库，可以创建各种美观且交互性强的图表。

（5）ggvis

ggvis 是另一个交互式图形包，它使用一种响应式编程模型，允许用户通过交互操作来探索数据。

（6）dygraphs

这个包专门用于时间序列数据的可视化，可以创建动态和交互式图形。

（7）ggmap

ggmap 包可以方便地将地图数据（如 Google 地图或 OpenStreetMap）与 ggplot2 语法结合起来，用于创建地图可视化。

5. Python

Python 是一款面向对象的语言，其语言简洁通俗。

（1）matplotlib

matplotlib 是 Python 中最经典和广泛使用的绘图库之一。Python 有很多可视化包，matplotlib 提供了丰富的绘图功能，包括线图、散点图、柱形图、饼图等。它具有高度可定制性，可以通过设置各种属性控制图形的外观和样式。

（2）seaborn

seaborn 是基于 matplotlib 的 Python 数据可视化库，提供了更高级的接口、内置的主题和颜色选项。它特别适合制作统计图形和数据可视化，使得绘制复杂的图表变得简单快捷。

（3）pandas

虽然 pandas 主要是一个数据分析库，但它也提供了内置的数据可视化功能，如通过 DataFrame 的 .plot() 方法绘制图形。pandas 的绘图功能简单易用，非常适合在数据探索阶段快速生成图表。

（4）plotly

plotly 是一个用于创建交互式图形的库，支持多种类型的图表，包括散点图、线图、热力图、曲面图等。它提供了丰富的交互功能，使得用户可以通过鼠标悬停、点击等方式与图表进行交互。

（5）bokeh

bokeh 是一个用于 web 开发的交互式可视化库，它允许用户创建复杂的统计图形和仪表盘。bokeh 生成的图表可以直接嵌入 web 应用，并提供了丰富的交互功能。

6. D3.js

D3.js（通常简称为 D3）是一个强大的 JavaScript 库，用于在网页上创建数据驱动的文档。它以出色的灵活性、可扩展性和表现力而闻名。D3 不是一个单一的图表库，而是一个用于创建数据可视化的完整工具集，其允许开发者从数据绑定到 DOM（文档对象模型）操作，再到交互和动画，进行精细的控制。

以下是 D3 的一些主要特点和优势。

（1）数据驱动

D3 的核心是数据绑定，它允许开发者将任意数据映射到 DOM 上。这意味着用户可以根据数据的变化动态地更新可视化效果。

（2）高度定制

D3 提供了底层图形 API，使得开发者可以构建几乎任何形式的数据可视化。无论用户需要创建简单的条形图还是复杂的网络图，D3 都能满足其需求。

（3）SVG 和 Canvas 支持

D3 可以与 SVG（可缩放矢量图形）和 Canvas 一起工作，这意味着用户可以创建既具有交互性又具有高分辨率的可视化效果。

（4）强大的动画和交互功能

D3 内置强大的动画和交互功能，使用户可以创建引人入胜的数据可视化内容。用户可以添加鼠标悬停提示、拖拽功能、缩放和平移等交互效果。

（5）与 HTML、CSS 的无缝集成

D3 创建的可视化可以轻松地与现有的 HTML 和 CSS 集成，使用户可以在保持网站风格一致性的同时添加数据可视化功能。

（6）强大的社区支持

D3 拥有庞大的开发者社区和丰富的教程、示例和文档，这使用户学习和使用 D3 变得更加容易。

然而，D3 的灵活性也带来了一定的学习曲线。由于其底层图形 API 的性质特殊，对于初学者来说，可能需要一些时间才能熟悉并掌握它。一旦用户掌握了 D3 的基础知识，就可以创建非常复杂且吸引人的数据可视化内容。

7. A-Frame

A-Frame 是一个用于构建虚拟现实（VR）应用的网页开发框架。它由 WebVR 的发起人 Mozilla VR 团队开发，已成为开发 WebVR 内容的主流技术方案。A-Frame 基于 HTML，容易上手，但并不仅限于 3D 场景渲染引擎或标记语言。其核心思想是基于 Three.js 来提供一个声明式、可扩展以及组件化的编程结构。

A-Frame 提供了许多可重复使用的组件，如 box、sphere、text 等，用户可以根据需要使用这些组件来创建不同的形状和元素。这些组件具有不同的属性，如 position、rotation、color 等，可以调整组件的外观和行为。此外，A-Frame 还支持动画效果，如旋转、缩放等，开发者可以使用 animation 组件和 keyframes 属性来创建动画。

A-Frame 的目标是定义具有位置跟踪和操控的完全身临其境和交互式 VR 体验，它支持主流 VR 头显如 Vive、Rift、Daydream、GearVR、Cardboard，甚至可用于增强现实（AR）。

A-Frame 适用于各种场景，包括教育、娱乐、虚拟旅游等，可用于创建虚拟实验室、虚拟博物馆、虚拟展览等应用，为用户提供沉浸式的 VR 体验。

8. Three.js

Three.js 是一个基于 WebGL 的 JavaScript 3D 库。它封装了 WebGL API，为开发者提供了简单易用的 API，以便在 Web 浏览器中展示 3D 图形。Three.js 提供了多个组件、方法和工具，用于创建和处理 3D 图形，使开发者可以在 Web 浏览器中快速创建 3D 图形和动画，而不需要深入了解 WebGL 的底层实现。

Three.js 支持多种类型的 3D 对象，如几何体、材质、灯光和相机等，还提供了许多常用的几何体，如球体、立方体、圆锥体和圆柱体。这些几何体可以进行旋转、平移和缩放等变换操作。此外，它还支持多种渲染器，包括 WebGL、Canvas 和 SVG，可以自动检测浏览器，并选择最适合的渲染器来呈现 3D 场景。

Three.js 具有灵活的动画系统，允许开发人员创建平滑的动画效果，并支持骨骼动画，可以创建复杂的角色动画。同时，它提供了不同类型的相机和光照模型，让开发人员能够控制场景的视角和光照效果。

在虚拟现实和游戏领域，Three.js 有广泛的应用。它可以帮助开发者快速地创建逼真的 3D 场景和动画，让用户有身临其境之感。同时，它还可以实现游戏中的物理效果，让游戏更加真实。除了游戏，Three.js 还可以应用于教育、医疗等领域，比如创建逼真的 3D 模型，帮助学生直观地了解相关知识点。

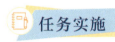

2-2-1　任务实施

◇ 任务描述

表 2-2-20 是某电器公司 2023 年连续 120 天的销售量数据。请完成以下任务。

① 将数据进行分组，并绘制频数分布表。
② 以合适的图像来描绘其分布情况。
③ 以合适的数字特征来反映其集中趋势和离散程度。

数据源素材（1）

表 2-2-20　某电器公司 2023 年连续 120 天的销售量数据

日期	2023/7/1	2023/7/2	2023/7/3	2023/7/4	2023/7/5	2023/7/6	…	2023/10/28
销售量（台）	234	143	187	161	153	228	…	195

注：操作用完整数据见数据源素材（1）。

◇ 实践准备

Excel。

◇ **实践指导**

第一步，该数据为单变量定量数据，将数据输入 Excel 的一列中，如图 2-2-20 所示。根据组数计算公式 $K = 1 + \dfrac{\lg n}{\lg 2}$，$n = 120$，可算得组数 $K \approx 8$，该组数据最大值为 268，最小值为 141，故组距 $(268 - 141)/8 \approx 15$（由于建议组距是 5 或 10 的倍数，此处四舍五入为 16，最终确定为 15）。设置第一组的下限为 140，最后一组的上限为 270，以将全部数据包括进去。使用 Countifs 函数计算各组频数，并秉持"上组限不计入"原则。然后用频数除以 120，即得频率。这样便可绘制分组后数据的频数分布表，Excel 绘制频数分布表操作步骤如图 2-2-21 所示，绘制得到的频数分布表如表 2-2-21 所示，观察可知数据大致呈"中间高、两边低"的正态分布。

图 2-2-20　Excel 录入数据示意图

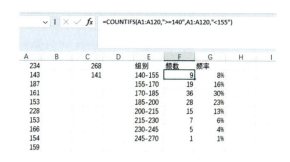

图 2-2-21　Excel 绘制频数分布表操作示意图

表 2-2-21　销售量数据频数分布表

组别	频数	频率
140—155	9	8％
155—170	19	16％
170—185	36	30％
185—200	28	23％
200—215	15	13％
215—230	7	6％
230—245	5	4％
245—270	1	1％

第二步，使用 Excel 绘制直方图、箱线图，操作步骤如图 2-2-22 至图 2-2-25 所示。

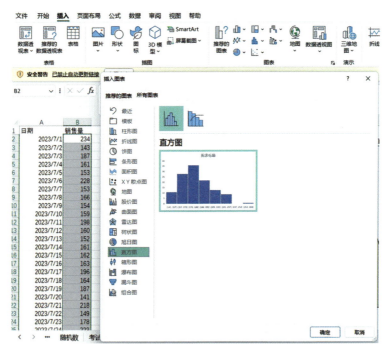

图 2-2-22　Excel 绘制直方图操作示意图

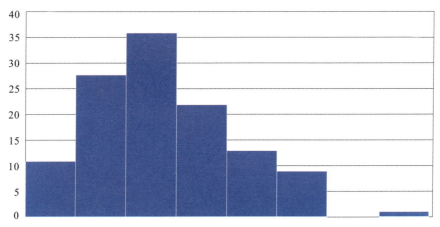

图 2-2-23　销售量直方图

从直方图 2-2-22 和箱线图 2-2-25 可看出，数据集中在 150～200 之间，呈现右偏分布，且存在离群点。

第三步，使用"数据分析"功能中的"描述统计"选项来计算度量集中趋势的均值、中位数、众数，度量离散程度的方差、标准差，操作步骤如图 2-2-26 所示。得到如表 2-2-22 所示的销售量数据描述性统计分析结果。

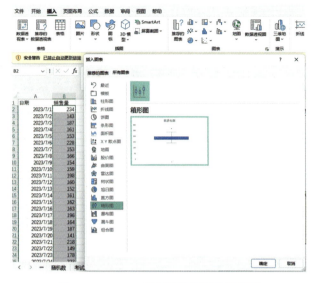

图 2-2-24　Excel 绘制箱线图操作示意图

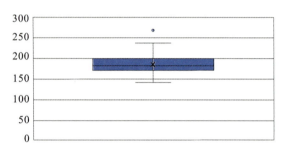

图 2-2-25　销售量箱线图

图 2-2-26　Excel 进行描述性统计分析操作示意图

表 2-2-22　销售量数据描述性统计分析结果

列 1	
平均	185.425
标准误差	2.094834
中位数	182.5
众数	196
标准差	22.94775
方差	526.5994
峰度	0.631979
偏度	0.659571
区域	127
最小值	141
最大值	268
求和	22251
观测数	120
置信度（95.0%）	4.14798

从表 2-2-22 可知，均值为 185.425，中位数为 182.5，众数为 196，数据集中在 150～200 之间。该组数据方差为 526.5994，标准差为 22.94775。偏度为 0.659571，呈现右偏分布。峰度为 0.631979，呈现尖峰分布。

◇ **实施评价**

任务评价表见学习单元一之主题学习单元 1 的表 1-1-2。

主题学习单元 3　可视化数据指标体系构建

知识准备

动画：可视化数据
指标体系的重要性

一、可视化数据指标体系的重要性

数据指标是对原始数据进行加工汇总计算后的结果，它将业务单元量化，使得业务目标可描述、可度量、可拆解。数据指标是衡量目标的参数，表示一项生产活动中预期达到的指数、规格、标准数据。它可以是定性的，用于描述或表示特定特征、属性或性质，如颜色、性别、品牌等；也可以是定量的，用于表示数量、数量关系或数值，如年龄、收入、销售额等。

可视化数据指标体系是一个综合性的框架，旨在通过图形、图像等直观形式展示和分析数据指标，以便用户更好地理解和评估业务状态。这个体系不仅涵盖各种数据指标，还包括如何将这些指标以可视化方式呈现和解读。

可视化数据指标体系是一个强大的工具，可以帮助企业更好地理解和分析业务数据，发现潜在的机会和问题，做出更明智的决策。具体来说，可视化数据指标体系的重要性主要体现在以下几个方面。

（一）有助于用户更直观地看到数据中的趋势和关系

首先，可视化数据指标体系通过图形化方式将数据呈现出来，使得数据更加直观易懂。相较于传统的表格或文本形式，图形化的展示方式更能够吸引人的注意力，并能帮助人们更快地理解和分析数据。通过颜色、大小、形状等视觉元素的运用，可视化数据指标能够突出数据的重点和关键信息，使数据中的趋势和关系一目了然。

其次，可视化数据指标体系能够将多个指标结合起来，形成综合性的数据视图。通过将不同指标的数据进行组合和对比，可视化数据指标体系可以更加全面地展示数据的整体情况和内在联系。例如，可以利用散点图展示两个指标之间的相关关系，利用柱形图对比不同分类下的指标数据，利用折线图展示指标随时间的变化趋势等。这些综合性的数据视图有助于人们从多个角度理解和分析数据，发现其中的规律和趋势。

最后，可视化数据指标体系还具备交互性和动态性。通过交互式图表，用户可以自由地调整视角、筛选数据、放大缩小等，以获取更加详细和深入的信息。同时，动态的数据更新和实时展示也使得可视化数据指标体系能够及时反映数据的最新变化，帮助用户把握数据的最新趋势和关系。

综上所述，可视化数据指标体系通过图形化的展示方式、综合性的数据视图以及交互性和动态性的特点，帮助用户更直观地看到数据中的趋势和关系。这使数据分析过程更加高效、准确和深入，为企业的决策制定和业务发展提供了有力的支持。

（二）能够大大提高沟通效率

首先，可视化数据指标体系能够以直观易懂的方式展示数据。其通过将复杂的数据转化为图形、图表或动画等形式，让数据变得更加生动和易于理解。这种直观性使得信息更易于传递和接收，减少了信息传递过程中的误解和歧义，从而大大提高了沟通效率。

其次，可视化数据指标体系能够简洁明了地呈现关键信息。精心设计的图表和可视化元素可以突出显示数据的重点，帮助接收者快速抓住核心信息。这避免了在沟通中花费大量时间解释和说明数据的情况，节省了沟通的时间和精力。

再次，可视化数据指标体系具有跨语言和文化的能力。图形和图表是普遍可理解的视觉语言，不受特定语言或文化背景的限制。这使得可视化数据指标体系能够在不同国家和地区之间进行有效沟通，解决了语言障碍和文化差异带来的沟通难题。

最后，可视化数据指标体系还支持交互式沟通。通过数据可视化工具，用户可以与图表进行交互，如放大、缩小、筛选数据等。这种交互性使得沟通更加灵活和深入，有助于双方更好地理解数据和讨论问题。

综上所述，可视化数据指标体系通过直观易懂的数据展示、简洁明了的关键信息呈现、跨语言和文化的能力以及交互式沟通的支持，能够大大提高沟通效率。无论是企业内部还是跨企业合作，可视化数据指标体系都是促进有效沟通的重要工具。

（三）有助于发现数据中的异常值和问题

首先，通过图形化的方式展示数据，可视化数据指标体系能够直观地展现数据的分布、趋势和关系。当数据中存在异常值时，这些异常点通常会在图表中表现为与整体趋势不符的凸出点或离群点。这使得用户能够迅速识别并关注到这些异常值，进而对其进行深入分析。

其次，可视化数据指标体系可以通过对比不同指标或数据集来发现潜在的问题。通过将多个指标或数据集放在同一张图表中进行对比，用户可以观察它们之间的变化关系，从而发现数据中的不一致性或矛盾点。这些不一致性或矛盾点可能揭示了数据收集、处理或分析过程中的问题，需要进一步调查和解决。

再次，可视化数据指标体系还支持交互式探索和分析。用户可以通过调整图表的角度、筛选数据或添加交互元素等方式，对数据进行深入挖掘和探究。这种交互性使得用户能够更加灵活地分析和发现数据中的潜在问题，提高了数据分析的效率和准确性。

最后，可视化数据指标体系还可以通过设置预警和提示功能来主动发现数据中的问题。例如，可以设置阈值，当数据超过或低于特定范围时，图表会自动变色或发出警告，从而提醒用户关注潜在的问题。

综上所述，可视化数据指标体系通过直观展示数据、对比不同指标、支持交互式探索以及设置预警和提示功能等方式，帮助用户发现数据中的异常值和问题。这使得数据分析过程更加全面、准确和高效，为企业的决策制定和问题解决提供了有力的支持。

（四）能够支持决策制定

首先，可视化数据指标体系通过图形、图像等形式直观地呈现数据，使决策者能够更快速、更准确地捕捉信息。在复杂的决策环境中，决策者常常面临大量且复杂的数据，通过传统的文字或表格形式展示数据，人们往往难以对它们进行全面把握和深入分析。而可视化数据指标体系能够将数据转化为易于理解的图表，突出关键信息，帮助决策者迅速把握数据整体情况，发现潜在趋势和问题。

其次，可视化数据指标体系能够提供多维度的数据分析视角。决策往往涉及多个方面的因素和指标，需要对它们进行综合分析和权衡。可视化数据指标体系能够将不同指标的数据整合在一起，通过对比、关联等方式展示它们之间的关系，帮助决策者全面考虑各个因素，形成更加完整和准确的决策依据。

再次，可视化数据指标体系支持动态数据的监测和分析。在决策制定过程中，数据的变化对于决策的影响是至关重要的。可视化数据指标体系能够实时更新数据，并以图形化的方式展示数据的变化趋势，使决策者能够及时掌握最新情况，调整和优化决策方案。这种动态性使得决策制定更加灵活和精准。

最后，可视化数据指标体系还具备交互性，使决策者能够根据自己的需求进行定制化的分析和探索。决策者可以通过交互式图表来筛选数据、调整参数、进行数据挖掘等操作，以满足不同决策场景的需求。这种交互性使决策制定更加个性化和精准化，提高了决策的质量和效率。

综上所述，可视化数据指标体系具有直观呈现数据、提供多维度的分析视角、支持动态数据的监测和分析以及具备交互性等特点，能够有效地支持决策制定。它使得决策者能够更全面、更深入地理解和分析数据，从而做出更明智、更精准的决策。

二、构建可视化数据指标体系的步骤

可视化数据指标体系不是为了建设而建设，而是需要帮助企业提升业务效率，解决企业业务指标需求，是一个从数据到洞察再到决策的过程。它具有明确业务目标、确定关键业务流程、选择关键业务指标、数据收集与清洗、数据可视化设计、指标监控与优化六个步骤。这些步骤相互关联、环环相扣，共同构成了一个完整的可视化数据指标体系构建流程。

微课：构建可视化数据指标体系的步骤

（一）明确业务目标

在构建可视化数据指标体系之前，首先要明确业务目标。这包括了解企业或项目的具体需求，以及希望通过数据可视化来解决的问题或达成的目标。

（二）确定关键业务流程

在明确业务目标后，需要确定关键业务流程。这有助于理解业务的价值链和数据的流动路径，从而为后续的指标选择和数据收集提供基础。

（三）选择关键业务指标

根据关键业务流程，选择与业务目标一致、能够反映业务流程效果和效率的关键业务指标。这些指标应该具有代表性，能够准确地反映业务的真实情况。

（四）数据收集与清洗

在确定关键业务指标后，需要进行相关数据的收集。数据来源可能包括企业内部系统、第三方数据等。收集到的数据往往需要进行清洗和预处理，以去除噪声和异常值，提高数据质量。

（五）数据可视化设计

根据清洗后的数据和选定的业务指标，进行数据可视化设计。这包括选择合适的图表类型（如折线图、柱形图、饼图等）和颜色方案，以及设置合适的轴标签和图例等。

（六）指标监控与优化

在实际应用中，需要持续监控关键业务指标的变化情况，并根据实际情况进行优化调整。这有助于及时发现问题并采取相应的改进措施。

此外，在构建可视化数据指标体系时，还需要注意以下几点：一是确保数据的准确性和完整性，避免因为数据质量问题导致错误的决策；二是根据不同的业务场景和需求选择合适的可视化工具和技术，以提高数据可视化的效果和效率；三是在进行数据可视化设计时，注重用户体验和交互性，使用户能够方便地查看和理解数据。

直通职场

数据可视化设计师

1. 岗位职责

正确理解并满足客户对设计的要求；负责公司项目的视觉设计工作；能够实时把握软件设计的流行趋势，充分理解 UI 设计中体现产品的视觉整体性，注重细节的处理；能够及时提出崭新的创意方案，高质量、高效率地完成设计。

2. 任职要求

视觉传达、平面设计、广告设计等相关专业大专以上学历；工作认真细致，善于创新，对视觉设计、色彩有敏锐的观察力及分析能力；具备较强的学习能力、领悟能力、执行力、沟通能力；具备高度的工作责任心、较强的团队合作精神。

3. 工作技能

熟练使用 Photoshop、Dreamweaver、Illustrator、Flash、Skech 等设计相关软件；有扎实的美术功底及较高的艺术修养。

任务实施

◇ 任务描述

某电商平台希望构建一个可视化数据指标体系，以便更好地监测商品的退货情况，发现退货趋势，优化销售策略。

◇ 实践准备

Excel。

2-3-1 任务实施

◇ 实践指导

1. 明确业务目标

根据任务描述，可以明确该电商平台的业务目标：监控每日的退货情况，分析各类商品的退货表现并清楚识别退货高峰期和低谷期。

2. 确定关键业务流程

用户浏览商品页面、用户提出退货申请等。

3. 选择关键业务指标

选择总退货金额（衡量整体退货情况）、退货额增长率（衡量退货趋势）、商品类别退货分布（分析各类商品的退货情况）等作为关键业务指标。

4. 数据收集与清洗

从电商平台的数据库中提取退货退款数据、用户行为数据等，并清洗数据，去除重复、错误或无效的记录，对数据进行整合和格式化，最终得到 A 平台商品退款明细表，如表 2-3-1 所示。

表 2-3-1 A 平台商品退款明细表

日期	商品类别	退款金额	退货订单数
2023/6/8 20：23	报纸	1241.66	531
2023/6/4 13：53	杂志	599.95	100
2023/6/25 5：31	杂志	2283.77	384
2023/6/21 20：02	书籍	1737.1	158
2023/6/4 12：18	书籍	0	5
2023/6/7 8：07	杂志	3195.92	200
2023/6/11 2：08	杂志	302.17	383
⋮	⋮	⋮	⋮
2023/6/13 4：26	杂志	635.89	39

注：操作用完整数据见数据源素材（2）。

5. 数据可视化展示

（1）使用柱形图展示商品每日退款金额变化情况

选中数据源 A2：D52，点击"插入"选项卡，再点击"数据透视表"选项，如图 2-3-1 所示。

在"数据透视表"对话框中的"现有工作表"中填充 F2 单元格，然后点"确定"按键，如图 2-3-2 所示。

数据源素材（2）

在"数据透视表字段"的区域字段中，将"日期"字段拖至行标签，"退款金额"拖至Σ值，得到每日退款金额，如图 2-3-3 所示。

选中 F2：G30 区域，点击"插入"选项卡，再选柱形图，如图 2-3-4 所示。

生成的每日退款金额变化情况柱形图如图 2-3-5 所示。

学习单元二　数据可视化基础　75

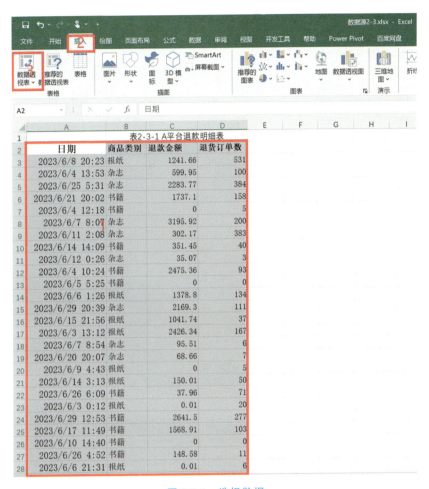

图 2-3-1　选择数据

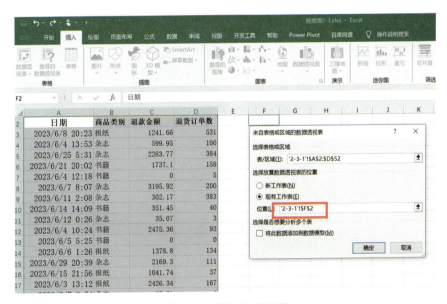

图 2-3-2　填充 F2 单元格

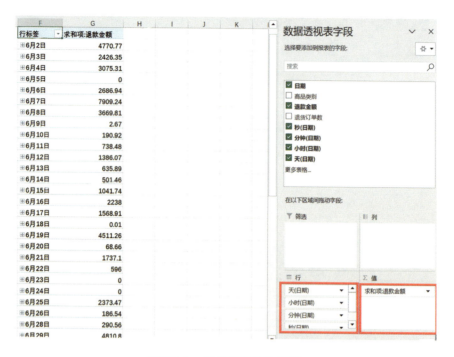

图 2-3-3　计算每日退款金额

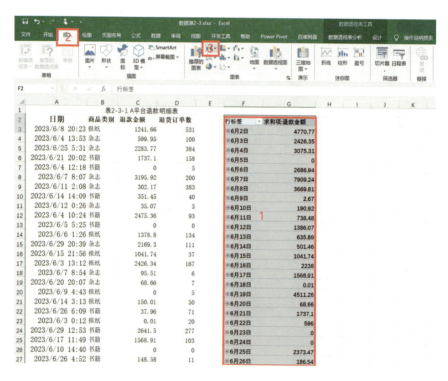

图 2-3-4　生成柱形图

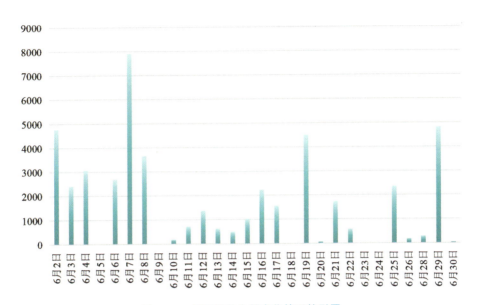

图 2-3-5　每日退款金额变化情况柱形图

（2）利用饼图展示各商品类别的退款金额分布

选中数据源 A2：D52，点击"插入"选项卡，再点"数据透视表"选项，如图 2-3-6 所示。

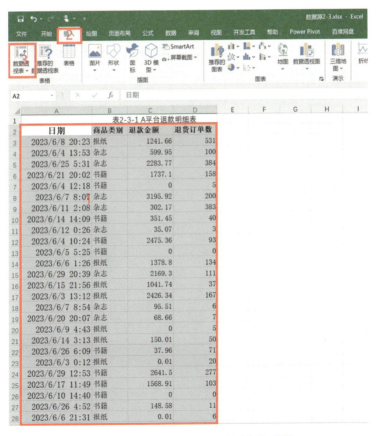

图 2-3-6　插入"商品类别退款金额"数据

在"数据透视表"对话框中的"现有工作表"中填充I2单元格,然后点击"确定"按键,如图2-3-7所示。

在"数据透视表字段"的区域字段中,将"商品类别"字段拖至行标签,将"退款金额"拖至"$\sum$值",得到各类商品的退款金额,如图2-3-8所示。

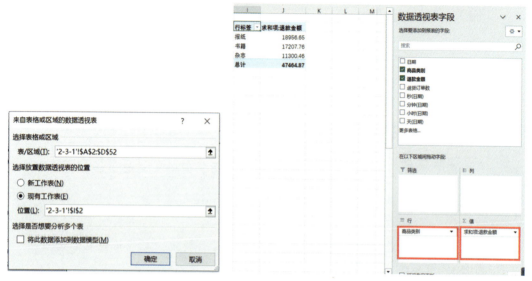

图 2-3-7　填充单元格区域　　　　　　　图 2-3-8　选择行标签字段

选中I2:J5区域,点击"插入"选项卡,再点击饼图,如图2-3-9所示。

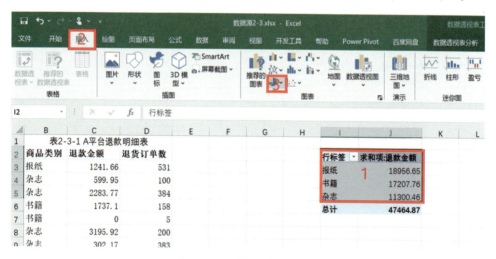

图 2-3-9　选择可视化类型

生成各商品类别的退款金额分布饼图,如图2-3-10所示。

(3) 通过折线图呈现退货数量的增长趋势

选中数据源A2:D52,点击"插入"选项卡,再点击"数据透视表"选项,如图2-3-11所示。

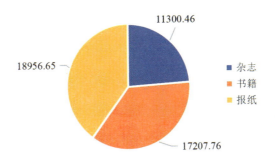

图 2-3-10　生成退款金额分布饼图

图 2-3-11　插入数据透视表

在"数据透视表"对话框"现有工作表"中填充 L2 单元格,然后点击"确定"按键,如图 2-3-12 所示。

在"数据透视表字段"的区域字段中,将"日期"字段拖至行标签,将"退款订单数"拖至"∑值",得到每日退款订单数,如图 2-3-13 所示。

选中 L2∶G30 区域,点击"插入"选项卡,再点击折线图,如图 2-3-14 所示。

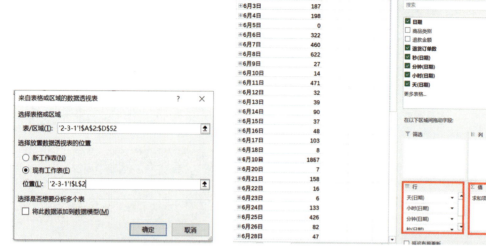

图 2-3-12 填充表格区域　　　　图 2-3-13 选择行标签字段

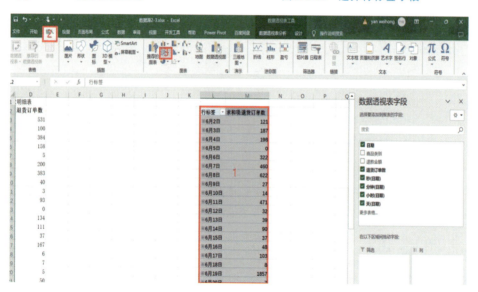

图 2-3-14 选择可视化类型

生成每日退款订单数量变化趋势折线图，发现 6 月 19 日这一天的退款订单数量极大，如图 2-3-15 所示。

通过这个案例，可以看到可视化数据指标体系在电商平台销售数据分析中的重要作用。它不仅能够帮助企业实时监控销售及退货情况，还能为销售策略的制定和优化提供有力支持。

◇ **实施评价**

任务评价表见学习单元一之主题学习单元 1 的表 1-1-2。

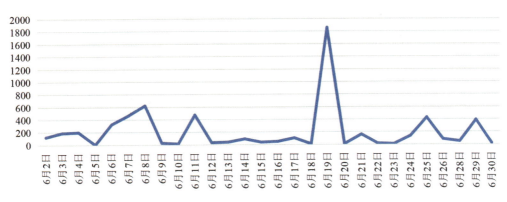

图 2-3-15　生成每日退款订单数量变化趋势折线图

单元自主学习任务

请同学们扫描二维码完成本单元自主学习任务。

学习单元二自主学习任务

学习单元三　数据可视化设计原则

学习目标

◇ 素养目标
- 通过对数据可视化目标受众的分析,掌握辩证分析法中的全面性原则。
- 理解数据可视化设计原则,培养创新思维、审美观念以及用户体验意识。
- 通过学习图表的类型,培养整理数据的思维。

◇ 知识目标
- 了解数据可视化目标设定的原则。
- 掌握数据可视化设计原则。
- 熟练掌握常用图表的特性、构成元素和适用场景。

◇ 技能目标
- 能准确分析受众需求,确定数据可视化目标。
- 能运用数据可视化设计原则设计图表,提高数据可视化效果。
- 能够根据实际需求,确定最适合展示数据特征的图表类型。

学习单元三　数据可视化设计原则

思维导图

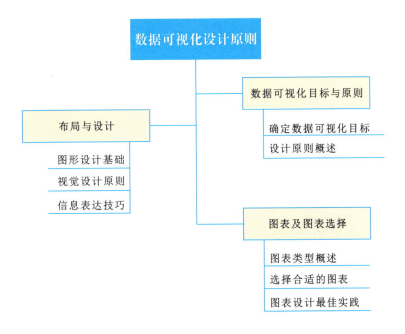

案例导入

从图景到场景：数据新闻可视化流变[①]

在大数据时代，为了更好地发挥新闻媒体洞察、传播信息的重要职能，数据新闻应运而生。从形态呈现与生产流程层面界定，数据新闻是以数据为分析对象、以可视化为呈现方式、以数据处理分析的结果为交互逻辑驱动的新兴新闻范式。

一、感官召唤：视觉符号提升场景吸引力

视觉符号是以形状、方向、色彩、大小等要素构成的用以传达信息的载体。视觉符号通过排列组合，形成不同的应用场景。数据新闻可视化实践在视觉符号的使用上呈现两大趋势：一是视觉符号的形式和类别从单一化发展为多元化，场景内容不断扩充，可视化特征愈发明显；二是更注重视觉符号的艺术表达与视觉吸引，场景张力不断提升，可视化内涵越发丰盈。

[①] 郭文琛、吴亚楠：《从图景到场景：数据新闻可视化流变》，中国社会科学报，2011年11月4日，第3版。有删改。

1. 从单调到丰富：图表演进与结构化呈现

早期的数据新闻报道，往往只由文字和简单的统计图表构成，可视化特征并不明显。现在，图形动画、视频等动态视觉符号被广泛使用，如经济日报社制作的"数说70年"，将单调枯燥的数据制作成网民喜闻乐见的可视化系列新闻短视频，多角度展现"新中国70年"辉煌成果。

2. 从欣赏到共鸣：美学追求与情感唤醒

数据新闻可视化常通过色调、版式、风格、符号等营造氛围，部分数据新闻更是寓情于景，关注意蕴与美感。这些艺术的、仪式的、文化的可视化符号，使原本冰冷的数据有了温度和态度，唤起了用户的情感共鸣。

二、技术加冕：不断刷新场景的交互形态

伴随着数字技术的演进与革新，人机交互原有的形式、载体、边界均被打破。相关研究表明，2012年至2019年，数据新闻中高级交互组件的比例逐年增加，可视化的交互性显著提升；除交互层级的变化外，数据新闻的交互在沉浸式、实体化、可听化方面也进行了新的探索。

1. 从观看到入场：角色扮演与深度参与

新闻游戏是新闻信息的游戏化，在新闻语境下使用一定的游戏机制与游戏设计元素展开报道，是近年来数据新闻交互形式的创新之一。如《金融时报》推出的游戏 The Uber Game，让用户在游戏中直面各方面的压力艰辛谋生，从而深切体验零工经济下 Uber 司机面临的日常挑战。数据新闻利用游戏场景及其交互机制，使用户进入现场，扮演新闻当事人或利益相关者，在游戏中构建起个性化认知。

2. 从虚拟到现实：走出"拟态"世界

除了在计算机图形技术创造的"拟态环境"中进行交互，对数据新闻进行基于实体或半实体场景的开发，也是交互层面的创新之一。数据新闻可视化的实体交互改变了传统的图形界面的交互方式，通过赋予无形的数字信息以可触摸（扫描）的实体形式，增强用户学习和理解数据的能力。

◇ 思考

1. 我们应如何将这些新技术有效地应用于数据可视化，以提升其交互性、沉浸感和用户体验？

2. 处理大量数据时，如何有效地组织和管理信息，以确保用户能够轻松理解和解读可视化内容？如何平衡信息的丰富性和易读性？

3. 除了传递信息，数据可视化如何触动用户的情感、引发用户共鸣？如何通过视觉元素和交互设计，将数据可视化与情感表达相结合？

主题学习单元 1　数据可视化目标与原则

知识准备

当今社会，人们追求信息处理的高效率、愉悦性以及通俗易懂。因此，信息的传达技巧尤为重要。通过大脑的视觉系统，人类可以迅速识别、储存图形信息，本能地将图形信息中的内容转化为长期记忆。对信息进行可视化，不但可以提高人们的阅读效率，也符合人类的生理本性。

一、确定数据可视化目标

数据可视化目标是将复杂、抽象的数字信息转化为直观的图形，以帮助人们更好地理解数据，做出分析和决策。

微课：确定
可视化目标

（一）数据可视化目标的重要性

清晰的目标在数据可视化的设计和实现过程中起着至关重要的作用，它不仅指导着设计的方向，还影响着数据的解读和信息的传递方式。

1. 确定设计的焦点

明确的目标能够帮助设计者将精力集中于数据中最重要的部分，确保设计的焦点符合既定目标。清晰的目标有助于设定数据和视觉元素的优先级，确保最关键的信息被首先注意到。

2. 选择合适的可视化类型

不同目标要求采用不同的数据可视化展示方式，设计者应以目标为导向，选择最能传达信息的可视化方式，避免使用与目标不符的过于复杂或带有误导性的可视化方法。如趋势分析可能优先选择折线图，而数据分布则可能更适合使用直方图。

3. 数据筛选和处理

目标明确使在庞大的数据集中识别和提取关键数据变得简单。获取数据固然重要，但基于目标进行数据清洗也必不可少。去除不相关或杂乱的数据可以保证数据质量，提高数据可视化的准确性和有效性。

4. 增强数据可视化内容的可读性和可理解性

目标清晰促使设计者简化设计，去除不必要的装饰，使得数据可视化内容更加清晰易懂。设计者要根据目标设定信息的层次结构，通过视觉手段（如颜色、大小、排列等）强调主要信息，同时通过清晰、有力的标题和注释等增强信息的可理解性。

5. 引导受众的注意力

明确的目标可以帮助设计者运用视觉引导技术（如对比、颜色、光线等），引导受众关注最重要的数据或信息。基于目标构建数据的故事线，并通过标题或注释呈现出来，有助于受众更好地理解数据所要传达的信息。

6. 提高决策效率

目标明确的可视化内容直接支持相关决策过程，其通过清晰展示以数据支持的见解，能够有效地解决特定问题或回答关键问题，加深决策者对问题的理解，提升决策的质量和效率。

清晰的目标是数据可视化设计和实现过程中的指南针，用以确保可视化产品美观、实用，有效地服务于既定的目的和需求。

（二）确定数据可视化目标的步骤

确定数据可视化目标的步骤，包括了解受众、明确可视化的用途、设定数据可视化的具体目标等。

1. 了解受众

数据可视化的成功在很大程度上取决于其能否满足受众的需求和期望。不同受众可能对数据有不同的理解水平，因此，了解他们的背景和需求是设计过程中的关键步骤。

首先，通过问卷调查、面试等方式对受众的背景知识、对数据的理解能力以及期望达到的可视化目标进行调查。其次，基于收集的信息创建受众画像，明确他们的特征，如年龄、职业、数据解读能力等。最后，将受众的需求映射到可视化设计的不同方面，如复杂性、交互性和信息的深度。

2. 明确可视化的用途

确定可视化的用途有助于指导设计的方向和选择，确保设计能有效地传达预期的信息或实现特定的目标。

首先，将可视化按照一定的目的进行分类，比如根据用途可以分为信息展示，以及数据探索、教育或说服等，根据不同类型选择不同的技术和设计方法。其次，基于用途确定具体的设计目标，如增加对某个话题的理解、揭示数据间的关系或促成某种行动。最后，根据确定的用途和目标选择合适的可视化技术和方法，如静态图表、动态图表或交互式可视化。

3. 设定数据可视化的具体目标

设定数据可视化的具体目标能够确保可视化项目的方向和焦点，使设计过程有明确的导向，避免偏离核心目标。数据可视化的具体目标应按照SMART原则（S——specific，具体；M——measurable，可测量；A——achievable，可达成；R——relevant，相关性；T——time-bound，时限性）来设定，即符合具体、可测量、可达成、相关性和时限性的要求。例如，"提高对数据的理解"更具体的目标可能是"通过可视化在一个月内提高非技术背景受众对市场趋势数据的理解"；然后进行目标拆解和反馈循环，将大目标拆解为小的、可操作的步骤或子目标，通过用户测试和反馈来验证目标的可行性和实际效果，必要时调整目标以更好地适应受众需求和反馈。

深入执行SMART原则、目标拆解、反馈循环步骤，能够为数据可视化项目打下坚实的基础，确保最终的设计不仅满足受众的需求，还能够清晰、有效地传达预定的信息和洞见。

SMART原则

SMART原则是一个广泛应用于设定目标和制订计划领域的框架，旨在帮助个人和组织创建清晰、可执行的目标。SMART是一个首字母组成的缩写词，代表以下五个关键特性：具体（specific）、可测量（measurable）、可达成（achievable）、相关性（relevant）、时限性（time-bound）。

SMART原则可以帮助人们确保目标的有效性，促使个人或团队明确目标的具体细节，制订实际可行的计划，并持续跟踪进展。无论是在项目管理、个人发展，还是在组织战略规划中，SMART原则都是一个强大的工具。

◇ 问题

如何应用SMART原则的五个特性，在企业项目管理等方面明确焦点、提高效率？

二、设计原则概述

可视化设计需要根据数据的特性和目标用户的需求，精心挑选合适的图表类型、色彩搭配及交互方式，确保信息直观、清晰地呈现，从而帮助用户快速洞察数据背后的规律与趋势，为决策提供有力的支持。

动画：数据可视化设计原则

（一）展示数据

展示数据主要是指将原始或处理后的数据以图形、图像、图表等视觉形式呈现，呈现内容包括数据的基本特征、内在关系、动态变化等，这样做的目的是让数据更加直观、易于理解，帮助人们快速掌握数据中蕴含的信息和规律。

在选择展示数据时,需要考虑数据的类型、特点以及用户的需求,选择最合适的可视化形式、凸显和主题最相关的数据,以达到最佳的视觉效果和解释效果。

(二)优化信息层级

优化信息层级是指通过设计手段将信息按照重要性进行排序和分组,形成一个有层次的信息结构。标题位于正文之上,菜单放在屏幕的顶部、底部、左侧或右侧。优先级最高的内容应首先出现在任何页面上,然后其他内容按优先级从高到低依次出现。这样的设计有助于用户按照逻辑顺序逐步深入了解信息,避免因为信息过于繁杂而产生混乱感。

(三)图文融合

图文融合指的是将文字与图像有机地结合在一起,形成一个整体性的视觉呈现。这种融合旨在通过文字和图像的相互补充和协调,达到视觉层次的协调、信息内容的互补、交互性的提升等,创造出更加生动直观且易于理解的信息传达方式,提升信息的传达效果,增强用户的理解和体验。

(四)增强清晰性

增强清晰性是指通过合理的布局、配色、字体选择等手段,使关键信息突出、次要信息辅助,整体呈现一个清晰的信息架构。这样的设计通过优化布局、简化图表元素和色彩搭配以及避免使用不必要的视觉元素,来确保图表清晰易懂,避免受众感到困惑或分散注意力。这有助于提高数据可视化产品的可读性和易用性,使其更有效地传达数据和信息,帮助受众快速捕捉重点,减少其在寻找和理解信息上的困扰。比如,制作数据图时可以先从一种颜色开始,然后根据可视化目的把需要强调的要素单独设置颜色。

任务实施

◇ 任务描述

不同的数据可视化目标将直接影响设计选择,包括所选的图表类型、颜色方案、交互性等。表 3-1-1 显示的人群构成数据是一个店铺老客和新客成交金额状况。请绘制不同人群和不同载体成交金额的柱形图,为店铺运营者制定下一步运营策略提供参考。

3-1-1 任务实施

表 3-1-1 人群构成数据

人群类型	载体类型	成交金额(元)	人群类型	载体类型	成交金额(元)
老客	短视频	1883.83	老客	其他	5242.48
老客	商品卡	1626.45	老客	直播	744.14

续表

人群类型	载体类型	成交金额（元）	人群类型	载体类型	成交金额（元）
老客	直播	35385.95	老客	商品卡	54.36
老客	短视频	27858.15	老客	商品卡	3576.96
老客	商品卡	151.3	老客	短视频	495.15
老客	直播	954.3	老客	其他	4134.24
老客	短视频	61.95	老客	商品卡	0
老客	其他	277.72	新客	直播	57.48
老客	商品卡	1565.76	新客	短视频	75.87
老客	直播	33.92	新客	其他	3447.84
老客	其他	0	新客	短视频	33.21
老客	其他	1761.10	新客	短视频	965.14
老客	短视频	867.88	新客	直播	3627.00
老客	商品卡	3.60	新客	其他	8789.21
老客	直播	8327.88	新客	商品卡	3491.20
老客	其他	6228.30	新客	商品卡	15984.08
老客	短视频	54.15	新客	其他	1048.45
老客	其他	10654.08	新客	短视频	840.96
老客	商品卡	155.52	新客	商品卡	38.94
老客	直播	1774.71	新客	其他	0
老客	直播	268.88	新客	短视频	3806.79
老客	短视频	333.18	新客	其他	6687.00
老客	直播	95.60	新客	短视频	1698.03
新客	直播	0	新客	直播	4.56
新客	其他	1048.41	新客	其他	1919.00

◇ **实践准备**

Excel。

◇ **实践指导**

① 打开 Excel 工作簿，选择含有数据的工作表。

② 适当地使用求和或其他汇总函数，确保每个人群类型与载体类型组合的成交金额是准确的累加值，如图 3-1-1 所示。

图 3-1-1　各人群类型与载体类型组合的成交金额

③ 选中整理好的数据区域（包含人群类型标签和载体类型标签），切换到"插入"选项卡，在图表区域选择"簇状"柱形图，如图 3-1-2 所示。

图 3-1-2　选择"簇状"柱形图

④ Excel 将自动生成柱形图，并将其插入工作表中，如图 3-1-3 所示。

图 3-1-3　插入工作表

⑤ 在"图表工具"中，使用"设计"和"格式"选项卡来调整图表样式、颜色和其他图表元素的排版，也可以通过拖动边角来调整图表的大小，满足客户个性化需求，如图 3-1-4 所示。

⑥ 可以通过图表工具中的"添加元素"功能添加图例、数据标签、轴标题等元素，如图 3-1-5 所示。

通过这些案例，我们可以看到，不同的目标需要采用不同的可视化类型和设计策略。清晰的目标不仅能帮助设计者做出恰当的设计决策，还能确保数据的有效传达，使受众能够轻松理解和吸收信息。

◇ **实施评价**

任务评价表见学习单元一之主题学习单元 1 的表 1-1-2。

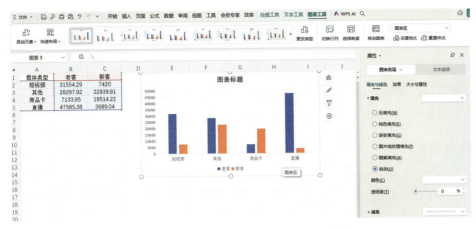

图 3-1-4　使用图表工具调整图表样式、颜色等

图 3-1-5　使用图表工具添加图例、数据标签、轴标题等

主题学习单元 2　布局与设计

知识准备

在数据可视化中，布局与设计的重要性不容忽视。它们不仅关系到视觉吸引力，更直接影响到信息传达的有效性和观众的理解程度。

动画：图形设计基础

一、图形设计基础

数据可视化图形设计基础是一个广泛而深入的领域，涵盖从数据理解到图形呈现等多个方面，旨在通过图形元素的运用、色彩搭配的原则以及布局排版的技巧，将复杂的数据转化为直观、易懂的图形界面，帮助用户更高效地理解、分析和应用数据。

（一）数据类型

1. 数量型数据

数量型数据通常是数字型数据，如年龄、身高、收入等。常用的可视化图形包括折线图、散点图和柱形图。

2. 分类型数据

分类型数据即对事物进行分类的数据，如性别、婚姻状态等。饼图、条形图和点状图常用于展示这类数据。如果数据之间不仅具有类别间的等级差别，还具有严格的顺序排列，如学历、级别等，我们就称其为有序分类型数据。条形图、散点图和雷达图等可以有效展示这类数据。

3. 时间型数据

时间型数据即与时间相关的数据，如出生日期、工作年限等。折线图和时间轴是常用的可视化方式。

（二）视觉感知

根据人类视觉系统的特点来设计图形，如利用颜色、大小、形状等元素来突出重要信息。考虑到视觉感知的局限性，设计者要避免在图形设计中使用可能产生歧义或误导的元素。

（三）色彩运用

掌握基本的色彩理论和模型，如 RGB 色彩模式、CMYK（印刷四分色模式）和 HSV 颜色模型，以选择合适的颜色来传达信息。设计者要了解色彩搭配的原则，如相邻色彩搭配、互补色彩搭配等，以创造和谐且富有层次的视觉效果。

（四）排版与字体

合理的排版布局有助于提升图形的整体美观度和可读性。设计者要选择合适的字体和字号，确保文字信息与图形元素之间协调一致。

（五）交互与反馈

在设计数据可视化图形时，设计者可以考虑添加交互功能，如筛选、放大、缩小等，以提升用户的参与度和体验感。提供及时的反馈和提示，可以帮助用户更好地理解数据和图形。

（六）工具与技能

设计者要掌握常用的数据可视化工具，如 Excel、Tableau、R、Python 等，以提高图形设计的效率和质量。设计者要不断学习和提升数据分析和图形设计技能，以应对不断变化的数据可视化需求。

总之，数据可视化图形设计是一个综合性领域，需要掌握多方面的知识和技能。设计者要通过不断学习和实践，逐步提升数据可视化图形设计能力，为数据分析和决策提供有力的支持。

二、视觉设计原则

数据可视化的核心价值主要表现为视觉吸引力强、便于理解和记忆。因此，要根据受众的需求和可视化目标设计数据可视化图表，放大相关优势。

动画：视觉设计原则

（一）清晰性和简洁性

数据分析应清晰明了，并提供附加价值。设计者要始终牢记用户需求，使用简单的设计元素和清晰的视觉效果，简化设计，确保信息一目了然，以便受众能快速理解信息。操作上可以使用简单的图表类型、清晰的文字标注，避免使用不必要的图形和颜色。

（二）对比和层次性

可视化设计要层次分明，通过大小、颜色深浅、文字粗细等手段，区分数据的主次关系，通过视觉对比强调数据之间的差异，利用层次性差别引导受众的注意力，高亮显示重要信息。操作上可以使用颜色、大小、形状等元素区分数据点或类别，合理安排布局以突出主要信息。例如，绘制图表并按主题分组，将可比较的指标放在旁边，便于进行对比。

（三）准确性

选择合适的比例和尺度来展示数据，确保数值和比例的准确性，避免误导受众。操作上需要正确使用图表比例，确保数据比例和数值精确反映在图表中。

（四）一致性

相同类型数据的图形在整个可视化内容中应保持一致的设计风格，包括颜色方案、字体选择、图标使用等，以便受众能够轻松理解和跟踪信息。如果存在类别关系，设计者应为所有项目使用相同的颜色，渐变饱和度以便于识别。例如，在热力图上，更深的绿色可能意味着更大的利润，而更深的红色则意味着更大的损失。操作上可以选定一套设计标准并将其贯穿整个可视化设计过程。

（五）可读性

做好清晰的文字标注，确保所有的文字、标注和数据点易于阅读和理解，包括图例、标签和标题。提供足够的信息引导，包括单位、来源等，帮助受众理解数据的含义。操作上可以使用清晰的字体、适当的文字大小，避免密集的文本和数字。比如，要注意字体大小和图表的颜色。字体要足够大，以便于阅读，但也不能让图表显得过于冗长，更不要把空间浪费在无用的装饰上。

（六）适应性和可访问性

可视化设计应考虑不同设备和屏幕尺寸的适应性，确保相关信息在各种平台上都能有效展示；还应考虑可访问性，通过颜色方案和对比度选择，使信息对所有人都是可访问和易于理解的。操作上可以使用对比度高的颜色方案，考虑色盲者友好的配色。

（七）目标导向

确保可视化设计紧密围绕既定目标和受众需求展开。设计者要清楚自己所展示的最重要元素是什么，需要展示哪些数据，哪些数据可以排除在外，哪些图表最能展示数据等，并确定好目标及受众，这样才能更好地开展工作。操作上可以基于数据可视化的目标选择合适的图表类型和设计元素，始终以传达清晰、有用的信息为核心。

三、信息表达技巧

数据可视化设计的信息表达主要围绕数据、设计、用户体验要素，通过选择合适的图表类型、简化图形元素、注意视觉层次和布局、使用清晰的标签和标题、注意数据的比例和缩放、利用交互和动画效果、强调故事性等技巧，助力信息高效、直观地传达，提高数据可视化的效果和价值，提升受众的理解和接受度。

微课：关键信息表达技巧

（一）选择合适的图表类型

选择合适的图表类型需要综合考虑数据可视化目标、数据类型、用户的认知特点和阅读习惯等因素。例如，时间序列数据通常使用折线图来展示变化趋势，对于不同类别数据的比较通常用柱形图，而分类数据则更适合使用条形图或饼图来展示各类别的占比。

（二）简化图形元素

在设计数据可视化图表时，应避免过于复杂的设计，要简化图形元素，突出关键信息，减少受众的认知负荷，提升整体视觉效果，使其易于理解。过多的元素和细节可能分散受众的注意力，降低图表的可读性。去除多余的装饰、使用简洁的形状、减少文字的使用、将相似元素合并或分组，都有助于增强图形的可读性和可理解性。

（三）注意视觉层次和布局

色彩在数据可视化中起着至关重要的作用，可以用来区分不同的数据类别、强调关键信息或引导受众的注意力。多个图表之间的布局要合理，避免拥挤杂乱，让受众能够清晰地理解每个图表所要表达的信息。

（四）使用清晰的标签和标题

标签和标题是数据可视化中不可或缺的元素，它们可以为图表提供必要的背景信息和解释。标签（包括坐标轴标签、数据点标签等）应清晰可辨、描述准确，以便受众能够快速理解图表所展示的内容，也可以使呈现出来的论点和讲述的故事更聚焦。

（五）注意数据的比例和缩放

正确的比例和缩放有助于受众更好地理解和分析数据。如果数据之间的差异很大，可以使用对数比例尺来缩小，使数据在图表中呈现得更加均衡。

（六）利用交互和动画效果

交互和动画效果可以增强数据可视化的吸引力和互动性。图表中的比例要合理，避免误导受众；通过添加交互元素，如筛选、缩放、拖曳、鼠标悬停显示数值等，使受众能够更深入地了解数据。

（七）强调故事性

数据可视化不仅是展示数据，更重要的是通过数据传达故事或观点。保持数据展示的逻辑性和连贯性、有效地运用数据可视化来叙述故事，能够帮助受众理解复杂信息，引导受众理解数据背后的意义和相关性。因此，在设计图表时，应考虑如何通过数据来讲述一个有趣或有启发性的故事。设计者通过数据可视化讲述故事，提供清晰的开始、发展和结论，引导受众通过数据洞察准确获得信息。

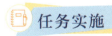
任务实施

◇ **任务描述**

某网店需要总结 6 月 1 日至 29 日这段时间内商品访客数、商品点击人数和商品成交人数之间的关系曲线，请同学们根据表 3-2-1 中的原始数据进行可视化设计。

3-2-1　任务实施

表 3-2-1　6 月 1 日至 29 日某网店数据

日期	商品点击人数	商品成交人数	商品访客数
2023/6/27 0：57	398	163	550
2023/6/20 9：19	637	67	640
2023/6/19 14：01	174	107	181

续表

日期	商品点击人数	商品成交人数	商品访客数
⋮	⋮	⋮	⋮
2023/6/23 6：38	8	2	19

注：操作用完整数据见数据源素材（3）。

◇ **实践准备**

Excel。

◇ **实践指导**

1. 选择合适的图表类型

在 Excel 中打开数据，选择合适的图表类型。时间序列数据展示使用折线图有助于受众清晰地看到商品访客数、商品点击人数和商品成交人数的变化和关系，如图 3-2-1 所示。

数据源素材（3）

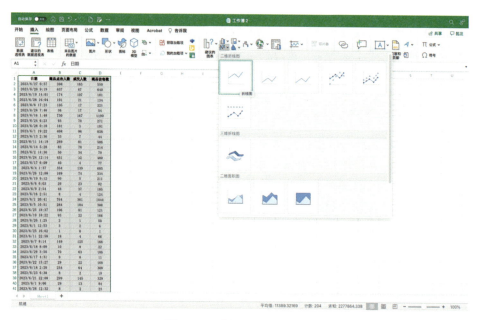

图 3-2-1 选择插入的类型图

2. 使用恰当的颜色

为了确保清晰度和可访问性，选择三种易于区分的颜色来代表不同的指标，同时确保颜色对色盲用户友好，如图 3-2-2 所示。

3. 创造故事线

通过数据可视化展示网店中商品访客数、商品点击人数和商品成交人数的变化趋势，突出人数的高峰期和低谷期，以此向管理团队提供如何调整策略的洞察。

4. 测试和反馈

在完成设计后，向一小部分目标受众展示，收集他们对数据解读的准确性和可视化的吸引力的反馈，并据此调整原来的设计。

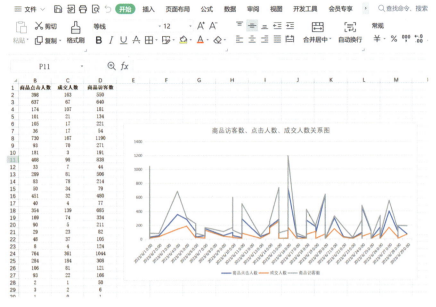

图 3-2-2　选择易于区分的颜色来代表不同的指标操作

通过以上步骤，我们不仅能够清晰地展示商品成交人数及其与商品访客数和商品点击人数的对比，还能够提供具体的数据支持，帮助管理团队做出更有信息支持的决策。这个案例展示了如何综合运用不同的数据可视化原则和技巧来提高信息的传达效率和准确性。

◇ **实施评价**

任务评价表见学习单元一之主题学习单元 1 的表 1-1-2。

主题学习单元 3　图表及图表选择

知识准备

在人工智能时代，图表在数据可视化中扮演着至关重要的角色，它们是将复杂、抽象的数据转化为直观、易于理解的视觉表现形式的关键。图表能够准确而迅速地传达关键信息和复杂概念，帮助人们发现规律、预测趋势和识别异常值，从而在决策制定、业务分析和科学研究中发挥核心作用。此外，图表的多样化和高度适应性使得它们可以满足各种不同场景和用户需求，从简单的条形图和饼图到复杂的热力图和地图，每种类型的图表都有其独特的优势和适用场合。

本学习单元主要介绍数据可视化常用的图表类型，并结合企业案例，选择合适的图表进行可视化呈现。

一、图表类型概述

图表是数据可视化的常用表现形式，是对数据的二次加工，可以提高数据的可理解性，揭示数据背后的信息，提升决策效率，优化数据传播效果，让人们更好地适应这个数据驱动的世界。

动画：图表类型概述

（一）柱形图

柱形图是由一系列宽度相等的纵向矩形条组成的图表，它用矩形条的高度表示数值，以此展示一段时间内的数据变化或者展示各项指标之间的比较情况。

最基础的柱形图需要一个分类变量和一个数值变量。在柱形图上，分类变量的每个实体都被表示为一个矩形（通俗讲即为"柱子"），而数值则决定了柱子的高度。

1. 柱形图的特性

（1）直观性

柱形图通过不同高度的柱子来表示数据的大小，使得比较变得直观和易于理解。

（2）适用性

柱形图适用于对比分类数据，如各国人口数量、各省份 GDP、不同产品的销售额等。

（3）多样性

有多种类型的柱形图，包括普通柱形图、堆积柱形图、百分比堆积柱形图等，它们可以根据需要展示不同的数据信息。

（4）局限性

当分类过多时，柱形图可能无法有效地展示每个数据的特点，因此在使用时应考虑分类的数量。

2. 柱形图的构成元素

（1）标题

位于图表顶部，用于说明图表的内容或主题。

（2）坐标轴

包括横轴（X 轴，通常是分类轴）和纵轴（Y 轴，通常是数值轴），用于标明数据的分类和数值。

（3）轴标题

分别位于 X 轴和 Y 轴的两端，用于说明坐标轴代表的变量。

（4）数据系列

图表中表示数据集合的柱形部分，通常用不同的颜色或样式区分不同的数据系列。

（5）图例

解释图表中不同颜色或样式所代表数据系列的说明区域。

图 3-3-1 以杭州亚运会中国代表团部分赛项参赛运动员人数统计为例，展示柱形图的各主要元素。

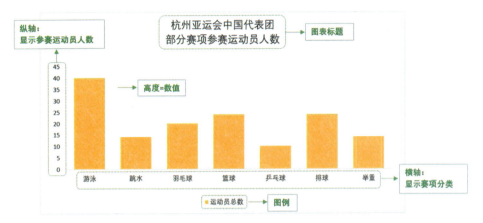

图 3-3-1　柱形图的各主要元素

3. 柱形图的适用场景

（1）多系列对比

当需要比较不同系列的数据时，可以使用多系列柱形图来展示每个系列中各分类的数值。

（2）占比分析

堆积柱形图和百分比堆积柱形图适合展示大类别下的细分类别占比情况，有助于分析各部分对整体的贡献。

（3）时间序列分析

虽然柱形图不像折线图那样专用于展示随时间变化的趋势，但在某些情况下，柱形图也可以用来表示有序类别（如时间序列）的数据对比。

（4）正反向差异比较

双向柱形图适用于比较同类别的正反向数值差异，例如收支、盈亏等情况。

4. 使用柱形图的注意事项

第一，柱形图至少要有一个分类变量，且它们之间是离散的（如一班、二班、三班）。在绘制柱形图时，柱子与柱子之间需要有一定的间隔。如果是连续型变量（如班上同学的成绩），则应当使用直方图，在绘制每个区间的数值（如落在每个分数段的人数）时，柱子之间是连续、没有间隔的（有时为了美观会留出间隔，但间隔极小），具体如图 3-3-2 所示。

第二，柱形图最核心的功能是比较，而比较的核心是高度。如果人为地改变高度，那么，数据间的比例关系就会失常。如图 3-3-3 左侧所示，Y 轴的起始被设置为 90，此图中，值为 107 的墨绿色柱子似乎有粉红色柱子（值为 93）的 5 倍之多，比例不合理。因此，在使用柱形图时，要注意 Y 轴的取值从 0 开始，如图 3-3-3 右侧所示。

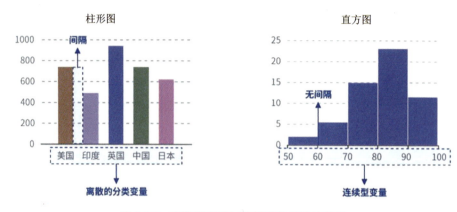

图 3-3-2　离散型变量与连续型变量的柱形图

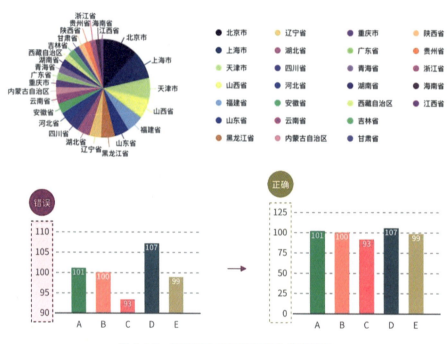

图 3-3-3　柱形图中纵轴取值起点的重要性

（二）折线图

折线图是一个由笛卡尔坐标系、一些点和线连在一起组成的统计图表，常用于反映数据随着连续时间间隔或有序类别而变化的趋势，适合在不需要突出单个数据点的情况下表现发展趋势和增长幅度。如果有多组数据，折线图则用于展示多组数据随时间变化或有序类别的相互作用和影响。

在折线图中，折线的方向表示正/负变化。折线的斜率表示变化的程度。

1. 折线图的特性

（1）时间序列展示

折线图特别适合展示随时间变化的数据，尤其是当数据点位于等时间间隔时，如每日、每月或每年的数据变化。

(2) 连续数据呈现

折线图能够显示连续数据的变化趋势，这使它成为分析数据波动和长期趋势的理想选择。

(3) 多数据系列对比

折线图可以同时展示多个数据系列，便于比较不同数据集或变量之间的关系和差异。

(4) 趋势强调

通过连接数据点，折线图强调了数据的上升或下降趋势，使得这些趋势更加明显。

(5) 易于理解

折线图的线条连接方式使得非专业人士也能快速理解数据的整体趋势和模式。

2. 折线图的构成元素

(1) 标题

位于图表顶部，用于说明图表的内容或主题。

(2) 坐标轴

包括横轴（X 轴，通常显示数据的分类或时间序列）和纵轴（Y 轴，通常显示数据的数值范围），用于标明数据的类别和数值大小。

(3) 轴标题

分别位于 X 轴和 Y 轴的两端，用于说明坐标轴代表的变量。

(4) 数据系列

图表中表示数据集合的部分，通常以折线的形式展现。

(5) 数据点

数据系列中的具体数值在图表上显示的连接点。

(6) 图例

解释图表中不同颜色或样式的折线所代表数据系列的说明区域。

图 3-3-4 以历届亚运会参赛运动员人数统计为例，展示折线图中的各主要元素。

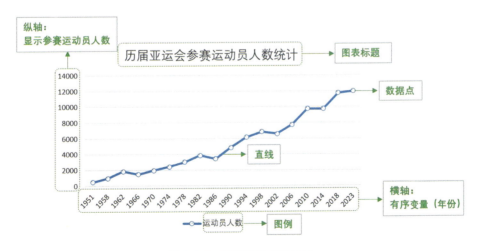

图 3-3-4　折线图各主要元素

3. 折线图的适用场景

（1）时间序列分析

折线图非常适合展示随时间变化的数据，如股票价格、气温变化等。它可以帮助观察者理解数据在不同时间节点的数值以及整体的变化趋势。

（2）销售数据分析

折线图可以清晰地反映销售额、客户数量等关键指标随时间的变化情况，这对于企业制定销售策略具有重要的意义。

（3）用户行为分析

折线图可以用来分析用户活跃度、留存率等指标的变化，这对于优化产品体验和用户满意度至关重要。

（4）对比分析

折线图可以直观地展示不同产品、市场或地区在同一时间段内的差异。

4. 使用折线图的注意事项

需要注意的是，折线图不适用于无序的类别，因为这样的数据无法展示出特定的趋势或模式。此外，在选择使用折线图时，数据样本不宜过多，否则将导致折线堆积，难以聚焦到重点。过多数据样本的折线图如图 3-3-5 所示。

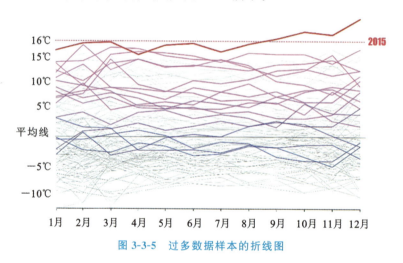

图 3-3-5　过多数据样本的折线图

（三）饼图

饼图是一个划分为几个扇形的圆形统计图表，用于展示数据的组成比例和各部分占整体的百分比关系。在饼图中，扇形区域表示不同的数据类别，每个扇形区域的面积都代表一类数据所占的比例，该比例与其代表的数据量成正比，从而直观地反映出每类数据量在整体中的占比大小。

从数据来看，饼图一般需要一个分类数据字段和一个连续数据字段。需要注意的是，分类数据字段的数据，在图表使用的语境下，应当构成一个整体（例如一～六年级，构成了整个小学级别），而不能是独立的、无关联的。

1. 饼图的特性

（1）展示比例信息

饼图适用于显示各部分在整体中的占比情况，尤其当需要比较不同部分之间的大小关系时。

（2）强调数据占比

饼图通过将一个圆形分割成不同的扇形区域来强调各项数据占整体的比例，有助于观察个体与整体的关系。

（3）适合少量数据

当数据集中只有少量的分类时，饼图可以清晰地展示每个类别的相对比例。

（4）视觉辨识度

由于人眼对颜色和形状的辨识度较高，饼图的视觉效果通常很直观，易于理解。

2. 饼图的构成元素

（1）数据点

数据点是图表中绘制的单个数值，通常用扇面表示，这些扇面共同组成一个饼图。在饼图中，每个数据点代表整体的一部分，其大小与该部分占整体的百分比成正比。

（2）起始角度

可以选择设置第一扇区的起始角度，这直接影响饼图的阅读顺序和强调重点的方式。

（3）图例

图例即解释图表中不同颜色或样式所代表数据类别的说明区域。图例虽然在饼图中不常见，但有时也会出现。

图 3-3-6 以杭州亚运会中国代表团奖牌数量比例构成为例，展示饼图的各主要元素。

图 3-3-6　饼图各主要元素

3. 饼图的适用场景

（1）市场分析

在市场研究中，饼图可以用来展示不同产品或服务在总销售额中的占比。

（2）调查结果

对于问卷调查或其他类型的调查，饼图可以清晰地展示不同选项的选择比例。

（3）资源分配

在企业或组织中，饼图可以用来展示预算或资源的分配情况。

（4）人口统计

饼图常用于展示人口构成情况，如性别、年龄组或民族的构成比例。

4. 使用饼图的注意事项

第一，当类别过多时，不建议使用饼图，否则阅读感会很差。类别过多的饼图如图 3-3-7 所示。

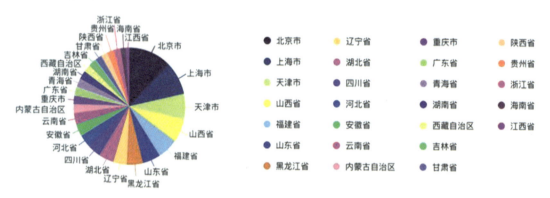

图 3-3-7　类别过多的饼图

第二，需要关注到，柱形图是最适合对分类的数据进行比较的，尤其是当数值比较接近时。由于人眼对于高度的感知优于其他视觉元素（如面积、角度等），因此，有时使用柱形图更合适，具体如图 3-3-8 所示。

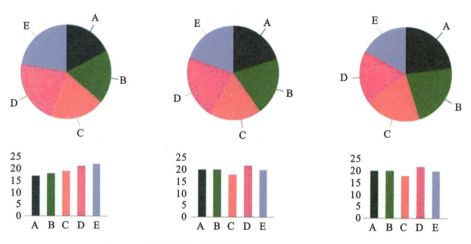

图 3-3-8　数据数值接近时饼图和柱形图呈现效果对比

(四)散点图

散点图是将所有的数据以点的形式展现在平面直角坐标系上的统计图表。它至少需要两个不同变量,一个沿 X 轴绘制,另一个沿 Y 轴绘制。每个点在 X、Y 轴上都有一个确定的位置。众多的散点叠加后,有助于展示数据集的"整体景观",从而帮助人们分析两个变量之间的相关性,或找出相关趋势和规律。

1. 散点图的特性

(1)展示分布和聚合情况

散点图可以清晰地展示数据的分布情况,帮助人们观察数据点的聚合趋势或分散程度,进而推测数据是否呈现某种规律或趋势。

(2)多维度分析

散点图不仅可以显示单一的趋势,还能够揭示数据集群的形状和数据点之间的关系。这在分析大数据时尤为重要,因为它允许从多个角度解读数据。

(3)适用性广泛

散点图适用于多种类型的数据分析。无论是探索生理特征之间的关系(如体重与身高),还是研究经济指标之间的关系(如利润与支出),散点图都是一种有效的工具。

(4)无顺序要求

与其他图表类型不同,散点图中的数据点没有固定的顺序要求,这使其特别适合展示两个变量之间的关联,而不是单个变量随时间或其他有序变量的变化趋势。

(5)容纳大量数据

散点图可以容纳大量的数据点,适合分析和可视化大型数据集。

2. 散点图的构成元素

(1)坐标轴

横坐标轴(X 轴)和纵坐标轴(Y 轴)构成了散点图的基本框架。它们代表研究中的两个变量,是绘制数据点位置的依据。

(2)变量名

每个坐标轴都会有一个变量名。标明该轴代表的变量,可以方便受众理解图表所展示的内容。

(3)数据点

数据点是散点图中最重要的元素,它们的位置由各自的 X 值和 Y 值决定。受众通过这些点的分布情况,可以观察到变量间的关系。

图 3-3-9 以某咖啡店顾客排队时间与满意度调查为例,展示散点图的各主要元素。

3. 散点图的适用场景

(1)分析变量之间的相关性

如果所有的散点看上去都在一条直线附近波动,则称变量之间是线性相关的,如图 3-3-10 所示。

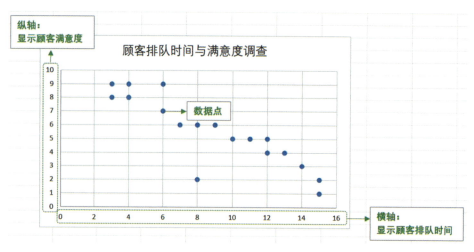

图 3-3-9　散点图各主要元素

如果所有的散点看上去都在某条曲线（非直线）附近波动，则称变量之间是非线性相关的，如图 3-3-11 所示。

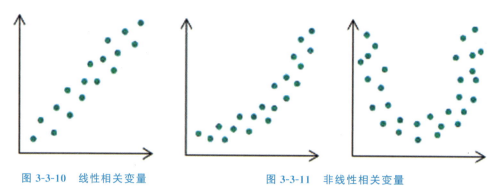

图 3-3-10　线性相关变量　　　　　　图 3-3-11　非线性相关变量

如果所有的散点在图中没有显示任何关系，则称变量间是不相关的，如图 3-3-12 所示。需要注意的是，若图中存在个别远离集中区域的数据点，这样的点被称为离群点或异常值。

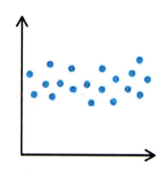

图 3-3-12　不相关变量

（2）离群值检测

散点图可以帮助人们识别数据中的离群值，即那些与其他数据点显著不同的观测值。这些离群值可能会对数据分析的结果产生影响，因此需要特别注意。

（3）分析变量之间相关性的强弱

我们可以通过查看图上数据点的密度来确定相关性的强弱，如图 3-3-13 所示。

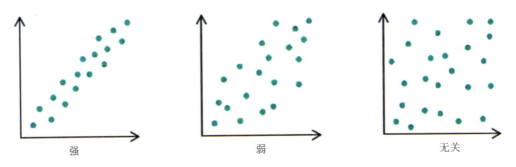

图 3-3-13　变量间相关性强弱示意图

（4）不考虑时间的情况下比较大量的数据点

数据点越多，比较的效果就越明显，如图 3-3-14 所示。

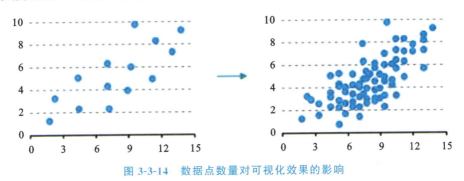

图 3-3-14　数据点数量对可视化效果的影响

4. 使用散点图的注意事项

第一，对于数据量较少的数据集不建议使用散点图，因为分析结果会存在较大的偶然性。如图 3-3-15 所示，3 个点无法确定变量间是否相关。

第二，数据分类不宜过多，否则无法快速识别，失去可视化的意义和价值，如图 3-3-16 所示。

图 3-3-15　数据点过少示意图　　　　图 3-3-16　数据分类过多示意图

(五)雷达图

雷达图是一种显示多变量数据的图形,通常从同一中心点开始等角度间隔地辐射出三个以上的轴,每个轴代表一个定量变量,各轴上的点依次连接成线或几何图形。

1. 雷达图的特性

(1) 多维度展示

雷达图能够同时展示多个维度的数据,每个维度对应一条从中心点向外延伸的射线。这使得雷达图能够同时展示多个变量或指标的信息。

(2) 比较直观

雷达图通过连接各个维度上的点形成一个封闭的图形,这种图形便于受众比较不同数据之间的差异和相似性。

(3) 空间利用率高

由于所有维度的数据都在同一个图表中展示,雷达图在空间利用上比单独展示每个维度的图表更加高效。

(4) 可视化效果强

雷达图的视觉效果强烈,可以清晰地显示数据在不同维度的强弱,有助于受众快速识别数据的亮点和短板。

(5) 灵活性

雷达图可以根据需要调整每个维度的位置和顺序以及每条射线的刻度和范围,以适应不同的数据展示需求,具有较强的灵活性。

2. 雷达图的构成元素

(1) 中心点

雷达图的中心点代表整个图表的起点,也是所有射线的共同起点。

(2) 射线

从中心点向外延伸的射线,每条射线代表一个特定的变量或指标。这些射线通常等距离排列,形成星状或蜘蛛网状的结构。

(3) 轴标签

每条射线上都会有轴标签,表示对应变量或指标的名称。这些标签可以帮助受众理解每个维度代表的含义。

(4) 网格线

连接各个坐标轴的网格线有助于受众更精确地读取和比较数据点的位置。

(5) 数据点

在每条射线上,根据具体数值的大小,会有一个标记点,这个点的位置反映了该变量的数值大小。

(6) 雷达链

如果有多个数据系列,通常会将同一组数据的不同变量值通过线条连接起来,形成一个闭合的图形,以便比较不同系列之间的差异。

图 3-3-17 以某咖啡店店长自我能力评估表为例，展示雷达图的各主要元素。

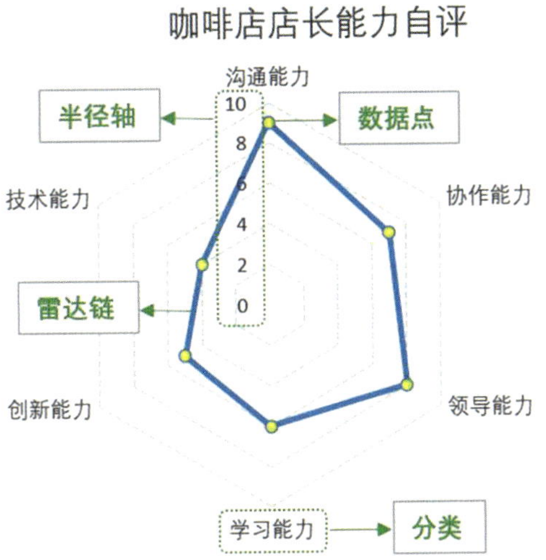

图 3-3-17　雷达图各主要元素

3. 雷达图的适用场景

（1）多指标分析比较

当需要在同一坐标系内展示多个指标或变量的分析比较情况时，雷达图是一个非常合适的选择。它能够有效地展示不同指标之间的关系和差异，尤其适用于指标数量较多的复杂数据集。

（2）性能评估

在对产品、服务或性能进行评估时，雷达图可以清晰地展示各个评价维度的得分情况，便于受众快速识别优势和劣势。

（3）学术研究

在学术研究中，尤其是在社会科学和经济学领域，雷达图常用于展示多个案例在多个变量上的表现，便于研究者比较分析。

（4）教育评估

教育机构可以使用雷达图来评估学生不同学科的表现，或者比较不同教学方法的效果。

（5）健康医疗

在医疗健康领域，雷达图可以用来展示患者的多项健康指标，帮助医生全面了解患者的健康状况。

（六）漏斗图

漏斗图形如漏斗，用于单流程分析，每个漏斗部分代表流程中的一个阶段或步骤。漏斗图总是开始于一个 100％ 的数量，表示初始的业务总量；结束于一个较小的数量，表示最终完成的业务量。漏斗图在每个环节用一个梯形来表示，且各个环节依次减少，一般来说，所有梯形的高度应是一致的，这有助于人们辨别数值间的差异。

1. 漏斗图的特性

（1）强调转化率

漏斗图最重要的特点是强调各环节的转化目标完成情况以及整个过程的总转化率。这有助于人们更好地理解数据的分布和转化率，从而找出转化率较低的环节。

（2）可进行流程优化

通过观察漏斗图，我们可以找出转化率较低的环节，对其进行深入分析并进行流程优化，提高整个过程的转化率。

（3）可视化效果强

漏斗图以独特的图形设计吸引人们的注意力，使人们对其产生兴趣并深入探究。

2. 漏斗图的构成元素

（1）环节

每个环节在漏斗图中用一个梯形来表示，它代表流程中的特定阶段或步骤。

（2）输入和输出

梯形的上底宽度代表当前环节的输入情况，即进入该环节的业务量；梯形的下底宽度代表当前环节的输出情况，即通过该环节的业务量。

（3）顺序关系

漏斗图从上到下有逻辑上的顺序关系，表现了随着业务流程的推进，业务目标完成的情况。

图 3-3-18 以某咖啡店会员购买流程统计为例，展示漏斗图的各主要元素。

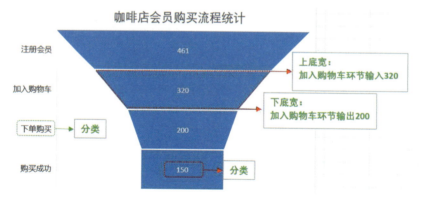

图 3-3-18　漏斗图的各主要元素

3. 漏斗图的适用场景

（1）适用于有序数据，且数据彼此之间有逻辑上的顺序关系

在这种情况下，阶段最好大于 3 个。

（2）适用于"消耗性"的流程

如在电商领域，注册用户一定是经过层层消耗，才到达下单环节的；在人力资源领域，收到的简历一定是经过多轮筛选，才进入最终面试的。

4. 使用漏斗图的注意事项

在选择漏斗图应用于可视化的过程中需要注意，作为一种统计图表，漏斗图的"长相"本质上是由数据决定的，它的梯形高度、面积大小都是有特定意义的，不应想当然地篡改，以免造成数据可视化的呈现效果与实际数据不符。职业生涯漏斗模型如图 3-3-19 所示。

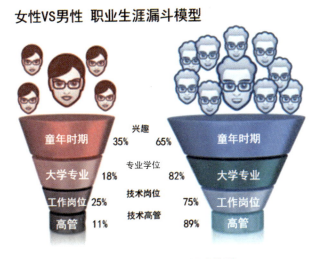

图 3-3-19　职业生涯漏斗模型

（七）矩形树图

矩形树图是一个由不同大小的嵌套式矩形来显示树状结构数据的统计图表。在矩形树图中，父子层级由矩形的嵌套表示。在同一层级中，所有矩形依次无间隙排布，它们的面积之和代表了整体的大小。单个矩形面积由其在同一层级的占比决定。

1. 矩形树图的特性

（1）空间填充

矩形树图利用空间填充的特性，使得每个矩形代表数据集中的一个特定项目，而矩形的面积则表示该项目的大小或数量。矩形树图通过矩形的排列和大小直接展示了数据的重要性和连接关系。

（2）颜色编码

矩形树图通常会使用颜色编码来强调和区分信息的各个部分，使得受众可以更容易识别和比较数据。

（3）节省空间

矩形树图比传统的饼图更加紧凑，它没有圆弧以外的空白地带，这使得它在展示大量数据时能够更有效地利用空间。

（4）交互性

矩形树图可以与交互式元素结合使用，如鼠标悬停提示、点击事件等，以提供更丰富的用户体验。

2. 矩形树图的构成元素

（1）矩形单元

矩形树图由多个矩形组成，每个矩形代表数据的一个子集。这些矩形的大小和颜色通常用来表示数据的不同属性或数值。

（2）层级关系

矩形树图通过矩形的嵌套或分组，在视觉上可以展示数据间的父子关系或层次结构。

（3）面积大小

在矩形树图中，所有矩形的面积总和代表总体数据。各个小矩形的面积大小反映子项在总体中的占比，面积越大，表示该子数据在总体中的占比越大。

（4）颜色编码

矩形树图通常会使用颜色来区分不同的数据类别或突出显示特定的信息，使得对数据的解读更加直观。

（5）标签文字

为了帮助解释数据和增强可读性，矩形树图中的矩形通常会配以标签或文字说明，以提供关于数据的具体信息。

图 3-3-20 以某跨境电商企业全国销售额统计为例，展示矩形树图的各主要元素。

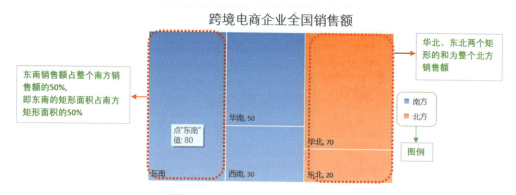

图 3-3-20　矩形树图的各主要元素

3. 矩形树图的适用场景

（1）组织结构展示

矩形树图可以用来展示企业的组织架构，其中每个矩形代表一个部门或团队，面积大小表示其规模或预算，颜色可以表示不同的业务线或职能区域。

（2）文件系统管理

在文件系统中，矩形树图可以帮助用户直观地了解各个文件夹和文件的大小及其在总存储空间中的占比，从而更好地管理磁盘空间。

（3）市场分析

矩形树图可以用来展示不同产品类别或品牌的市场份额，通过面积大小直观地比较它们在市场上的表现。

(4) 网站导航

网站可以利用矩形树图来展示网站的页面结构,帮助用户快速定位到所需的信息。

(5) 分类数据展示

对于需要展示分类数据的情况,如商品分类等,矩形树图可以将分类的层级关系和每个分类下的项目数量清晰地展现出来。

(6) 地理数据分析

在地理信息系统中,矩形树图可以用来展示不同区域的统计数据,如人口、经济状况等,以便进行区域比较和分析。

4. 使用矩形树图的注意事项

在选择矩形树图应用于可视化的过程中需要注意以下两点。

第一,树状结构数据不带权重。如图 3-3-21 所示,用矩形树图展示企业职能部门划分时,就显得层次不清,此时用分叉树图展示效果会更好。

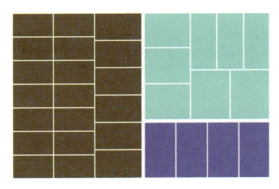

图 3-3-21　矩形树图展示企业职能部门划分

第二,子节点占比差不多时,不容易突出视觉重点,如图 3-3-22 所示。

图 3-3-22　矩形树图中子节点占比无明显差异

(八) 力导向图

力导向图是使用节点或顶点和连接线来显示事物之间的连接关系,并帮助阐明一组实体之间的关系类型。在力导向图中,每个节点或顶点代表一个对象。每条连线代表所连接的两个对象之间的关系。其中,节点的大小是可变的,用来表示不同的变量;而连线也可以用不同的颜色、粗细等来表示一些变量。

1. 力导向图的特性

(1) 多对多关系表示

力导向图能够有效地表示节点之间的复杂关系,尤其是多对多的关系。

(2) 对称性与局部聚合性

力导向图的结果通常具有良好的对称性和局部聚合性,这使布局既美观又易于理解。

(3) 基于物理模型

力导向图的布局算法通常基于物理模型,如库伦斥力(相同电荷之间的排斥力)和胡克定律,考虑阻尼振动(模拟系统的摩擦或空气阻力)。这些力的相互作用使得节点达到一种动态平衡的状态。

(4) 减少边交叉

力导向图的目的是在布局中尽量减少边的交叉,并尽量保持边长一致,以便更清晰地展示节点之间的联系。

(5) 动态稳定性

拖动节点后释放,力导向图能够根据物理模型快速恢复到一个新的稳定状态。

(6) 交互性

力导向图通常具有很好的交互性,用户可以通过拖动节点来探索网络的不同部分,从而更好地理解网络结构。

2. 力导向图的构成元素

(1) 节点

在力导向图中,节点代表网络中的个体或实体。节点的位置是通过计算它们之间相互作用的力来确定的。

(2) 连接链路

边连接着节点,代表节点之间的关系或联系。在力导向图中,边的长度和角度方向通常不映射到具体的变量上,而是由算法计算得出,以减少边的交叉和保持边长一致。

(3) 力

力是力导向图中最关键的元素,主要包括两类:库伦斥力和胡克弹力。这两种力的相互作用使得节点能够达到一种平衡的状态,从而形成稳定的图形布局。此外,还会考虑阻尼振动,即当图形被拉动后能迅速恢复到稳定状态的物理特性。

图 3-3-23 以一张反映人物与其职业类型、声望的关系图,展示力导向图的各主要元素。

3. 力导向图的适用场景

(1) 社交网络分析

力导向图可以用来展示社交网络中的用户关系,如朋友圈、关注者和粉丝之间的联系。

(2) 组织结构可视化

在企业或组织中,力导向图可以揭示不同部门或团队成员之间的关系和沟通流程。

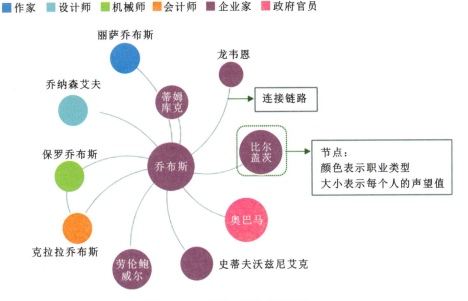

图 3-3-23 力导向图各主要元素

（3）互联网结构展示

互联网由无数网站和服务器组成，力导向图可以帮助人们理解这些节点是如何相互连接的。

（4）生物网络分析

在生物学领域，力导向图可以用于展示蛋白质、基因或其他分子之间的相互作用网络。

（5）知识图谱表示

在知识图谱中，力导向图可以用来表示实体之间的关系，帮助人们理解复杂的信息结构。

（6）艺术创作

一些艺术家使用力导向图来探索和表现创意。如纽约现代艺术馆曾用力导向图展示抽象派大师之间的关系网络。

4. 使用力导向图的注意事项

由于力导向图使用固定的布局算法来排列节点和链路，因此链路的长短是根据算法计算出来的，不能指定。也就是说，力导向图不适用于表达有具体关系举例的场景。比如，每个节点代表一个省份，要按照真实的地理位置布置好节点，再用链路连接，以表示各省份间的某种关系。这种场景不适合用力导向图，更推荐用一般网络图或者定制网络图进行可视化呈现。

综上所述，我们结合具体实例，了解了各类常用图表的特性、构成元素和适用场景。表 3-3-1 将前述内容进行简要且更有针对性的总结，以便大家日后在进行数据可视化呈现时，能够提升数据分析的准确性，增强报告和演示的说服力，从而在决策支持、知识传播和沟通交流中发挥关键作用。

表 3-3-1　各类常用图表的特性、构成元素和适用场景

类型	常见形式	图表特性	构成元素	适用场景
柱形图	• 基础柱形图 • 簇状柱形图 • 堆积柱形图 • 条形图	通过并排的柱状结构，对比展示分类数据的大小或顺序数据的变化情况	• 坐标轴 • 数据系列 • 图例	对分类的数据进行比较，尤其适合对数值接近的数据进行比较
折线图	• 基础折线图 • 堆积折线图 • 百分比堆积折线图	通过连接有序数据点形成线段，展现数据随时间或有序类别变化的趋势和波动	• 坐标轴 • 数据点 • 直线 • 图例	同一变量随时间或有序类别的变化，或多个随时间或有序类别变化的变量对比
饼图	• 基础饼图 • 子母饼图 • 圆环图	通过将数据分割成扇形的角度和面积，直观展示不同类别在整体中的占比关系	• 扇形 • 分类 • 图例	突出展示各不同分类在整体中占比存在的明显差异
散点图	• 带直线和数据标记的散点图 • 气泡图	通过在坐标系中分布的点来表示两个变量间的关系，揭示数据集中的趋势、相关性或集群分布	• 坐标轴 • 数据点	分析变量之间是否存在某种关系或相关性
雷达图	• 带数据标记的雷达图 • 填充雷达图	通过连接一系列轴上的点形成多边形，来展示多维数据的综合评分或属性分布情况	• 数据点 • 雷达链 • 半径轴 • 分类	某一数据对象由多个特征类别构成，且这些特征类别可以归一化，或者按照统一标准来标准化，以展示数据的综合评分或属性分布情况
漏斗图	• 基础漏斗图 • 对比漏斗图	通过自上而下依次变窄的图形展示数据在不同阶段的过滤或流失过程，直观反映各阶段的通过率或剩余量	• 环节 • 输入与输出	跟踪用户的转化率和保留率、跟踪点击广告/市场营销活动的进度和成功率，以及揭示线性流程中的瓶颈
矩形树图	• 基础矩形树图 • 带父层级标签矩形树图	通过层次性的嵌套矩形区域展示树状数据结构，清晰体现父子节点间的层级关系与大小比例	• 矩形单元 • 面积大小 • 标签文字	在有限固定的绘图空间内要表示层级占比，或表示带权重的树状结构数据

续表

类型	常见形式	图表特性	构成元素	适用场景
力导向图	·力导向图	通过模拟物理力的相互作用,自动调整节点位置以减少边的交叉和保持图形的对称性与局部聚合性,有效展现复杂网络中的多对多关系	·节点 ·连接链路 ·力	描述事物间的关系,尤其是表达抽象关系,如知识图谱、人物关系、计算机网络关系等

任务实施

◇ 任务描述

某咖啡店开业近两个月,会员人数增长缓慢。店长为了增加会员人数、促进产品销售,开始制订下一步的纳新计划。

请你根据该咖啡店会员入会方式统计表3-3-2,为店长绘制一幅饼图,帮助店长了解该店会员入会方式的占比情况,以便其能制订更有针对性的纳新方案。

3-3-1　任务实施

表 3-3-2　某咖啡店会员入会方式统计表

	A	B
1	入会方式	入会人数
2	团购促销	235
3	工作日活动	108
4	小程序推广	68
5	自愿	50

◇ 任务准备

Excel。

◇ 任务指导

1. 选择合适工具

启动 Excel。

2. 插入饼图

打开"会员入会方式"工作表,选中 A1:B5 区域,选择"插入",点击"推荐的图表"栏中饼图符号右边的向下箭头,选中第一个"二维饼图",如图 3-3-24 所示,生成的饼图如图 3-3-25 所示。

3. 美化饼图

(1) 添加数据标签

单击饼图,点击饼图右上角的"+",选择图表元素中的"数据标签"选项右边的箭头,点击选择"数据标注",如图 3-3-26 所示,生成的饼图如图 3-3-27 所示。

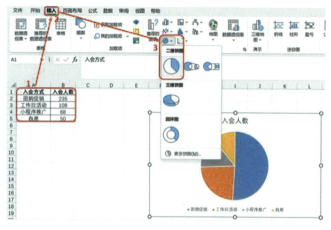

图 3-3-24 选择类型图操作

图 3-3-25 生成饼图（1）

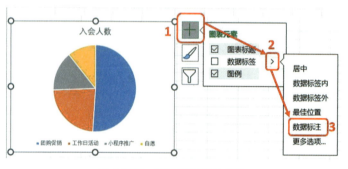

图 3-3-26 添加数据标签操作

图 3-3-27 生成饼图（2）

（2）修改标题

双击标题框，将原标题"入会人数"，修改为"咖啡店会员入会方式统计"，如图 3-3-28 和图 3-3-29 所示。

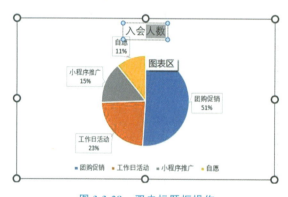

图 3-3-28 双击标题框操作

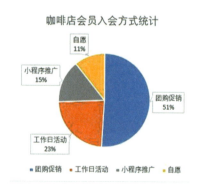

图 3-3-29 修改标题框操作

（3）调整数据标签位置

鼠标双击需要调整位置或大小的数据标签，将其移动到合适的位置，或者拖动标签四周的任意顶点调整标签框大小，如图 3-3-30 和图 3-3-31 所示。

学习单元三 数据可视化设计原则 119

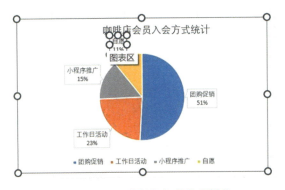

图 3-3-30 调整数据标签位置操作　　图 3-3-31 调整数据标签位置后的效果

◇ **实施评价**

任务评价表见学习单元一之主题学习单元 1 的表 1-1-2。

二、选择合适的图表

选择合适的图表，对于信息的明确传达和数据可视化的呈现效果有不可忽视的影响。一个好的图表能够清晰准确地展现复杂数据，揭示隐藏模式和趋势，促进更好的决策制定和理解。它能够在有限的空间内高效汇集大量信息，通过视觉元素和动态效果吸引受众的注意力，提升认知效率。

微课：选择合适的图表

在选择合适的图表时，需要考虑数据类型、趋势分析、相关性、数据层次、数据维度、阶段性变化等。

（一）数据类型

根据数据的类型（包括定量数据、定性数据、时间序列数据等）来选择合适的图表。

例如，杭州亚运会上中国、韩国、日本稳居奖牌榜前三，具体奖牌统计如表 3-3-3 所示。

表 3-3-3 杭州亚运会中国、韩国、日本奖牌数量表

国家	金牌	银牌	铜牌	奖牌总数
中国	201	111	71	383
韩国	42	59	89	190
日本	52	67	69	188

借助数据可视化工具来揭示这一系列数据背后的信息。

首先，呈现中、韩、日这三个国家的奖牌数量。根据这一需求，我们将选择定量数据。此类数据的可视化呈现最好使用柱形图或折线图。从图 3-3-32 中，我们不仅可以清楚地看到三个国家在杭州亚运会上金牌、银牌、铜牌各获取的数量，还能直观地看到中国获得的金牌数量几乎是韩国和日本金牌数量总和的两倍，在三个国家中遥遥领先。该

图展现了中国体育健儿的高水平和坚韧精神，也体现了我国作为具有实力和责任感的体育大国，极大地推动着亚洲体育事业的高速发展。

其次，呈现中国代表团奖牌数量的构成情况。选择定量数据，此类数据的可视化呈现最好使用饼图或环形图。从图 3-3-33 中可以直观地看到，在杭州亚运会中国代表团获得的 383 枚奖牌中，金牌数量最多，占 52%；银牌次之，占 29%；铜牌最少，占 19%。这一结果一方面展示了中国体育代表团在杭州亚运会中广泛的参与面和强大的夺金实力，另一方面展现了中国体育事业的全面发展和对体育人才培养的重视程度，向亚洲乃至世界展示了中国在推动全民运动、普及和提高体育文化方面的卓越贡献。

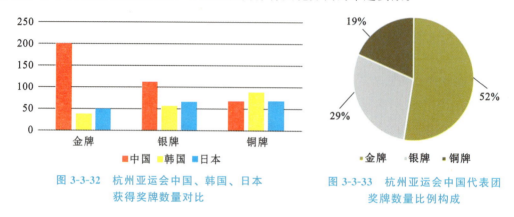

图 3-3-32　杭州亚运会中国、韩国、日本获得奖牌数量对比

图 3-3-33　杭州亚运会中国代表团奖牌数量比例构成

（二）趋势分析

如果需要展示数据随时间的变化趋势，可以使用折线图、面积图等。这些图可以清晰地展示数据在一段时间内的变化情况。

如图 3-3-34 所示，利用折线图，可以清楚地反映中国代表团在历届亚运会中获得奖牌数量的变化趋势、变化幅度、变化方向等信息。

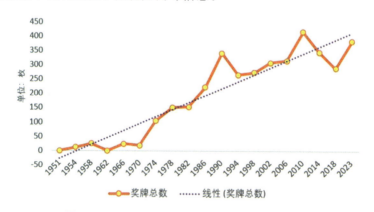

图 3-3-34　历届亚运会中国代表团获得奖牌数量

（三）相关性

如果需要展示数据的相关性，可以使用散点图、直方图等。这些图可以帮助我们了解两个变量之间的相关性，展示数据的集中趋势、分散程度等信息。

比如，随着跨境电商业的迅速发展，消费者在选购商品时有了更多的对比与选择，导致行业竞争日趋激烈，利润空间不断压缩。为了节约成本，某跨境电商企业销售经理决定在企业各项成本开支中找出能够节流的项目，调整该项开支方案。通过图 3-3-35 可以看出，该电商企业的广告费用支出集中在 14 万～20 万元这一区间，其与销售额整体呈正相关性，当广告费用超过 20 万元时，对于销售额的提升几乎不产生促进作用。

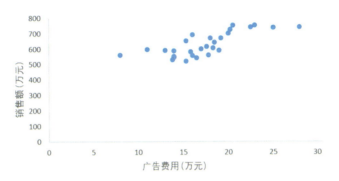

图 3-3-35　某跨境电商企业广告投入与销售额统计

（四）数据层次

如果数据有多个层次，可以使用矩形树图、热力图等。这些图表可以利用有限的空间帮助人们了解数据的层次结构。

例如，从图 3-3-36 可以清楚地看出，安卓系统在移动设备市场一共有 8 个载体，其中华为手机为安卓系统的主要载体，使用量占 30%；三星与红米为安卓系统的次要载体，分别占 20%。并且，从图中我们可以进一步看出，每一类型的载体下都有对应机型的细分占比。若此时选择饼图反映，就会出现分类过多导致可视化效果降低的情形。

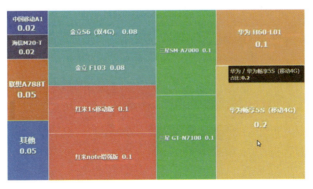

图 3-3-36　安卓系统在移动设备市场的使用情况

（五）数据维度

如果需要在一个图表中展示多个变量或者多个维度的数据，雷达图是一个很好的选择，因为它可以同时展示多个维度的数据，并且容易比较不同项目间的多维度表现。

例如，职场中员工要有良好的心理状态，以便更好地适应新环境，缓解工作压力，提升创造力与动力，维持同事间的和谐关系，并提高工作满意度和忠诚度。企业开始关注员工的心理健康水平,甚至很多企业已经将员工心理健康水平测试前置到入职环节。某跨境电商企业在新一轮招聘的第一环节新增了应试者心理健康水平测试,测试结果将作为应试者能否进入二面的重要参考因素。图 3-3-37 反映了其中一名应试者 SCL-90 的测评结果,我们可以直观地看到该应试者的心理健康水平与参考值差距明显,可能无法胜任高强度的企业工作。

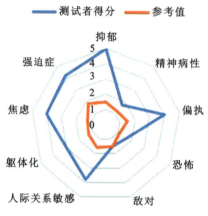

图 3-3-37　应试者 SCL-90 心理测评结果

(六)阶段性变化

若需要表示过程中各阶段的过滤或者减少情况,就可以考虑使用漏斗图。

例如,如图 3-3-38 所示的招聘漏斗图展示了某企业应试者从投递简历到最终录取的转化过程,展示了该企业综合实力强劲且待遇优厚,在新一轮招聘中收到 2000 份简历,最终录用 10 人的招聘过程。

图 3-3-38　招聘漏斗图

三、图表设计最佳实践

在当今社会,信息的传达技巧尤为重要。优秀的内容表达不是简单地图文混排,而是必须能够表达信息的主旨。在介绍图表的具体选择之后，这里给出一些行之有效的图表设计建议，以实现图表可视化效果的与众不同。

（一）柱形图

第一，使用水平排列的文字标签，不要使用水平对角线或者垂直排列的文字，以便于阅读。同时，栏间距要合适，一般而言，栏间距应该为栏宽度的1/2，如图3-3-39所示。

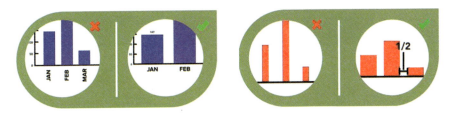

图 3-3-39　柱形图结构安排合理

第二，呈现效果与数据内容相结合。色彩的偏好在评估低龄儿童智力发育水平时有一定的参考价值。如图3-3-40所示，以儿童喜爱的M&M豆为工具，排列成柱形图呈现儿童智力发育的统计情况，增强了呈现效果。

图 3-3-40　M&M豆柱状图

（二）折线图

第一，直接在折线的末端加入文本标签，这样可以让受众立即知道不同颜色所代表的数据，而不用再参考图例；同时，在折线色彩的选择上最好选择纯色，线型选择实线，这样不会让受众分心。具体如图3-3-41所示。

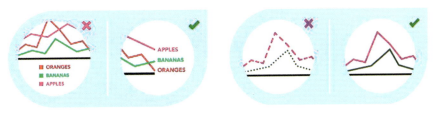

图 3-3-41　折线图基础设计

第二，可以加入人体互动，增强呈现效果，如图 3-3-42 所示。

图 3-3-42　人体互动的折线图

（三）饼图

第一，要正确放置切片。这里推荐两种能够提高可读性的放置切片的方法，如图 3-3-43 所示。一种是将最大占比部分放在紧靠 12 点钟的顺时针方向位置，次大的部分放在 12 点钟的逆时针方向。剩下的部分按从大到小排列。另一种是最大的部分放在 12 点钟的顺时针方向，其他部分按占比由大到小顺时针排。

图 3-3-43　饼图中切片顺序建议

第二，用有冲击力的颜色突出最想表现的扇形，其余的则在视觉上弱化处理（比如用灰色处理）。此外，将文字注释巧妙地设计到图形中，如图 3-3-44 所示。

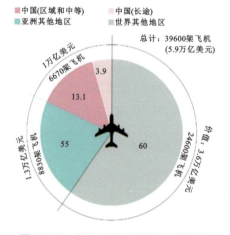

图 3-3-44　饼图中的色彩与文字搭配

第三，在数据呈现中，可以加入创意性的实物拍摄、给扇形以装饰或者采用"实物装饰＋变形处理"等措施，使可视化效果更直接、美观，如图 3-3-45 所示。

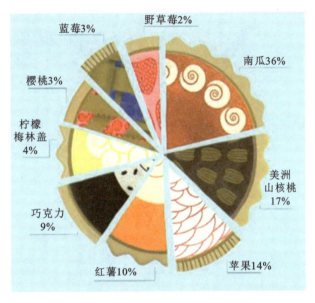

图 3-3-45　水果披萨中水果构成统计

（四）散点图

第一，在设计散点图时，建议使用趋势线展示趋势，体现相关性。但是，要对趋势线进行比较时，趋势线不宜超过 2 条，否则会影响阅读效果，如图 3-3-46 所示。

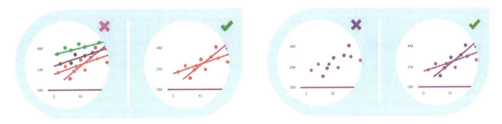

图 3-3-46　散点图中的趋势线

第二，利用视觉系统特点。在设计散点图时，要学会利用人类视觉系统特点，考虑到用户对视觉信息的处理过程，以此来增强用户对数据的用户体验，减少认知负担。例如，图 3-3-47 展示了一个人的真实年龄和其希望离世的年龄的情况。这个散点图由 800 个气球组成，以白色气球标记人们不想离世的时间点，以黑色气球标记希望离世的时间点。这一设计不禁让人感慨生命的无常和短暂。

第三，针对特定群体设计。在设计散点图时应根据受众群体的需求进行设计，确保散点图的样式和信息呈现方式能够满足特定群体的需求。如图 3-3-48 所示，在向游戏玩家推广"权力的游戏"时，使用了该游戏中的人物头像来置换数据点，形象地表达了人物的颜值系数和性格好坏。

图 3-3-47　与视觉特点结合的散点图

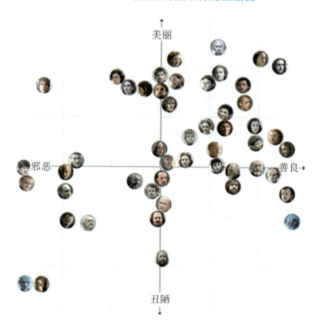

图 3-3-48　针对游戏玩家的散点图

（五）雷达图

在选择雷达图时，要尽可能充分利用图形区域增强可视化效果。例如，图 3-3-49 为国外某学校学生在数学、体育、统计学等十个主题得分情况的雷达图。这个作品比较值得借鉴的想法是，对于两个或三个以上的系列使用多子图，以避免出现杂乱的数字。每个学生都有自己的雷达图，很容易理解特定个体的特征，寻找形状的相似性可以让教师发现具有相似特征的学生。

（六）矩形树图

第一，用单个颜色（突出）或双色（对比）强调想要凸显的分类，同时弱化其余分类的颜色。在矩形占比太小时，去掉所有文案或类别文案，主要咖啡零售一线和新一线城市门店数量如图 3-3-50 所示。

学习单元三 数据可视化设计原则 127

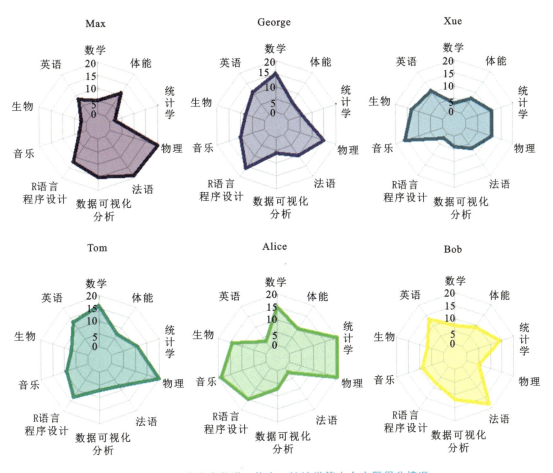

图 3-3-49 学生在数学、体育、统计学等十个主题得分情况

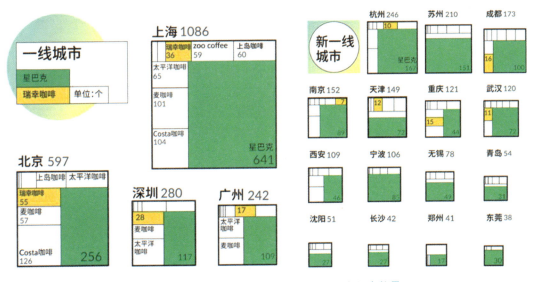

图 3-3-50 主要咖啡零售一线和新一线城市门店数量

第二，学会利用生活中的艺术案例。如图 3-3-51 所示，在进行热门眼影色号统计时，利用眼影盘这一生活中的矩形树图实例来展示，会产生让人耳目一新的效果。

图 3-3-51　生活中的矩形树图

单元自主学习任务

请同学们扫描二维码完成本单元自主学习任务。

学习单元三自主学习任务

学习单元四　可视化工具与技术

学习目标

◇ **素养目标**

•通过辨析和欣赏不同的可视化形式，培养对数据可视化的敏感性和审美素养。

•准确理解和解释可视化图表中的数据内容，推断数据背后的趋势和规律，培养数据分析和展示的专业素养。

•通过在可视化技术应用中的逻辑思维能力的提升，培养独立分析并展示数据的专业素养。

◇ **知识目标**

•了解可视化工具与技术的基本概念和原理，以及不同可视化工具与技术的定义、分类、应用场景等。

•熟悉常用的可视化工具和软件，掌握其基本操作和功能，如 Excel、Power BI、Python、Tableau、D3.js 等。

•掌握静态数据可视化技术、交互式数据可视化技术、三维和多维数据可视化技术以及时间序列数据可视化等方法。

◇ **技能目标**

•能够运用可视化工具与技术，制作具有说服力和展示效果的可视化图表。

•能够根据不同数据类型和需求，选择合适的可视化形式和展示方式，提升数据传达的效果和效率。

•具备数据故事讲述的能力，能够通过数据可视化图表清晰地传达信息，引导受众理解和思考。

思维导图

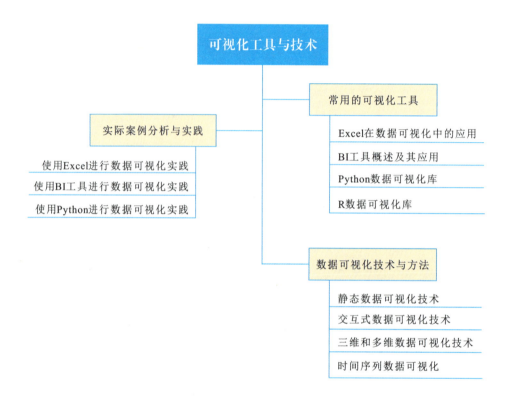

案例导入

数据可视化技术创新应用在新闻报道中的常见表现手法[①]

在信息时代,数据可视化技术已成为传递复杂信息的关键手段。

2022年8月,中央广播电视台《新闻联播》节目的《解码十年》专栏播出。该专栏播出后令人耳目一新,尤其是在新闻的数据可视化方面,具有深刻影响力,展现了中国过去十年的巨大变化和发展的成就性报道。《解码十年》专栏呈现出创新性强、内容丰富、生动鲜活等特点,其深度的分析和全面的系列报道获得了人们的高度评价。

《解码十年》专栏利用了大量的数据和先进的技术,如三维地球地形、航拍摄影及扫描技术等,为观众带来全新的视听体验。它通过精确的数据分析和可视化手段,充分展现十年来党和国家事业取得的历史性成就、发生的历史性变

---

① 来源:搜狐网,https://www.sohu.com/a/751759359_120157034。

革,生动呈现祖国各地日新月异的发展变化,全面展示人民群众安居乐业的美好景象。

《解码十年》专栏共有 13 期节目,每一期节目在数据可视化方面的运用都具有针对性强、可视化演绎紧扣主题且表达直观等特点。例如,《解码十年:产业集聚 点亮中西部》这一期的数据可视化就具有以下几个显著的亮点。

第一,卫星影像与城市增长。使用卫星影像来展示过去十年中国中西部地区城市的快速增长是节目的一大亮点,这种视觉表现方式比单纯的统计数据更能生动地表现城市扩张的规模。

第二,人口增长图表。通过视觉化手段展现了西安、郑州和贵阳等城市的人口增长情况。西安的常住人口增加了 400 多万人,贵阳的人口增长超过 160 万人,这归因于这些地区日益增长的发展机会和产业的涌入,这让受众能够对过去十年间发生的人口变化有直观了解。

第三,夜光遥感数据。使用中国科学院的夜光数据是该栏目数据可视化的一个独特方面。节目通过展示过去十年各地区夜间变得多么明亮,形象地证明了这些地区的城市化发展和经济活动的增加。

第四,产业焦点的转移图表。一些以前受地理限制和传统产业约束的城市,如贵阳,已经改变了其经济格局。自 2013 年以来,贵阳开始专注于发展大数据、电子信息制造、先进装备制造和新能源汽车等产业。这些新兴产业吸引了大量的人才和投资,改变了城市的经济格局。

第五,战略性新兴产业集群。过去十年,包括装备制造和新能源在内的战略性新兴产业逐渐从沿海向内陆转移,形成了中西部地区的新产业集群。这一转移标志着更加平衡的区域发展,有助于展示多样化国家的经济实力。

新闻专栏中使用的数据可视化技术在使复杂数据更易于理解和表现方面发挥了关键作用,从而增强了关于中国中西部地区经济和人口转型的叙述,在分析过去十年中国经济增长的一期节目中,运用动态图表展示了 GDP 增长、人均收入等数据的变化。这种可视化手法不仅直观展示了数据,还揭示了数据背后的趋势和故事。

数据可视化技术的运用不仅增强了新闻的吸引力和理解度,还提高了观众的参与度。观众能够通过直观的图表迅速把握复杂新闻事件的核心要素,这在传统的文字报道中往往难以实现。

◇ **思考**

1.《解码十年》专栏是如何利用数据可视化技术生动地呈现中国过去十年的发展成就和变化的?

2.《解码十年》专栏运用哪些数据可视化技术和工具,增强了信息传递的效果?

3. 数据可视化技术在新闻报道中创新应用起到了什么作用?

主题学习单元1　常用的可视化工具

可视化工具是用来将数据转化为图形、图表或其他形式的可视化内容的软件或工具。通过可视化工具，用户可以更直观地理解和分析数据，并通过交互式的方式探索数据，发现数据之间的关系。

常用的可视化工具包括 Excel、Python、Power BI、Tableau、D3.js 和 Plotly。这些可视化工具通常支持多种数据源和多种图表类型，使用户能够根据自己的需求和目的创建各种样式的数据可视化图表和报告。通过这些可视化工具，用户可以更加轻松地进行数据分析、决策和沟通。

微课：常用的
数据可视化工具

一、Excel 在数据可视化中的应用

Excel 在数据可视化中有多种应用场景，这些场景涉及不同领域和不同需求的用户。Excel 的可视化应用场景主要有以下几个方面。

动画：Excel 在
数据可视化中的应用

（一）业务趋势分析

企业常常需要通过对历史业务数据的分析来了解业务趋势。Excel 可以创建折线图、柱形图等，帮助用户清晰地展示业务数据随时间的变化情况，从而洞察业务的增长、下降或波动趋势。

（二）销售数据可视化

销售部门经常使用 Excel 来展示销售数据。通过创建饼图、条形图等，可以直观地呈现各产品、各区域或各销售人员的销售占比或销售业绩，帮助决策者了解销售结构、业绩优劣以及制定销售策略。

（三）财务数据报告

财务部门需要定期制作财务报告，Excel 的图表功能可以很好地辅助这一过程。通过创建财务报表、柱形图、折线图等，可以清晰地展示企业的收入、支出、利润等财务数据，帮助决策者了解企业的财务状况和经营成果。

（四）市场调研分析

在市场调研领域，Excel 可以用来分析调研数据，并实现数据可视化。例如，通过创建条形图或箱线图,可以展示不同产品或服务在市场上的受欢迎程度、用户满意度等信息,为企业制定市场策略提供依据。

(五) 数据透视与汇总

Excel 的数据透视功能可以将大量数据进行汇总、分类和计算,并以图表的形式展示。这对于需要从多个维度分析数据的场景非常有用,如分析客户行为、产品性能等。

(六) 动态数据更新与监控

Excel 还支持动态数据更新和监控,通过连接外部数据源或使用实时数据刷新功能,可以确保图表中的数据始终保持最新状态。这对于需要实时监控关键指标或跟踪数据变化的场景非常有用。

总的来说,Excel 在数据可视化中的应用场景非常广泛,几乎涵盖所有需要利用图表和图形来展示和分析数据的领域。无论是企业决策、市场分析还是学术研究,Excel 都能提供强大的数据可视化支持。

二、BI 工具概述及其应用

(一) 概念

BI(business intelligence)又称商业智能,是一套完整的解决方案,用来将企业现有的数据进行有效整合,快速准确地提供报表并提出决策依据,帮助企业做出明智的业务经营决策,这也是利用软件和服务将企业数据转化为有意义的信息和见解的过程。

动画:BI 工具概述及其应用

"商业智能"这一概念最早于 1996 年被提出。当时被定义为一类由数据仓库(或数据集市)、查询报表、数据分析、数据挖掘、数据备份和恢复等组成的、以帮助企业决策为目的的技术及应用。

商业智能旨在帮助企业管理者和决策者更好地理解企业的业务情况,发现潜在的商机和问题,并支持决策制定。商业智能技术包括数据仓库、数据挖掘、数据可视化和报表等。通过商业智能技术,企业可以准确分析和预测市场趋势、客户行为、产品性能等关键因素,从而有效地优化业务流程,提高绩效和竞争优势。商业智能的应用范围涵盖多个行业和领域,成为企业决策和管理中不可或缺的工具。

(二) BI 工具的应用

BI 工具是一类用于分析、管理和展示业务数据的软件工具,可以帮助企业从大量数据中提取有价值的信息,支持决策制定和业务优化。

BI 工具可以连接多个数据源,清洗和整理数据,生成各种报表、图表或仪表盘。俗话说"一图胜千言",数据可视化可以让数百万的数据点以简洁的方式呈现出来,并且易于理解和使用,能够帮助用户更好地理解数据,发现数据之间的关联,找出潜在的商业机会或问题。

常见的 BI 工具包括 Tableau、Power BI、QlikView、SAP Business Objects 等。下面简要介绍 Tableau 和 Power BI。

1. Tableau

(1) 特色

Tableau 是一款开源可视化 BI 工具，其涵盖个人电脑 Desktop 软件及云端数据共享 Server 两种形态，可在其中切换配合应用，如图 4-1-1 所示。

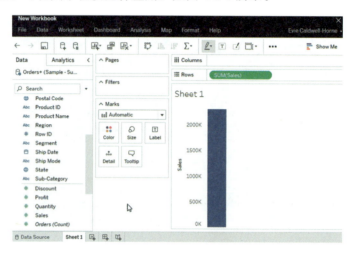

图 4-1-1　Tableau 可视化图

(2) 优点

① 可视化功能丰富，可以提供多种场景的可视化分析，如气泡图、词云图等。

② 操作简单便捷，通过前端拖拉拽，即可实现常规分析。

③ 数据导入方便，有详尽的向导指引。

(3) 缺点

① 数据导入过程对于字段格式要求较高，较难处理不规范数据。

② 没有配备数仓，处理大数据量级时，需要先借助其他 ETL 工具导入，再进行可视化配置。

③ 查询效率较低，运行速度较慢。

④ 价格昂贵，个人版每年超过 5000 元，企业版每年超过 1 万元。

2. Power BI

(1) 特色

Power BI 是微软推出的可视化工具，因此其设计理念与微软 Microsoft Office 有异曲同工之妙。Power BI 可视化图如图 4-1-2 所示。其支持多平台应用（如 Desktop、Web、移动端），并且提供免费基础版本。

(2) 优点

① 与 Office 工具密切连接，支持文本文件、CSV 文件、XML 文件的基本导入功能。

② 成本较低，Power BI Desktop 版本是免费的，并且其很多功能与付费版本是一致的。

（3）缺点

① 上手难度较大，需要一定的学习成本。

② 可视化程度相对较低。

图 4-1-2　Power BI 可视化图

三、Python 数据可视化库

Python 是一种功能强大且易于学习的编程语言，广泛应用于数据分析和数据可视化领域。

Python 数据可视化库是一种专门用于创建各种类型图表和图形的工具库，可以帮助用户更直观地理解数据，发现数据之间的关系和规律。

动画：Python 数据可视化库

Python 提供了许多优秀的数据可视化库，如 Matplotlib、Seaborn、Plotly、Pandas 等，能够帮助数据分析师更好地呈现和交流数据。

例如，Matplotlib 提供了二维图、三维图、动态图、可交互图等多种图表样式。运用 Matplotlib 亦可绘制股市 K 线图，如图 4-1-3 所示，可用于量化监测。

图 4-1-3　运用 Matplotlib 绘制股市 K 线图

图 4-1-4 是一个示例代码,其展示了如何使用 Pandas 可视化功能创建一个简单的散点图。运行这个代码片段后,将生成一个简单的散点图,如图 4-1-5 所示,它展示的是 DataFrame 中两列数据的关系。

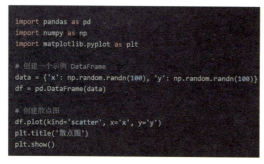

图 4-1-4　示例代码

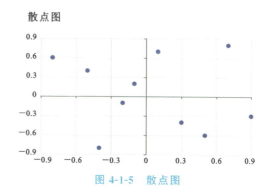

图 4-1-5　散点图

四、R 数据可视化库

动画:R 数据可视化库

R 语言是一种专门用于数据分析和统计建模的编程语言。

R 语言拥有丰富的数据可视化库,如 ggplot2、lattice、ggvis 等,能够帮助数据科学家和分析师更好地理解和呈现数据。

例如,ggvis 提供了几种常用的图表类型,如散点图、折线图、饼图等,用户可以根据自己的需求选择合适的图表类型。同时,ggvis 支持将图表与其他 Shiny 控件(如滑块、复选框、下拉菜单等)联动,实现更丰富的交互功能。

运行如图 4-1-6 所示的一段代码,可以生成如图 4-1-7 所示的堆叠图,其展示了不同类别商品的销售额占比情况。

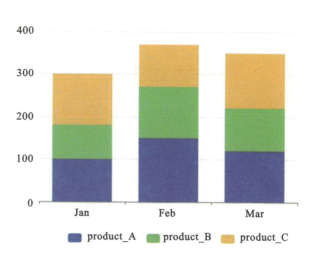

图 4-1-6　示例代码　　　　图 4-1-7　不同类别商品的销售额占比

通过学习 R 数据可视化库,人们能够更加深入地了解如何使用 R 语言进行数据可视化,选择最适合自身需求的库来创建丰富多样的图表,提高数据可视化的效果和交互性。

学思践悟

常用可视化工具适用场景的对比

在数据可视化企业应用中，不同的应用场景需要应用合适的工具，如表 4-1-1 所示。

表 4-1-1　常用可视化工具适用场景

可视化工具	适用场景
Excel	功能强大的数据处理和可视化工具，适用于各类数据的图表展示，如柱形图、折线图、饼图等
Tableau	专业的数据可视化软件，支持大规模数据的可视化分析，适用于企业级数据展示
Power BI	微软推出的商业分析工具，集成各类数据源，提供丰富的可视化图表和报告功能
Python（Matplotlib、Seaborn 等库）	适用于程序员和数据科学家的可视化工具，支持定制化图表绘制
R（ggplot2 等包）	统计分析和可视化语言，提供多样化的图表绘制方法
D3.js	基于 JavaScript 的数据可视化库，适用于网页和交互式数据展示

任务实施

◇ 任务描述

2022 年 8 月 1 日，新零售智能销售设备的交易订单支付数据如表 4-1-2 所示。企业想了解用户的支付偏好，故将用户的支付行为进行可视化处理。

表 4-1-2　新零售智能销售设备的交易订单支付数据

订单 ID	消费金额	商品名称	商品类别	购买数量	销售单价	支付方式	区域
112531qr15352436958213	5	可比克薯片	膨化食品	1	5	现金	珠海市
112531qr15351918592823	3	孖髻山矿泉水	水	1	3	微信	珠海市
112531qr15349847171896	3	孖髻山矿泉水	水	1	3	微信	珠海市

续表

订单ID	消费金额	商品名称	商品类别	购买数量	销售单价	支付方式	区域
112531qr15349452562187	6	凉粉	其他	2	3	微信	珠海市
112531qr15348453492980	8	王老吉	饮料	2	4	微信	珠海市
112531qr15342087057524	3	凉粉	其他	1	3	支付宝	珠海市
112531qr15341494002535	3	孖髻山矿泉水	水	1	3	微信	珠海市
112531qr15339645953184	3	孖髻山矿泉水	水	1	3	微信	珠海市
112531qr15338988068764	2.8	维他柠檬茶	饮料	1	2.8	微信	珠海市
112531qr15337980562841	4	晨光酸奶	牛奶	1	4	微信	珠海市
112531qr15336257234459	3	凉粉	其他	1	3	微信	珠海市
112531qr15336052893350	3	孖髻山矿泉水	水	1	3	支付宝	珠海市
112531qr15332611588998	7	椰树牌椰汁	饮料	2	3.5	微信	珠海市
112531qr15357150632549	4	王老吉	饮料	1	4	微信	珠海市
112531qr15357100915964	4	美汁源	饮料	1	4	微信	珠海市
112531qr15357035139028	5.5	好丽友派	蛋糕糕点	1	5.5	支付宝	珠海市
112531qr15357034865468	4	美汁源	饮料	1	4	支付宝	珠海市
112531qr15357034387504	4.8	乐事薯片	膨化食品	1	4.8	支付宝	珠海市
112531qr15357034025619	4	美汁源	饮料	1	4	支付宝	珠海市
112531qr15356420094830	4	奥利奥饼干	饼干	1	4	微信	珠海市
112531qr15356419736748	5.5	好丽友派	蛋糕糕点	1	5.5	微信	珠海市
112531qr15356020959164	4	可口可乐	饮料	1	4	现金	珠海市
112531qr15355377389602	3.5	东鹏特饮	饮料	1	3.5	微信	珠海市
112531qr15355302573090	3	旺旺小小酥60克	零食	1	3	微信	珠海市
⋮	⋮	⋮	⋮	⋮	⋮	⋮	⋮
112531qr15353811859211	3	雪碧	饮料	1	3	微信	珠海市

注：操作用完整数据见数据源素材(4)。

◇ 实践准备

Excel。

◇ 实践指导

1. 选择合适工具

启动 Excel。

2. 插入透视表

选中 A1 到 I31 区域，插入透视表，并在位置框中填充 K2，如图 4-1-8、图 4-1-9 所示。

数据源素材（4）

学习单元四　可视化工具与技术

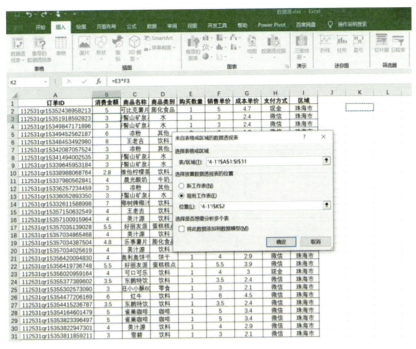

图 4-1-8　插入透视表操作图

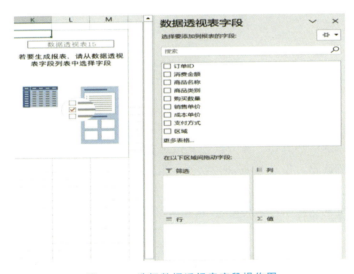

图 4-1-9　选择数据透视表字段操作图

在"数据透视表字段"区域，透视表的行标签为"支付方式"，∑值为"订单ID"，得到分析数据如图 4-1-10 所示。

从透视表分析结果可以看到，使用微信支付的订单数为 22 笔，使用支付宝支付的订单数为 6 笔，使用现金支付的仅 2 笔，说明用户更偏向于使用微信支付。

◇ **实施评价**

任务评价表见学习单元一之主题学习单元 1 的表 1-1-2。

图 4-1-10　透视表分析结果

主题学习单元 2　数据可视化技术与方法

数据可视化技术与方法是利用图形、图表、动画等视觉手段将数据信息呈现给用户的一种方式,通过可视化呈现数据,用户能够快速、直观地理解和分析数据,发现数据间的关系和模式,帮助决策者做出更加准确的决策。数据可视化技术与方法主要包括静态数据可视化技术、交互式数据可视化技术、三维和多维数据可视化技术以及时间序列数据可视化。

微课:数据可视化技术与方法

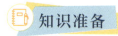

一、静态数据可视化技术

1. 静态数据可视化技术的概念

静态数据可视化技术是一种数据展示和传达方法,将数据以静态图表、图形或图像的形式呈现给用户。

动画:静态数据可视化技术

在静态数据可视化中，用户不能通过交互或动画的方式对数据进行探索和操作，而是通过静态图表来观察数据、比较数据和发现数据之间的关系。

2. 静态数据可视化技术的特点

（1）静态性

静态数据可视化技术生成的图表是静态的，用户无法通过交互操作来改变图表的展示方式或查看更详细的数据。

（2）固定视角

用户只能从静态图表中获取固定的视角和信息，无法自由地调整视角或查看数据的细节。

（3）信息传达

静态数据可视化主要用于信息传达和展示，让用户能够快速理解数据内容、获得相关信息。

3. 静态数据可视化技术的应用场景

静态数据可视化可以通过表格、图表、图像等多种形式表现，如柱形图、折线图、饼图等，适用于数据量不大、数据结构简单、需要呈现数据总体情况的场景，如图4-2-1所示。

图 4-2-1 汽车制造商供应链分析

二、交互式数据可视化技术

1. 交互式数据可视化技术的概念

交互式数据可视化技术是指用户可以通过与图表或图形交互来探索数据，例如，用户可以通过鼠标悬停、点击等方式与图表进行互动，根据自己的需求进行数据的筛选、排序或过滤。

动画：交互式数据可视化技术

2. 交互式数据可视化技术的特点

（1）交互性

用户可以通过鼠标点击、拖动、滚动等操作与可视化图表进行互动，改变数据的展示方式、筛选数据、调整视角等。

（2）动态性

可视化图表可以呈现动态效果，如动画、过渡效果等，帮助用户更好地理解数据变化和趋势。

（3）多维分析

用户可以通过交互式操作自由地进行多维数据分析，探索数据之间的关系，找出数据中的规律和趋势。

3. 交互式数据可视化技术的应用场景

交互式数据可视化技术通常应用于大数据、复杂数据结构、多维数据分析等场景。交互式数据可视化技术的代表为 D3.js，这是一个使用 JavaScript 创建的交互式数据可视化的库。它允许开发者利用 HTML、SVG 和 CSS 操作文档，并将数据动态地映射到这些文档中。D3.js 的核心理念是利用 web 标准来创建强大的、交互式、可访问的数据可视化。常见的交互式数据可视化包括交互式散点图、热力图、地图、网络图等。

创新应用

工业制造可视化交互

通过监控、接入数据库及其他数据可视化技术，实现车间生产信息集成统一管理。从可视化大屏中得到的信息能够为生产人员提供协同作业环境和设备，实现作业指导的创建、维护和无纸化浏览，以及生产数据文档的电子化管理，避免过多人工传递及流转，保障工艺文档的准确性和安全性，快速指导生产，实现标准化的自动化车间生产。

三、三维和多维数据可视化技术

1. 三维数据可视化技术

三维数据可视化技术是一种通过利用三维坐标系统，将数据转化为空间中的立体图形或图像，以三维空间的形式呈现的技术。它能够让用户更直观地理解和分析数据。

常见的三维数据可视化包括三维柱形图、三维折线图、三维散点图、三维面积图、三维曲面图（见图 4-2-2）等。

动画：三维和多维数据可视化技术

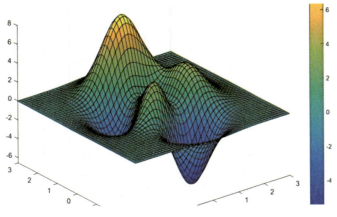

图 4-2-2　三维曲面图示例

2. 多维数据可视化技术

多维数据可视化技术是一种将多维数据（如多个变量或多个特征的数据）以图形化的方式予以呈现的技术。它可以产生直观和易于理解的视觉效果，帮助用户理解和分析复杂的数据集，如图 4-2-3 所示。

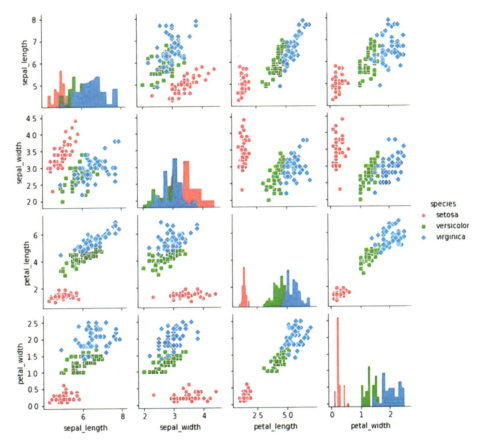

图 4-2-3　多维数据可视化技术应用示例

四、时间序列数据可视化

时间序列数据可视化是一种将时间序列数据以图形方式予以呈现的方法,其便于人们观察和理解数据的变化趋势和模式。

时间序列数据是按照时间顺序排列的数据点集合。它可以是一维的,如股票价格、气温数据等;也可以是多维的,如股票交易量数据。

时间序列数据通常有以下特点:数据点之间存在时间上的依赖关系;数据点之间的间隔通常是固定的;数据点可能具有趋势、周期性和季节性;等等。

动画:时间序列数据可视化

常见的时间序列数据可视化有折线图、散点图、柱形图、甘特图、序列图等。图 4-2-4 为甘特图,它通过将时间放在 X 轴上,将数据值放在 Y 轴上,连接相邻数据点的线段来展示数据的变化趋势。

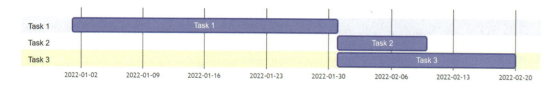

图 4-2-4 甘特图

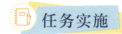

4-2-1 任务实施

任务 1

◇ **任务描述**

结合表 4-2-1 中产品的销售额和销量数据,利用 Excel 创建一个三维柱形图来展示不同产品的销售额和销量之间的关系。

表 4-2-1 各种产品的销售额和销量数据

产品名称	销售额(单位:万元)	销量(万件)
产品 A	30	100
产品 B	40	120
产品 C	35	110
产品 D	50	130
产品 E	45	125

◇ 实践准备

Excel。

◇ 实践指导

1. 选择合适工具

启动 Excel。

2. 输入数据

输入上述销售数据，将数据排列在合适的区域，如图 4-2-5 所示。

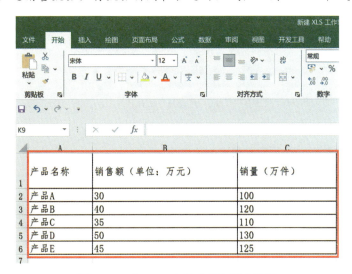

图 4-2-5　在 Excel 表格中输入销售数据

3. 生成基本的三维柱形图

选中数据区域，然后点击 Excel 的"插入"选项卡。在"插入"选项卡中，选择"三维柱形图"，然后选择一个柱形图类型，Excel 会生成一个基本的三维柱形图，如图 4-2-6 所示。

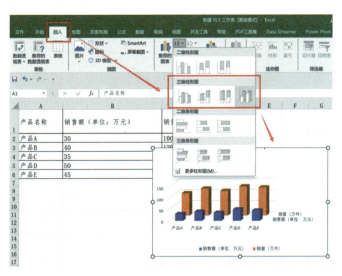

图 4-2-6　生成三维柱形图的操作演示

4. 调整

可以通过右键点击某个数据系列,选择"格式数据系列"来改变柱形图的颜色、边框等。

5. 添加数据标签来显示销售额和销量的具体数值

右键点击数据系列,选择"在数据点上显示数值"。完成后保存并导出这个三维柱形图,如图 4-2-7 所示,供以后在报告或演示中使用。

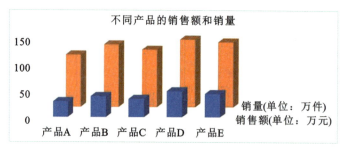

图 4-2-7　三维柱形图展示不同产品的销售额和销售量

任务 2

◇ **任务描述**

结合表 4-2-2 中销售人员 1—3 月份的销售额数据,运用交互式数据可视化技术制作交互式柱形图,展现每个销售员不同月份的销售额。

4-2-2　任务实施

表 4-2-2　销售人员 1—3 月份的销售额

月份	1月	1月	1月	2月	2月	2月	3月	3月	3月
销售人员	张军	李雷	王芳	张军	李雷	王芳	张军	李雷	王芳
销售额(万元)	10	8	12	15	9	11	12	10	13

◇ **实践准备**

Excel。

◇ **实践指导**

1. 选择合适工具

启动 Excel。

2. 输入数据

输入上述销售数据,将数据排列在合适的区域,如图 4-2-8 所示。

3. 生成数据透视表

选中数据区域,然后点击 Excel 的"数据透视表"选项卡。在选项卡中选择"表格和区域(T)",如图 4-2-9 所示。

出现"来自表格或区域的数据透视表"对话框,默认表格区域,在"选择放置数据透视表的位置"中选择"新工作表",点击"确定",如图 4-2-10 所示。

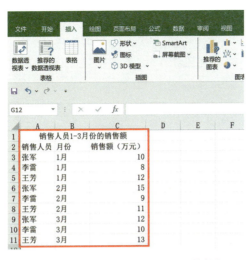

图 4-2-8　在 Excel 中输入待处理的数据

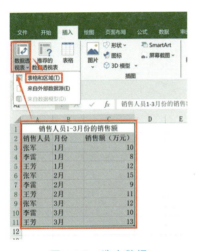

图 4-2-9　选中数据　　　　　　　　图 4-2-10　生成数据透视表

4．拖拽字段

如图 4-2-11 所示，在数据透视表中，我们可以通过拖拽字段来选择要分析的数据。

图 4-2-11　待拖拽字段界面

假设我们希望分析不同销售人员 1—3 月份的销售额，我们可以将"销售人员"字段拖拽到"行"区域，将"月份"字段拖至"列"区域，将"销售额"字段拖拽到"值"区域。如图 4-2-12 所示，Excel 将自动根据选择的字段生成汇总数据。

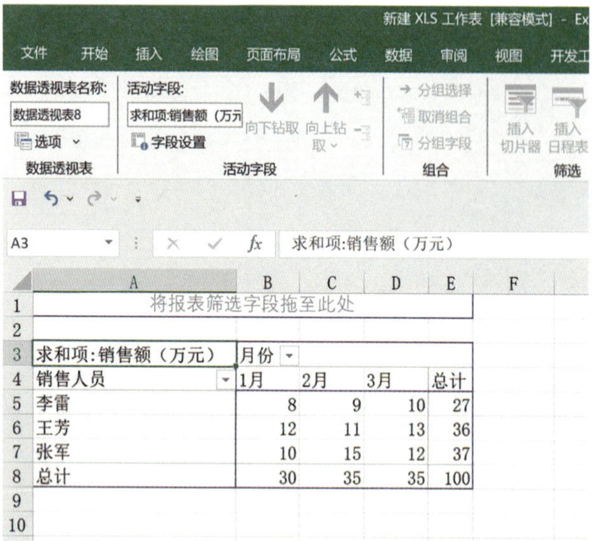

图 4-2-12　拖拽字段

5. 创建交互式筛选框，制作三维交互式数据可视化柱形图

点击"插入"，选择"三维柱形图"，在 Excel 表格中生成三维交互式数据可视化柱形图，"月份"和"销售人员"有交互式筛选框，点击下拉菜单可以选择，实现交互，如图 4-2-13 所示。

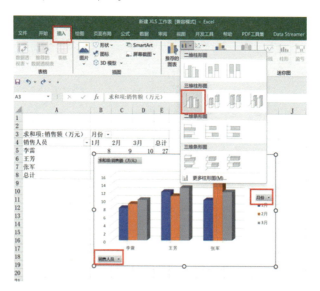

图 4-2-13　生成三维交互式数据可视化柱形图

筛选销售人员"李雷"1—3 月份的销售额，如图 4-2-14 所示。
筛选"2 月份"三名销售人员的销售额，如图 4-2-15 所示。

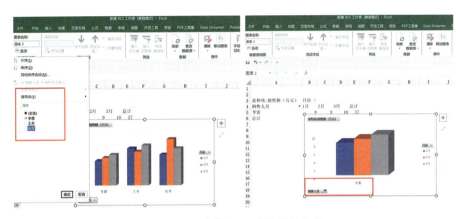

图 4-2-14　李雷 1—3 月份的销售额

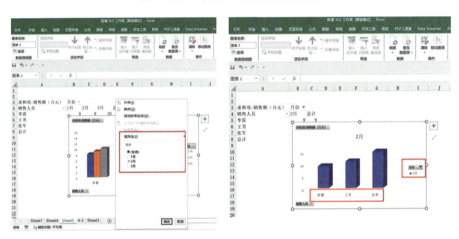

图 4-2-15　2 月份三名销售人员的销售额

◇ **实施评价**

任务评价表见学习单元一之主题学习单元 1 的表 1-1-2。

主题学习单元 3　实际案例分析与实践

知识准备

一、使用 Excel 进行数据可视化实践

（一）基础图表制作

Excel 提供了多种基本图表类型。这些图表在用于数据可视化时，可以帮助用户更好地理解和分析数据。常见的 Excel 图表制作

微课：使用 Excel
进行数据可视化实践

步骤如下：打开需要制作图表的 Excel 文档—选择需要制作图表的数据—点击菜单栏的"插入"选项—点击打开工具栏的"图表"工具—在图表工具界面中，选择用户需要制作的图表类型—点击界面的"确定"按钮完成制作。之后，还可以根据需要调整图表的样式、颜色、标签等。

另外，Excel 还提供了其他标准图表类型，如圆环图、气泡图、雷达图、股价走势图、曲线图、XY 散点图等，用户可以根据具体需求选择合适的图表类型。

任务实施

◇ 任务描述

2022 年 8 月某企业在各区域销售额数据如表 4-3-1 所示，请帮助企业绘制可视化图表，进行区域销售额对比分析。

4-3-1　任务实施

表 4-3-1　某企业在各区域销售额数据

区域	销售额（万元）
韶关市	4218.5
中山市	19756.3
佛山市	24634.6
珠海市	24894.7
东莞市	35658.9
深圳市	95313.4
广州市	99962.9

◇ 实践准备

Excel。

◇ 实践指导

1. 选择合适工具

启动 Excel。

2. 制作图表

选中 A1 到 B8 区域，选择"插入"—"所有图表"，点击"条形图"，则得到的各类商品销售量图表类型为条形图，如图 4-3-1 和图 4-3-2 所示。

3. 美化图表

（1）添加数据标签

鼠标键右键点击，选中蓝色条形图，点击添加数据标签，如图 4-3-3 所示。

（2）更改图表标题

双击选中图表标题，更新为"2023 年 8 月各区域销售额条形图"，如图 4-3-4 和图 4-3-5 所示。

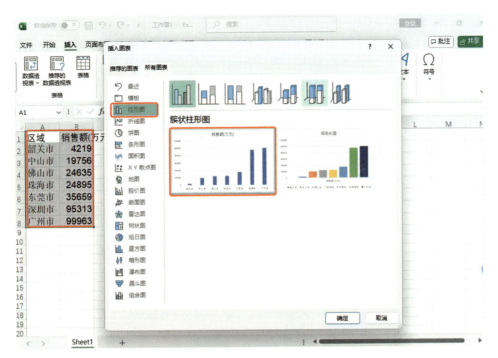

图 4-3-1　选择条形图

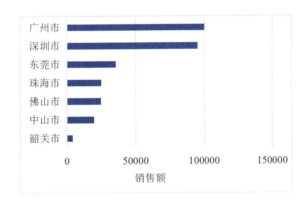

图 4-3-2　生成条形图

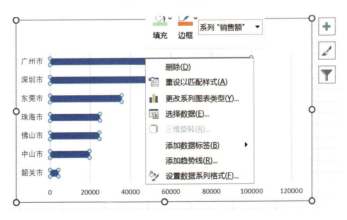

图 4-3-3　添加数据标签

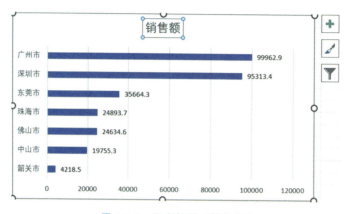

图 4-3-4　双击标题"销售额"

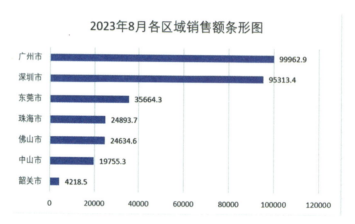

图 4-3-5　更新标题

（3）线型颜色调整。

点击蓝色条线，调整线型和颜色，如图 4-3-6 所示。

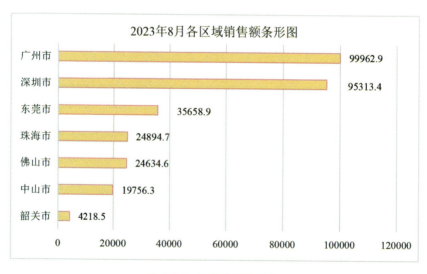

图 4-3-6　调整线型和颜色

4. 条形图解析

广州市区域的销售额最大，其次是深圳市、东莞市。珠海市、佛山市、中山市的销售额相对较少，且它们的销售额较为接近。韶关市的销售额最少。

（二）高级数据分析功能

Excel 在数据可视化方面提供了许多高级功能。这些功能不仅可以帮助用户以直观的方式展示数据，还可以让用户进行更深入的数据探索和分析。以下是 Excel 在数据可视化方面的一些高级功能。

1. 动态图表

除了静态图表，Excel 还支持动态图表，可以根据用户的选择或输入实时更新数据。这种动态性使得数据可视化更加灵活，用户可以根据需要随时调整图表的内容和形式。

2. 数据透视图表

数据透视图表是 Excel 在数据可视化方面的一个强大的工具。用户可以通过数据透视表对数据进行分组、汇总和计算，然后将结果以图表的形式展示出来，从而更好地分析数据的结构和关系。

3. Excel 的数据分析工具包

这是一组用于统计分析和数据建模的功能插件。通过数据分析工具包，我们可以进行常见的统计分析、回归分析、假设检验等操作。此外，数据分析工具包还提供了数据描述和可视化功能，比如直方图、箱线图等。使用数据分析工具包，我们可以更加全面和系统地对数据进行分析，从而为决策提供更加准确可信的依据。

4. 宏

Excel 的宏是一种自动处理数据的功能。通过录制宏或者编写 VBA 代码，我们可以将一系列常见的操作和分析步骤自动化，从而提高工作效率和准确性。宏可以帮助我们快速完成重复性的任务，比如数据清洗、格式调整等。此外，宏还可以结合其他高级数据分析技能进行综合应用，实现更加复杂和个性化的数据处理和分析。

总的来说，Excel 在数据可视化方面的高级功能非常丰富，可以满足用户在不同场景下的需求。无论是数据展示、报告制作还是数据分析，Excel 都能提供强大的支持，帮助用户更好地理解和利用数据。

任务实施

◇ 任务描述

假设：某销售部门需要评估广告费用与销售额之间的关系。为了帮助部门决策，我们收集了其1—10月份的广告费用和销售额，如表4-3-2所示。

表4-3-2 某销售部门1—10月份的广告费用和销售额

4-3-2 任务实施

月份	销售额（元）	广告费用（元）
1	10018	4815
2	10130	4916
3	10165	5068
4	10301	5172
5	10305	5346
6	10373	5432
7	10499	5496
8	10602	5545
9	10702	5655
10	10767	5776

◇ 实践准备

Excel。

◇ 实践指导

1. 选择合适工具

启动 Excel。

2. 绘制销售额和广告费用的散点图

选中 B1 到 C11 的区域，选择"插入"，选择"所有图表"，点击"散点图"，如图 4-3-7 所示，生成的结果如图 4-3-8 所示。

我们用"数据分析"库里的"回归"来做分析，如图 4-3-9 所示。

注意"Y值输入区域"和"X值输入区域"，"X"为自变量，"Y"是因变量，如图 4-3-10 所示。

输出区域为当前工作表的 A21 单元格，勾选"残差"中的所有选项，勾选"正态分布"，如图 4-3-11 所示。

得到线性回归分析结果，如图 4-3-12 所示。

学习单元四 可视化工具与技术

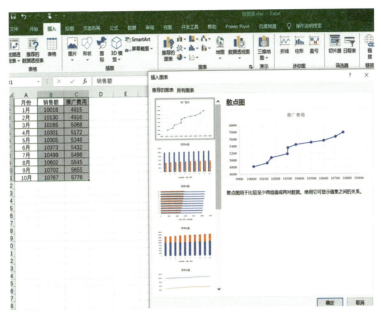

图 4-3-7 绘制销售额和广告费用的散点图

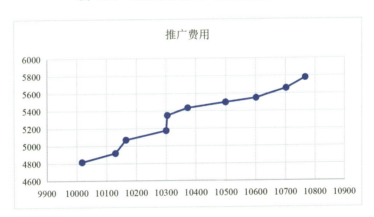

图 4-3-8 销售额和推广费用的散点图

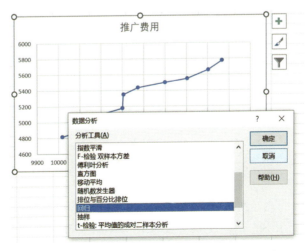

图 4-3-9 用"数据分析"库里的"回归"做分析

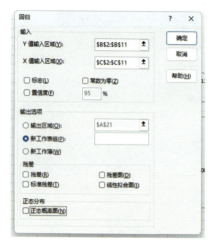

图 4-3-10 确定自变量和因变量

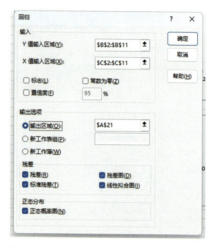

图 4-3-11 勾选“残差”中的所有选项、勾选“正态分布”

回归统计	
Multiple R	0.971763479
R Square	0.944324258
Adjusted R Square	0.93736479
标准误差	62.8836454
观测值	10

方差分析

	df	SS	MS	F	Significance F
回归分析	1	536562.8	536562.8	135.6891	2.68801E-06
残差	8	31634.82	3954.353		
总计	9	568197.6			

	Coefficients	标准误差	t Stat	P-value	Lower 95%	Upper 95%	下限 95.0%	上限 95.0%
Intercept	6318.647405	349.7548	18.06593	9.05E-08	5512.111363	7125.183	5512.111	7125.183
X Variable 1	0.764275868	0.065611	11.64857	2.69E-06	0.612976307	0.915575	0.612976	0.915575

RESIDUAL OUTPUT

观测值	预测 Y	残差	标准残差
1	9998.635708	19.36429	0.326618
2	10075.82757	54.17243	0.913728
3	10191.9975	-26.9975	-0.45537
4	10271.48219	29.51781	0.497878
5	10404.46619	-99.4662	-1.6777
6	10470.19392	-97.1939	-1.63937
7	10519.10757	-20.1076	-0.33915
8	10556.55709	45.44291	0.766487
9	10640.62744	61.37256	1.035173
10	10733.10482	33.89518	0.571711

PROBABILITY OUTPUT

百分比排位	Y
5	10018
15	10130
25	10165
35	10301
45	10305
55	10373
65	10499
75	10602
85	10702
95	10767

图 4-3-12 线性回归分析结果

3. 结果分析

(1) 回归统计表

① 回归统计表中的“Multiple R”，即相关系数 R 的值为 0.971763479，大于 0.8 表示强正相关。

② 回归统计表中的“R Square”是 R 平方值，R 平方值又称判定系数、拟合优度，取值范围是 [0，1]，R 平方值越大，表示模型拟合越好。一般 R 平方值大于 0.7 就算拟合不错，如果在 0.6 以下，就需要修正模型了。这个案例里 R 平方值为 0.944324258，表示拟合相当不错。

③ “Adjusted R Square”是调整后的 R 方，这个值是用来修正因自变量个数增加而导致模型拟合效果过高的情况，多用于衡量多重线性回归。

（2）方差分析表

①"df"是自由度，"SS"是平方和，"MS"是均方，"F"是 F 统计量，"Significance F"是回归方程总体的显著性检验，其中我们主要关注 F 检验的结果，即"Significance F"值。F 检验主要是检验因变量与自变量之间的线性关系是否显著，用线性模型来描述它们之间的关系是否恰当，"Significance F"值越小，表示线性关系越显著。这个案例里"Significance F"值很小，说明因变量与自变量之间的线性关系显著。

②残差是实际值与预测值之间的差，残差常用于回归诊断，回归模型在理想条件下的残差图是服从正态分布的。

（3）第三张表

我们重点关注"P-value"，也就是 P 值，用来检验回归方程系数的显著性，又叫 T 检验。T 检验是看 P 值在显著性水平 α（常用取值为 0.01 或 0.05）下 F 的临界值，一般以此来衡量检验结果是否具有显著性。如果 P 值大于 0.05，则结果不具有显著的统计学意义；如果 P 值大于 0.01 小于 0.05，则结果具有显著的统计学意义；如果 P 值小于 0.01，则结果具有极其显著的统计学意义。T 检验是看某一个自变量对于因变量的线性显著性，如果该自变量不显著，则可以从模型中剔除。

从第三张表的第一列我们可以得到这个回归模型的方程：$y = 6318.64 + 0.7642x$，此后对于每一个输入的自变量 x，都可以根据这个回归方程来预测因变量 y。

◇ **实施评价**

任务评价表见学习单元一之主题学习单元 1 的表 1-1-2。

（三）动态仪表盘

Excel 的动态仪表盘是一种高级数据可视化工具。它结合了 Excel 的强大数据处理能力和动态交互功能，能够实时展示和分析数据，帮助用户更深入地理解数据背后的信息和趋势。

动态仪表盘主要由多个图表、数据透视表和其他数据组件组成，这些组件可以根据用户的选择或输入实时更新数据。与传统的静态图表相比，动态仪表盘具有更强的交互性，用户可以通过点击、拖动、筛选等操作与动态仪表盘进行交互，从而更灵活地探索和分析数据。

在 Excel 中，用户可以利用各种功能和技巧来制作动态仪表盘。例如，可以使用数据透视表来整理和分析数据，通过切片器来实现数据的筛选和过滤，利用图表制作功能来直观地展示数据的变化和趋势。同时，用户还可以根据需要对动态仪表盘进行自定义设置，如调整图表类型、颜色、字体等，使其更符合个人的审美和展示需求。

Excel 的动态仪表盘在多个领域都有广泛应用。在商务智能方面，它可以展示销售数据、市场趋势等关键信息，帮助决策者做出更明智的决策。在数据分析领域，它可以展示数据的分布、关系以及异常值等,帮助分析人员发现数据中的规律和潜在问题。此外,它还可以用于报告制作、项目管理等方面,提高工作效率和质量。

总的来说,Excel的动态仪表盘是一种强大的数据可视化工具,它能够将复杂的数据转化为直观、易于理解的图表和报告,帮助用户更好地理解和利用数据。通过学习和掌握Excel的动态仪表盘的制作技巧和应用方法,用户可以在数据分析、商务智能等领域有更突出的表现。

任务实施

◇ 任务描述

假设你是一家公司的销售经理,需要跟踪每个月的销售额、销售目标和任务完成情况,你希望创建一个动态仪表盘,以便快速了解销售情况,并根据需要进行调整。

4-3-3 任务实施

◇ 实践准备

Excel。

◇ 实践指导

1. 选择合适工具

启动Excel。

2. 插入圆环图

选择表盘值数据B5:B27,插入一个圆环图,其操作过程和结果分别如图4-3-13和图4-3-14所示。

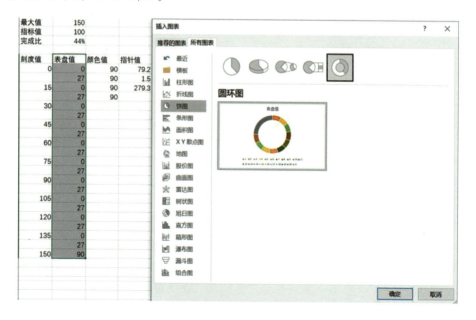

图4-3-13 选择表盘值数据,插入圆环图示例

图 4-3-14　生成一个圆环图

右键点击图表，选择数据，并点击数据，如图 4-3-15 所示。

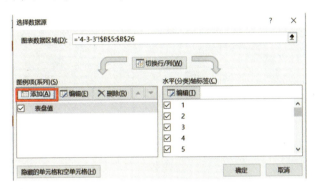

图 4-3-15　右键点击图表、选择数据

系列名称添加 C5，系列值添加 C6：C9，如图 4-3-16 所示。

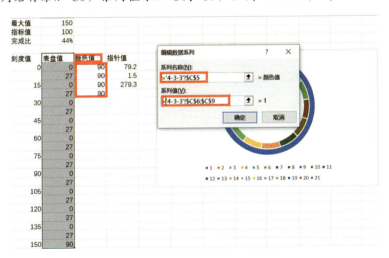

图 4-3-16　系列名称添加 C5，系列值添加 C6：C9

用同样的方法，把指针值也加进去，如图 4-3-17 所示。

双击圆环图，设置数据系列格式，将第一扇区起始角度设置为 225°，如图 4-3-18 所示。

单击圆环图，点击更改图表类型，将指针值图表类型设置为饼图，并勾选"次坐标轴"，如图 4-3-19 所示。

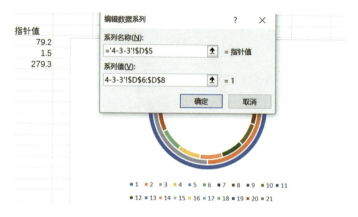

图 4-3-17　添加指针

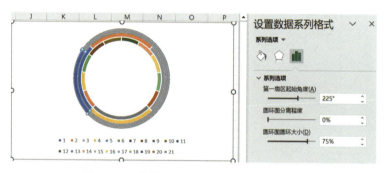

图 4-3-18　将第一扇区起始角度设置为 225°

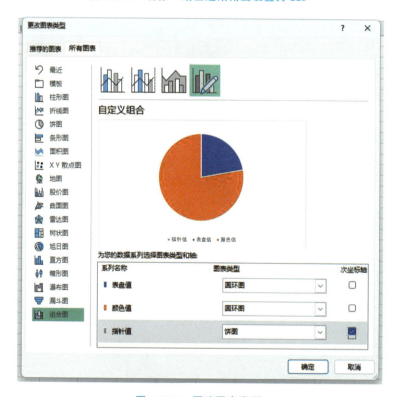

图 4-3-19　更改图表类型

双击圆环图，设置数据系列格式，将第一扇区起始角度设置为 225°，饼图分离设置为 60%，如图 4-3-20 所示。

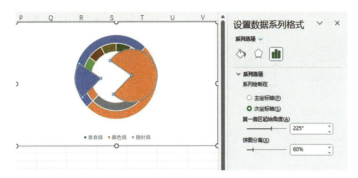

图 4-3-20　设置数据系列格式

双击选中指针值，设置形状轮廓为红色，粗细选择 2.25 磅，如图 4-3-21 所示，其余两个扇形区域设置为无填充。

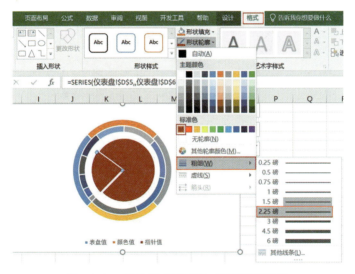

图 4-3-21　双击选中指针值，设置形状轮廓

右键点击内圆环图，点击"添加数据标签"，如图 4-3-22 所示。

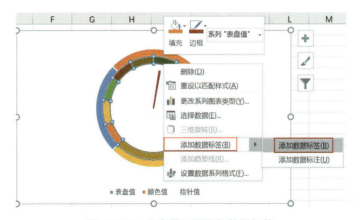

图 4-3-22　为内圆环图添加数据标签

设置数据标签格式，取消"值"的勾选，勾选"单元格中的值"，选取刻度值，让表格呈现刻度值，如图 4-3-23 所示。

图 4-3-23　选取刻度值

单击内圆环，设置填充为"无填充"，边框为"无线条"，如图 4-3-24 所示。

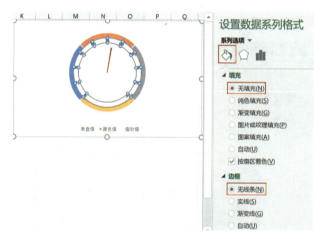

图 4-3-24　设置内圆环格式

设置填充色，第一圆环区域设置为"无填充"，第二圆环区域设置为红色，第三圆环区域设置为由红到绿的"渐变填充"（见图 4-3-25），第四圆环区域设置为绿色。

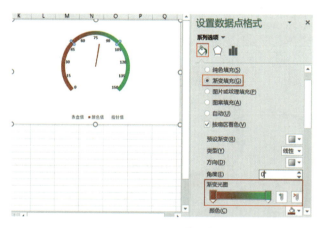

图 4-3-25　设置填充色

复制收入完成比的数值，将收入完成比粘贴为链接图片的格式，如图 4-3-26 所示。

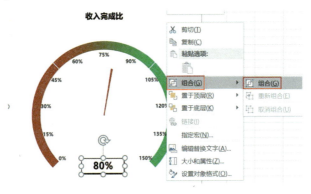

图 4-3-26　将收入完成比粘贴为链接图片的格式

将链接的图片与图表组合，并删除图例，添加图表标题。添加数据验证，生成动态仪表盘，如图 4-3-27 所示。

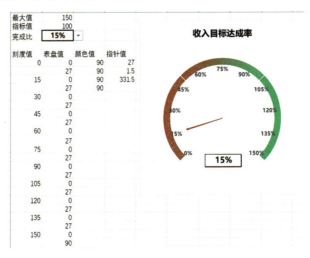

图 4-3-27　生成动态仪表盘

◇ **实施评价**

任务评价表见学习单元一之主题学习单元 1 的表 1-1-2。

二、使用 BI 工具进行数据可视化实践

（一）BI 工具选择与基础操作

1. 如何选择 BI 工具

选择 BI 工具时有以下几个关键考量因素。
（1）需求与 BI 工具功能匹配
举例：需要具有数据分析、预测、报表等功能。

使用 BI 工具进行数据可视化实践

（2）数据源兼容性与连接能力

举例：Excel 格式、CSV 格式文件可以导入 BI 系统。

（3）易用性与用户友好度

操作简单、流程顺畅、易拖拽等。

（4）BI 工具的处理速度

看数据量大时，BI 系统是否会卡顿。

（5）安全性与合规性

看工具是否提供数据加密、访问权限管理、审计追踪等安全措施，确保数据在传输、存储和使用过程中的安全性。

（6）成本考虑

看工具的成本高低。

2. BI 工具基础操作

BI 工具的基础操作步骤如下：Excel 数据准备—数据连接—数据建模—数据可视化。

（1）Excel 数据准备

创建 Excel 表格，保存为"省份 2023 年销售.xlsx"，输入各省份 2023 年销售数据，如图 4-3-28 和图 4-3-29 所示。

图 4-3-28　创建 Excel 文件

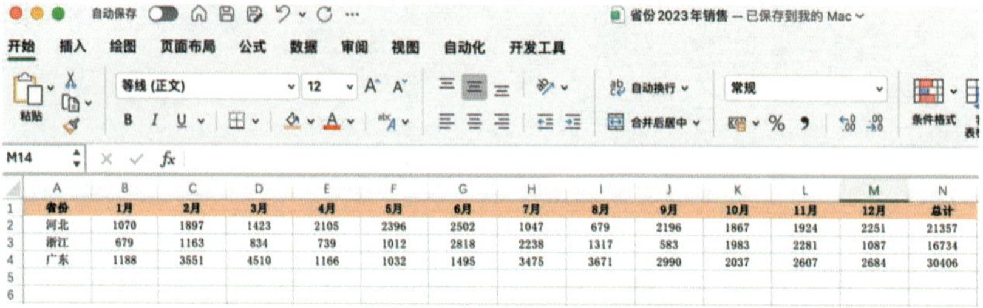

图 4-3-29　输入各省份 2023 年销售数据

（2）数据连接

打开 BI 工具主页，点击添加数据源，如图 4-3-30 所示。

图 4-3-30　打开 BI 工具主页

选择添加本地文件，如图 4-3-31 所示。

图 4-3-31　添加数据源

设置数据源名称为"省份 2023 年销售"，点击"⬆"图标添加文件，如图 4-3-32 和图 4-3-33 所示。

图 4-3-32　命名并上传数据

图 4-3-33　数据上传成功

点击"下一步"，点击"确定"，完成数据源添加，如图 4-3-34 和图 4-3-35 所示。数据源列表中出现新增加的"省份 2023 年销售"，如图 4-3-36 所示。

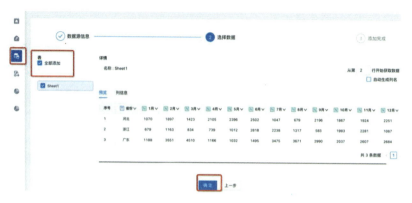

图 4-3-34　添加数据源

图 4-3-35　数据源添加成功

图 4-3-36　数据源列表中的"省份 2023 年销售"

（3）数据建模

打开 BI 工具主页，点击"数据模型"—"新建模型"，如图 4-3-37 所示。

数据模型指定数据源，选择"省份 2023 年销售"，点击"确定"，如图 4-3-38 所示。

选中 Sheet1，按着鼠标不动，向右拖入数据模型内容选择部分，如图 4-3-39 所示。

图 4-3-37　新建数据模型

图 4-3-38　指定数据源

图 4-3-39　将 Sheet1 拖入数据模型特定区域

　　选择"省份"和"总计"作为数据模型,将数据模型命名为"省份 2023 年销售数据模型",点击"保存",如图 4-3-40 所示。

　　数据源列表中出现新增加的"省份 2023 年销售数据模型",如图 4-3-41 所示。

图 4-3-40　创建并保存数据模型

图 4-3-41　数据源列表中出现新增加的"省份 2023 年销售数据模型"

（4）数据可视化

打开 BI 工具主页，点击仪表盘部分，点击"新建报表"，如图 4-3-42 所示。

图 4-3-42　点击"新建报表"

更新报表名称为"省份2023年销售报表",点击"确定",如图4-3-43所示。

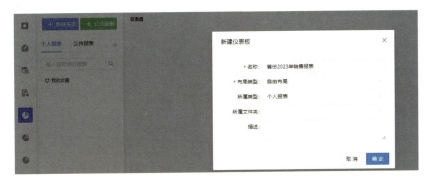

图 4-3-43　更新报表名称为"省份2023年销售报表"

选择数据模型,选择维度和度量值,如图4-3-44和图4-3-45所示。

图 4-3-44　选择数据模型

图 4-3-45　选择维度和度量值

点击组件,创建环形图,如图4-3-46和图4-3-47所示。

之后进行环形图内容配置。将"省份"拖入"维度",将"总计"拖入"指标",如图4-3-48至图4-3-50所示。

保存仪表盘,点击"保存",如图4-3-51所示。

数据源列表中出现新增加的"省份2023年销售报表",如图4-3-52所示。

图 4-3-46　创建环形图

图 4-3-47　生成环形图

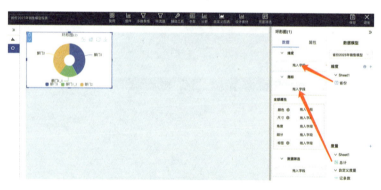

图 4-3-48　配置环形图内容（1）

图 4-3-49　配置环形图内容（2）

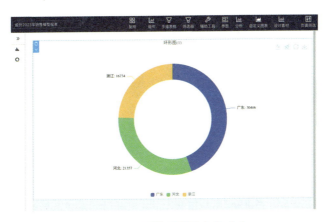

图 4-3-50　配置环形图内容（3）

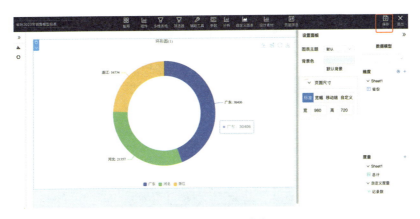

图 4-3-51　保存仪表盘

图 4-3-52　数据源列表中出现新增加的"省份 2023 年销售报表"

（二）创建交互式报告

1. 交互式报告的概念

交互式报告是一种现代数据可视化和分析工具，它允许用户直接参与数据探索和解读的过程，通过动态交互的方式对报告内容进行深度挖掘和个性化定制。

BI 提供了快速构建交互式报告的图形化界面和集成环境。

2. BI 创建交互式报告案例

重新准备数据源，根据上文所述 BI 工具的基础操作步骤进行创建。

（1）Excel 数据准备

创建 Excel 表格，保存为"省份 2023 年销售交互.xlsx"，如图 4-3-53 和图 4-3-54 所示。

创建交互式报告

图 4-3-53　将 Excel 表格保存为"省份 2023 年销售交互.xlsx"

部门	省份	月份	销售额
销售一部	河北	1 月	1070
销售一部	河北	2 月	1897
销售一部	河北	3 月	1423
销售一部	河北	4 月	2105
销售一部	河北	5 月	2396
销售一部	河北	6 月	2502
销售一部	河北	7 月	1047
销售一部	河北	8 月	679
销售一部	河北	9 月	2196
销售一部	河北	10 月	1867
销售一部	河北	11 月	1924
销售一部	河北	12 月	2251
销售一部	浙江	1 月	679
销售一部	浙江	2 月	1163
销售一部	浙江	3 月	834
销售一部	浙江	4 月	739
销售一部	浙江	5 月	1012
销售一部	广东	6 月	1265
销售一部	广东	7 月	1956
销售一部	广东	8 月	1863
销售一部	广东	9 月	1298
销售一部	广东	10 月	1745
销售一部	广东	11 月	2458
销售一部	广东	12 月	2312

图 4-3-54　创建 Excel 表格操作图

（2）数据连接

打开 BI 工具主页，点击数据源部分，点击"添加数据源"，将数据源命名为"省份 2023 年销售交互"，如图 4-3-55 所示。

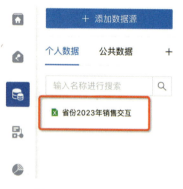

图 4-3-55　添加数据源

（3）数据建模

打开 BI 工具主页，点击数据模型部分，点击"新建模型"，数据源命名为"省份 2023 年销售交互模型"，如图 4-3-56 所示。

（4）数据可视化

打开 BI 工具主页，点击仪表盘部分，点击"新建报表"，将报表命名为"省份 2023 年销售交互报表"，选择数据模型，如图 4-3-57 所示。

图 4-3-56　添加数据模型

图 4-3-57　选择数据模型

① 分别创建柱形图、折线图、环形图，如图 4-3-58 所示。

图 4-3-58　分别创建柱形图、折线图、环形图

② 三个图形分别进行维度、度量选择，如图 4-3-59 至图 4-3-61 所示。

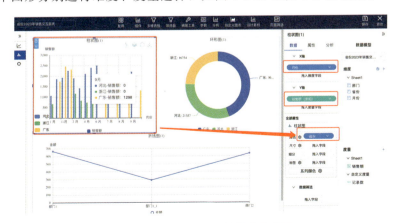

图 4-3-59　选择柱形图的维度和度量

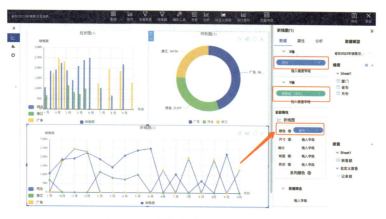

图 4-3-60　选择折线图的维度和度量

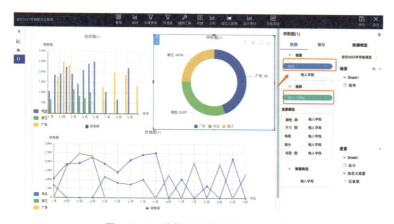

图 4-3-61　选择环形图的维度和度量

③ 更新图表名称，如图 4-3-62 所示。

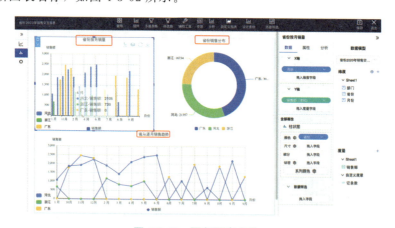

图 4-3-62　更新图表名称

④ 增加筛选器。

设置筛选器关联的报表，将报表关联下的环形图打钩。

选择列表筛选器，筛选条件为"部门"，将三张图表和筛选器关联，筛选条件变动时才能联动，如图 4-3-63 所示。

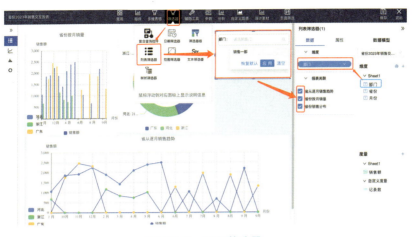

图 4-3-63 增加筛选器

（5）调整图表排版

选中图表，移动。

选中图表右下角，调整大小，如图 4-3-64 和图 4-3-65 所示。

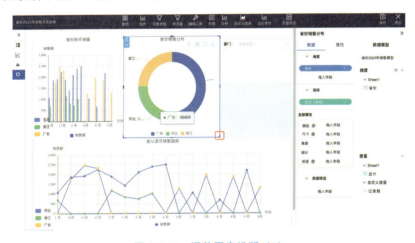

图 4-3-64 调整图表排版（1）

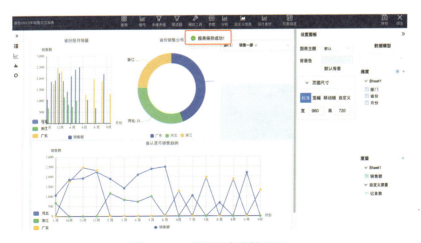

图 4-3-65 调整图表排版（2）

（6）保存报表

点击"保存"即可。

（7）创建交互式报告操作

场景：需要销售一部的销售情况报告。

联动效果演示，选择筛选器内销售一部，三张报表只显示销售一部的销售情况，如图 4-3-66 和图 4-3-67 所示。

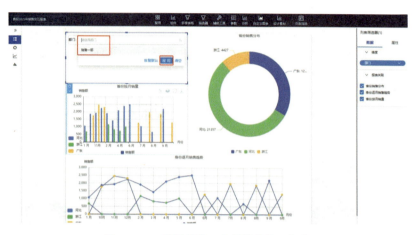

图 4-3-66　选择销售一部的销售情况报告

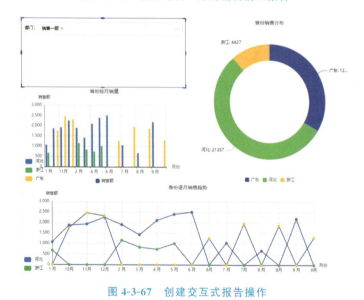

图 4-3-67　创建交互式报告操作

（三）数据共享与数据协作

1. 数据共享与数据协作的概念

数据共享是指在保证数据安全与合规的前提下，不同部门、团队或合作伙伴之间开放和交换数据资源的过程。而数据协作则是在数据共享的基础上，各参与者共同分析数据、挖掘洞察、制定策略，并采取相应行动的过程。

2. 交互式报告支持数据共享与数据协作的途径

交互式报告支持数据共享与数据协作的途径主要有以下几种：实时更新与分享；权限管理与版本控制；多人同时在线协作；自定义视图与注释；集成通信与协作工具。

3. BI 实现数据共享与数据协作案例

（1）新建桌面数据门户

打开 BI 工具主页，点击"数据门户"，新建桌面数据门户，如图 4-3-68 所示。

数据共享与
数据协作

（2）门户配置和内容配置

修改菜单名称，如图 4-3-69 所示。

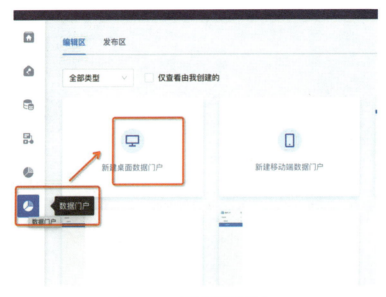

图 4-3-68　新建桌面数据门户

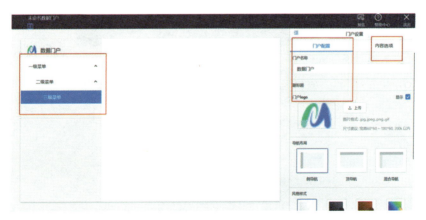

图 4-3-69　修改菜单名称

配置门户内容进行共享协作，如图 4-3-70 所示。

点击引用，选择"省份 2023 年销售交互报表"，点击"确定"，如图 4-3-71 所示。

图 4-3-70　配置门户内容

图 4-3-71　选择交互报表

(3) 更改门户名称

双击"数据门户",更改门户名称进行保存,如图 4-3-72 和图 4-3-73 所示。

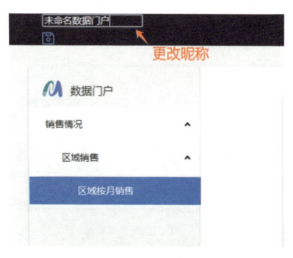

图 4-3-72　更改门户名称

图 4-3-73　门户保存

（4）本部门共享协作路径

打开 BI 工具主页，找到门户编辑区，有权限的协作者，可编辑新建的"区域销售数据门户"，如图 4-3-74 所示。

图 4-3-74　编辑新建的"区域销售数据门户"

（5）多部门共享

打开 BI 工具主页，找到门户编辑区，发布"区域销售数据门户"，有权限的人可通过门户地址查看门户内容，如图 4-3-75 和图 4-3-76 所示。

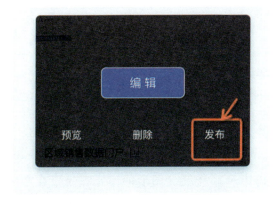

图 4-3-75　发布"区域销售数据门户"

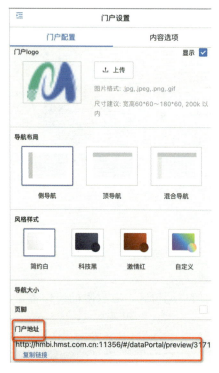

图 4-3-76　查看门户内容

三、使用 Python 进行数据可视化实践

（一）Python 可视化库概述

Python 拥有众多强大的可视化库进行数据可视化。它们各有特点，可满足不同场景的数据可视化需求。

以下介绍几种主要的 Python 可视化库及其适用场景。

1. Matplotlib

Matplotlib 提供了丰富的图表类型（如折线图、散点图、直方图、饼图、箱线图、误差图等）和高度的定制化能力。

Matplotlib 的适用场景为：基础的、学术性的、需要深度定制的图表，以及报告和出版物中的高质量静态图像。

2. Seaborn

Seaborn 是一个用 Python 制作统计图形的库。它建立在 Matplotlib 基础上，并与 Pandas 数据结构紧密集成。Seaborn 专注于统计图形，内置多种复杂图形（如热力图、联合分布图、时间序列分解图等）和高级统计功能（如条件小提琴图、多元回归图等）。

Seaborn 的适用场景为：复杂的统计分析、数据探索、需要美观且信息量丰富的统计图表。

3. Plotly

Plotly 专注于交互式可视化，生成的图表可在 web 浏览器中进行动态交互（如缩放、平移、悬停显示数据点等）。其支持多种独特的图表类型，如等高线图、树状图、三维图表、地图、仪表盘等，特别适合复杂的网络数据和空间数据可视化。

Plotly 的适用场景为：交互式报告、web 应用程序、复杂数据集的动态探索、在线分享与协作。

4. Bokeh

Bokeh 专注于交互式可视化，提供了丰富的交互特性（如滑块、按钮、选择器等）和实时更新能力。其非常适合构建复杂的可视化仪表盘和数据应用程序。

Bokeh 的适用场景为：大数据量的实时交互式可视化、构建定制化 web 仪表盘和数据应用。

（二）实现数据清洗与预处理

1. 数据清洗与预处理步骤

（1）导入所需库

安装并导入 Pandas、NumPy 以及可能需要的其他相关库。

（2）加载 Excel 数据

使用 Pandas 的 read_excel() 函数根据数据源类型加载数据。

（3）查看数据概览

通过 .head()、.tail()、.describe() 等方法快速了解数据的基本情况，包括前几行、后几行、统计摘要等。

（4）数据清洗

处理缺失值、处理重复值、数据类型转换、异常值检测与处理等。

（5）数据预处理

根据需求进行数据预处理，如所有的数值都设置成万元单位、计算比例等。

（6）保存清洗和预处理后的数据

数据清洗和预处理之后，需要进行数据管理和储存，以便于后续的分析和使用。

2. 数据清洗与预处理实操

（1）准备 Excel 文件

创建 Excel 表格，保存为"sale.xlsx"，数据概览如图 4-3-77 所示。

（2）创建 Python 文件

将文件命名为 sale.py。Python 脚本以及注意事项如图 4-3-78 所示。

	A	B	C	D
1	dept	province	mmonth	amount
2	销售一部	河北	1月	1070
3	销售一部	河北	2月	1897
4	销售一部	河北	3月	1423
5				
6	销售一部	河北	4月	2105
7	销售一部	河北	5月	2396
8				
9	销售一部	河北	6月	2502
10	销售一部	河北	7月	1047
11	销售一部	河北	8月	679
12	销售一部	河北	9月	2196
13	销售一部	河北	10月	1867
14	销售一部	河北	11月	1924
15	销售一部	河北	12月	2251
16	销售一部	浙江	1月	679

图 4-3-77 数据概览

```
#步骤1.导入所需库，库需要先安装
import pandas as pd
import xlrd

#步骤2.加载excel数据，路径+excel文件名
df = pd.read_excel('/Users/uniondrug/Downloads/sale.xlsx') #加载数据

#步骤3.查看数据概览
print(df.head())  # 显示前5行数据

#步骤4.数据清洗
df.dropna() #删除含有缺失值的行，部分行为空

#步骤5.数据预处理
#暂无预处理

#步骤6.保存清洗和预处理后的数据 清洗和预处理后的数据生成新的excel
df.to_excel('/Users/uniondrug/Downloads/cleaned_data_sale.xlsx', index=False)
```

图 4-3-78 Python 脚本以及注意事项

（3）运行 Python 文件

打开终端，进入 Python 文件所在目录，如图 4-3-79 所示。

```
Last login: Wed Apr 10 09:37:21 on ttys000
uniondrug@uniondrugdeMacBook-Pro ~ % cd /Users/uniondrug/Downloads/sale.py
cd: not a directory: /Users/uniondrug/Downloads/sale.py
uniondrug@uniondrugdeMacBook-Pro ~ % cd /Users/uniondrug/Downloads
```

图 4-3-79 进入 Python 文件所在目录

运行 Python 文件，如图 4-3-80 所示。

```
下载 — -zsh — 80×24
Last login: Wed Apr 10 09:37:21 on ttys000
uniondrug@uniondrugdeMacBook-Pro ~ % cd /Users/uniondrug/Downloads/sale.p
cd: not a directory: /Users/uniondrug/Downloads/sale.py
uniondrug@uniondrugdeMacBook-Pro ~ % cd /Users/uniondrug/Downloads
uniondrug@uniondrugdeMacBook-Pro Downloads % python3 sale.py
```

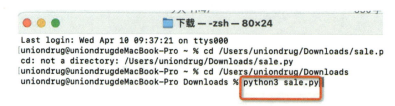

图 4-3-80 运行 Python 文件

（4）Python 脚本运行结果

运行结果 1 如图 4-3-81 和图 4-3-82 所示。可以看到有空行数据，数据清洗的时候需要清洗空行。

图 4-3-81　运行结果 1（1）　　　　　　图 4-3-82　运行结果 1（2）

运行结果 2 如图 4-3-83 和图 4-3-84 所示。生成清洗后的新文件。

图 4-3-83　保存清洗和预处理后的数据的 Python 代码

图 4-3-84　运行结果 2

（三）构建复杂的可视化图表

1. Python 构建可视化概览

Python 提供了丰富的库帮助用户构建复杂的可视化图表，其中最常用的有 Matplotlib、Seaborn、Plotly、Bokeh 等。

2. Python 构建可视化的常用步骤

Python 构建可视化的常用步骤：选择合适的库—数据准备—确定图表类型—绘制复杂图表—运行 Python 文件—Python 脚本运行结果。

3. Python 构建可视化案例

（1）选择合适的库

选择 Matplotlib 可视化库构建图形。

（2）数据准备

创建表格，命名为"chart＿sale＿data.xlsx"，创建数据源，如图 4-3-85 所示。

（3）确定图表类型

使用柱形图。

（4）绘制复杂图表

创建 Python 文件，文件命名为"chart＿sale＿data.py"。Python 脚本及注意事项如图 4-3-86 所示。

数字技术与数据可视化

A	B
月份	销售额
1月	1070
2月	1897
3月	1423
4月	2105
5月	2396
6月	2502
7月	1047
8月	679
9月	2196
10月	1867
11月	1924
12月	2251

```python
#导入所需库，库需要先安装
import pandas as pd
import xlrd
import matplotlib.pyplot as plt

# 1. 读取Excel文件数据
# 替换这里的路径和文件名为您实际的Excel文件位置
df = pd.read_excel('/Users/uniondrug/Downloads/chart_sale_data.xlsx') #加载数据

# 读取Excel文件中的第一列，第二列，绘制第一列数据的柱状图
categories = df['月份'].values #第一列
values = df['销售额'].values #第二列

# 2. 绘制柱状图
plt.figure(figsize=(10, 6))  # 设置图形大小
plt.bar(categories, values, color='blue', alpha=0.8)  # 创建柱状图

# 3. 设置图形属性
plt.xlabel('month') #x轴
plt.ylabel('amount') #y轴
plt.title('Excel chart')
plt.xticks(rotation=45)  # 如果类别的标签很长，可以旋转以更好地展示

# 4. 显示图形
plt.show()

# 5. 关闭图形
plt.close()

#6.保存图形
# 替换这里的路径和文件名为您要保存的图片文件位置
plt.savefig('/Users/uniondrug/Downloads/chart_data.png')
```

图 4-3-85 创建数据源　　　　图 4-3-86 Python 脚本及注意事项

（5）运行 Python 文件

打开终端，进入 Python 文件所在目录，如图 4-3-87 所示。

```
Last login: Wed Apr 10 09:37:21 on ttys000
[uniondrug@uniondrugdeMacBook-Pro ~ % cd /Users/uniondrug/Downloads/sale.py
cd: not a directory: /Users/uniondrug/Downloads/sale.py
uniondrug@uniondrugdeMacBook-Pro ~ % cd /Users/uniondrug/Downloads
```

图 4-3-87 进入 Python 文件所在目录

运行 Python 文件，如图 4-3-88 所示。

```
uniondrug@uniondrugdeMacBook-Pro Downloads % Python3 chart_sale_data.py
```

图 4-3-88 运行 Python 文件

（6）Python 脚本运行结果

运行结果 1 的显示结果如图 4-3-89 和图 4-3-90 所示。

```
# 4. 显示图形
plt.show()
```

图 4-3-89 数据的 Python 代码

运行结果 2 的显示结果如图 4-3-91 所示。

学习单元四　可视化工具与技术　185

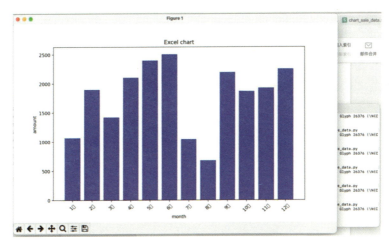

图 4-3-90　运行结果 1 显示图

```
0  #6.保存图形
1  # 替换这里的路径和文件名为您要保存的图片文件位置
2  plt.savefig('/Users/uniondrug/Downloads/chart_data.png')
3
```

图 4-3-91　运行结果 2 显示图

单元自主学习任务

请同学们扫描二维码完成本单元自主学习任务。

学习单元四自主学习任务

学习单元五　数据采集与处理

学习目标

◇ 素养目标
- 能够从多个角度分析和解决问题，培养解决实际问题的能力。
- 培养实事求是、客观公正的工作作风。
- 养成尊重数据、务实严谨的科学态度。
- 具备数据安全和隐私保护的责任感和意识，能够自觉遵守相关法律法规和行业标准。

◇ 知识目标
- 了解数据采集的原则与流程。
- 熟悉数据采集方法。
- 理解爬虫的结构和原理。
- 理解 3σ 原则和箱线图检测的原理。

◇ 技能目标
- 能叙述爬虫的原理，具备通过 requests 库请求并获得网页数据的能力。
- 能够使用 CSS、XPath、正则表达式来定位页面元素。
- 能够熟练地使用 3σ 原则和箱线图来检测异常值。
- 能够熟练地掌握对缺失值和异常值进行处理的方法。

学习单元五　数据采集与处理　187

思维导图

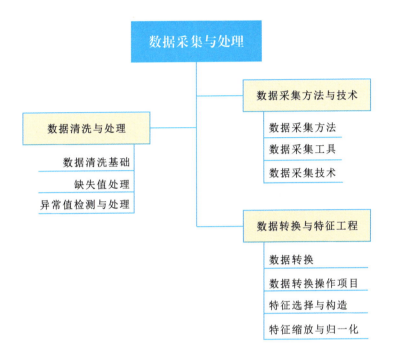

案例导入

数据采集与处理助力智能家具企业提高决策的质量和效率[①]

某企业是一家专注于智能家居产品研发和生产的高科技企业,其目标市场覆盖国内外中高端消费群体。该企业希望通过分析市场趋势和消费者需求,优化产品线,提高市场占有率。该企业在相关数据分析过程中,从以下三个方面入手。

一是数据采集与清洗。该企业通过公开渠道获取政府发布的产业政策、市场调研报告、消费者行为数据等,同时收集来自电商平台、社交媒体等的数据,以便更全面地了解市场情况。然后进行数据清洗,先去除重复项,删除数据集中的重复记录,避免重复分析;再针对数据的不完整等问题,处理缺失值,对于缺失的数据,通过填充或删除缺失值的方式处理;之后进行数据格式标准化处理,统一数据格式,如日期、货币单位等,以使数据便于分析。

二是分析与应用。企业使用清洗后的数据,通过数据挖掘和机器学习算法

---

① 来源:互联网企业案例。

分析消费者行为和市场趋势。例如，通过聚类分析识别不同消费群体，通过时间序列分析预测未来市场趋势。基于分析结果，企业调整产品策略，优化产品线，满足不同消费群体的需求。

三是案例成果。通过数据清洗和分析，企业成功优化了产品线，提高了市场占有率。数据清洗提高了数据准确性，使企业能够更准确地把握市场动态，为做出决策提供有力支持。

◇ 思考

请分析数据采集与清洗在企业商务决策中的应用，并思考如何通过精准的数据分析增强企业的市场竞争力。

主题学习单元 1　数据采集方法与技术

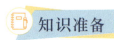

数据采集是指通过各种手段收集、整理与存储数据的过程。数据采集对数据可视化至关重要，它直接影响着数据可视化结果的质量、可信度和实用性。因此，在进行数据可视化项目时，要充分重视数据采集环节，确保采集数据的质量和多样性，确保可视化数据成果有效。这里介绍一些常见的数据采集方法与技术。

一、数据采集方法

（一）主动采集和被动采集

数据采集方法根据数据来源、类型和需求的不同而有一定的差异。根据数据采集的不同行为方式，可以将数据采集方法分为主动数据采集和被动数据采集。

动画：数据采集方法

微课：数据采集方法

1. 主动数据采集

主动数据采集是指通过明确的目的和计划获取需要的数据。在主动数据采集中，数据采集者会针对特定的数据源或资源采取一系列行动，如使用网络爬虫、发放调查问卷、进行实验观察等。主动数据采集通常需要预先确定采集的范围、目标和方法，以确保获取符合需求的数据。例如，在电子商务领域，企业可以通过设计用户调查问卷来主动收集用户对产品和服务的反馈意见和需求。企业可以根据这些问卷更好地了解客户群体的喜好和行为习惯，从而优化产品设计和市场营销策略。此外，主动数据采集还包括监控用户行为，如通过网站分析工具追踪用户在网站上的浏览和购买行为，以便进行数据分析和个性化推荐。

2. 被动数据采集

被动数据采集是指在没有明确计划或预期的情况下，通过监控和收集数据源的变化或活动来获取数据。被动数据采集不需要特定的采集行动，而是依赖于数据源自身的变化或由特定事件触发数据的生成和采集。例如，电子商务平台可以利用 cookie 技术跟踪用户在网站上的活动轨迹和偏好，从而为用户提供个性化的推荐和广告。此外，通过用户的搜索历史和购买记录，电子商务企业也可以对用户进行画像分析，预测用户的购买意向和行为模式，为营销决策提供数据支持。

在商业数据采集方法中，主动数据采集和被动数据采集相辅相成，共同构建完整的数据分析体系。主动数据采集和被动数据采集的异同点及适用场景如表 5-1-1 所示。

表 5-1-1　主动数据采集和被动数据采集的异同点及适用场景

方法	相同点	不同点	适用场景
主动数据采集	・都是为了获取数据 ・都可以从互联网、媒体等渠道获取信息	・意愿不同：主动数据采集为主体的意愿驱动，而被动数据采集则是被动接收 ・资源投入：主动数据采集通常需要投入更多的努力和资源，被动数据采集成本较低 ・控制能力：主动数据采集可以更灵活地控制采集的内容和范围，而被动数据采集较难对采集的内容和范围进行控制	主动数据采集适用于需要深入、全面了解问题的情况，如调查问卷、实地调研、文献研究等
被动数据采集			被动数据采集适用于信息需求较为广泛、关注多个领域或问题的情况，如新闻报道、娱乐资讯、社交网络等

通过主动数据采集，企业可以主动了解用户需求，引导用户行为，提升用户体验；通过被动数据采集，企业可以更全面地了解用户行为和偏好，为产品推广和市场营销提供数据支持。综合利用主动数据采集和被动数据采集，电子商务企业可以更精准地把握市场动态，优化运营策略，提升竞争力。

总的来说，数据采集在电子商务专业的数据分析中扮演着关键性角色，主动数据采集和被动数据采集各有优势，需要根据具体情况运用。随着数据分析技术的不断发展和完善，数据采集方法也将不断创新和演进，可以为电子商务企业提供更强大的数据支持和决策依据。

（二）在线数据采集和离线数据采集

根据数据获取的不同时间和方式，可以将数据采集方法分为在线数据采集和离线数据采集两种，以满足不同的数据分析和应用场景的需要。

1. 在线数据采集

在线数据采集是指数据的采集和传输是实时进行的过程。在商业数据分析中，在线数据采集通常用于需要及时反馈和实时监控的场景。例如，在电子商务领域，企业可以通过在线数据采集技术实时监测网站访问量、用户行为和销售情况，以便及时调整营销策略和产品推广方案。此外，在线数据采集还可以应用于金融交易监控、网络安全防护等领域，帮助企业及时发现问题并采取相应措施。在线数据采集主要针对的是实时性需求。

2. 离线数据采集

与在线数据采集不同，离线数据采集是指数据的采集和传输在一定时间后延迟进行。在商业数据分析中，离线数据采集主要用于大规模数据处理和分析场景，如对历史数据的批量处理和分析。离线数据采集通常适用于需要对数据进行深度挖掘和分析的情况，如通过对大量销售数据的离线分析来发现潜在的市场趋势和客户需求。离线数据采集主要针对的是历史性需求。

在线数据采集和离线数据采集的异同如表 5-1-2 所示。

表 5-1-2 在线数据采集与离线数据采集的异同

特点	在线数据采集	离线数据采集
实时性	数据即时获取，能够实时监控和反馈数据变化	数据获取需要一定的时间延迟，不能实时监控数据变化
数据源	从网络、实时数据库等在线数据源中获取	从文件、历史数据库等离线存储介质中获取
成本	需要持续的网络连接和资源支持，成本较高	不需要持续的网络连接，成本相对较低
稳定性	受网络状况、数据源稳定性等影响，稳定性较低	不受网络影响，稳定性较高
数据处理	获取数据后立即处理，处理过程可以实时进行	数据获取完毕后进行批量处理，处理过程相对较慢
适用场景	实时监控、在线交易、实时报警等场景	批量数据分析、历史数据回溯、离线报表生成等场景

在实际商业数据分析应用中，通常会综合运用在线数据采集和离线数据采集两种方法。在线数据采集和离线数据采集相辅相成，共同构成完整的数据采集与分析体系。通过在线数据采集和离线数据采集的结合应用，企业能够实现从实时监控到历史分析的全方位数据支持，为决策提供更加可靠的数据基础。

（三）其他分类

除了上述分类标准，还可以根据数据采集过程中是否使用了自动化技术和设备，将数据采集方法划分为自动化数据采集和人力手动数据采集；也可根据数据的类型和特征，将数据采集方法划分为定性数据采集和定量数据采集。

二、数据采集工具

数据采集工具和技术在当今信息时代有着至关重要的地位，其为企业和组织提供了获取、处理和管理数据的关键能力。随着数据规模的扩大、数据复杂度的增加，数据采集工具和技术也在不断演进和完善，以应对日益增多的数据挑战。在实际应用中，企业通常会根据具体需求选择合适的数据采集工具和技术。在这里，我们将深入介绍一些数据采集工具的相关内容，以帮助读者全面了解这一领域的最新发展和应用。

动画：数据采集工具

1. Octoparse

Octoparse 是一款强大的可视化网页数据采集工具，无须编写代码，可轻松抓取网页数据。用户可以通过简单的操作配置爬虫，选择需要采集的数据，Octoparse 会自动抓取并导出数据，支持导出为 Excel、CSV 等格式。Octoparse 适用于各种场景的数据采集和处理需求，包括市场调研、竞争情报、数据分析等领域。Octoparse 具有以下特点和功能。

（1）可视化操作界面

Octoparse 提供直观的可视化操作界面，用户无须编写代码，仅通过简单的拖拽操作，就可轻松地设置抓取规则和流程。

（2）强大的抓取能力

Octoparse 支持从各种类型的网页上抓取数据，包括动态网页、JavaScript 渲染的页面等。它可以提取文本、图片、链接、表格等不同类型的数据，并支持多种数据格式的输出，如 Excel、CSV、JSON 等。

（3）智能抓取功能

Octoparse 具有智能识别和定位数据的功能，可以自动识别网页上的数据结构，并提供智能推荐抓取规则的功能，减少用户设置抓取规则的工作量。

（4）定时任务和自动化操作

用户可以设置定时任务，让 Octoparse 定期自动执行数据抓取任务，并将结果导出到指定位置。Octoparse 还支持与其他工具和平台的集成，可以通过 API 或 Webhook 实现自动化数据交换和处理。

（5）数据处理和清洗功能

Octoparse 提供一些简单的数据处理和清洗功能，如去重、过滤、格式转换等，帮助用户快速地处理和整理抓取的数据。

（6）云端服务和本地部署

Octoparse 提供云端服务和本地部署两种部署方式，用户可以根据自己的需求选择合适的部署方式。

2. Import.io

Import.io 是一款基于云端的数据抓取工具，具有强大的网页数据采集功能。用户可以通过在网页上进行简单的操作来定义数据抓取规则，Import.io 会自动抓取并转换网页数据，支持导出为 CSV、JSON 等格式。

3. WebHarvy

WebHarvy 是一款简单易用的网页数据采集工具，可以帮助用户快速抓取网页上的数据。用户可以通过简单的点选操作来定义数据抓取规则，WebHarvy 会自动抓取并导出数据，支持导出为 Excel、CSV 等格式。

4. Scrapy

Scrapy 是一款基于 Python 的开源网络爬虫框架，具有灵活且强大的网页数据采集功能。用户可以通过编写 Python 代码来定义爬虫。Scrapy 提供了丰富的功能和扩展性，支持异步处理、分布式爬取等。

5. BeautifulSoup

BeautifulSoup 是一款 Python 库，用于解析 HTML 和 XML 文档，并提供了简单且灵活的数据抽取功能。用户可以使用 BeautifulSoup 来解析网页内容，并提取所需数据，支持以 CSS 选择器和 XPath 等方式定位元素。

6. Apache Nutch

Apache Nutch 是一款基于 Java 的开源网络爬虫框架，支持大规模的网页数据采集和处理。用户可以通过配置和扩展来定义爬虫行为。Apache Nutch 具有分布式爬取、多种数据存储和处理插件等功能。

三、数据采集技术

（一）API 利用

在当今信息时代，数据获取和利用已成为许多行业和领域的关键环节。API（应用程序编程接口）作为一种重要的数据获取工具，广泛应用于软件开发、数据分析、人工智能等领域。

API 利用是一种重要的数据获取技术，其通过调用开放的 API 接口，快速、高效地获取数据。这种方法在大数据环境下变得越来越重要，因为数据开放共享对于数据分析和应用具有关键作用。通过 API 接口，人们可以从网站、应用程序或服务中获取结构化数据，并将其用于数据分析、数据挖掘和数据可视化等。

1. API 基本概念

API 是一种允许不同软件之间相互通信的接口。许多网站和服务提供商都会提供 API 接口。通过 API 接口，我们可以获取对应的数据。API 接口一般需要注册和申请认证，并且人们需要了解对应 API 接口的使用文档和参数。API 通常由请求（request）和响应（response）两部分组成：请求是指客户端向服务器发送的数据；响应是指服务器返回给客户端的数据。

2. API 应用场景

API 在数据分析中的应用非常广泛，它允许数据分析师和开发人员轻松地访问、检索和操作数据。以下是一些 API 在数据分析中的常见应用场景。

（1）数据采集

可以使用 API 从其他应用程序或服务中获取数据，用于数据分析、数据可视化等。例如：使用 API 从社交媒体平台（如 Twitter、Meta、Instagram）获取公共数据，用于情感分析或趋势预测；使用 API 从金融服务提供商处获取股票价格、交易数据和市场分析信息；访问气象服务 API 获取天气数据，为农业、交通等行业提供决策支持。

（2）数据集成

可以使用 API 将不同来源的数据整合在一起，进行统一管理和分析。例如，使用 API 将企业内部系统的数据与外部数据源（如市场研究报告、人口统计数据）结合。

（3）自动化任务

可以使用 API 自动化处理一些重复性任务，如数据更新、数据同步等。通过 API 自动化数据检索和报告生成过程，提高效率。也可以将数据分析结果通过 API 集成到其他业务流程中，如自动化决策支持系统。

（4）实时分析

可以利用 API 获取实时数据流，进行实时监控和分析，如网站流量分析、服务器性能监控等，实时跟踪社交媒体上的话题和事件，快速响应市场变化。

（5）商业智能（BI）

将 API 集成到商业智能工具中，提供实时数据反馈和交互式报告。利用 API 定制和自动设计 BI 仪表盘，实现数据的可视化。

（6）机器学习和人工智能

使用 API 获取训练数据集，用于机器学习模型的训练和验证。利用 API 提供的算法和服务（如图像识别、自然语言处理）来分析复杂的数据类型。

3. API 应用服务

在商务数据分析领域，API 利用是非常关键的一环。API 可以让人们访问第三方服务或平台的数据，而无须直接与这些服务的底层系统进行交互。

一些常见的 API 服务应用分类包括 API 通信协议（RESTful API、SOAP、GraphQL）、数据获取方法（Web Scraping）、安全认证协议（OAuth）、API 管理工具（API 管理平台）、特定领域 API（社交网络 API、电子商务 API、金融 API）等。

用户在利用这些 API 时，应确保遵守相关法律法规和数据使用政策，尊重数据所有者的权利和隐私，确保数据获取和使用的合法合规。

4. API 数据获取步骤

（1）GET 方法简介

GET 方法是 HTTP 协议中定义的一种请求方法，用于从服务器中获取数据。当使用 GET 方法时，客户端（通常是用户的 web 浏览器或脚本）向服务器发送一个请求，服务器基于该请求返回资源或数据。以下是 GET 方法的一些关键特点。

① 请求参数。GET 请求通常会将请求参数附加在 URL 之后，以查询字符串的形式出现。例如，"http://example.com/page?name=John&age=30"，这里的"name"和"age"是参数名，"John"和"30"是相应的参数值。

② 数据长度限制。由于 URL 有长度限制，所以 GET 请求携带的数据量有限。通常，URL 的长度限制在 2048 个字符左右，但这个长度可能会因浏览器或服务器而异。

③ 安全性。由于 GET 请求的参数会暴露在 URL 中，因此它不适合于传输敏感数据，如密码或信用卡信息。敏感数据应使用 POST 请求传输。

④ 数据类型。GET 请求通常用于请求静态资源，如网页、图片、样式表和脚本。它也可以用于请求服务器生成的数据，如数据库查询结果。GET 请求通常用于信息的检索，而不是数据的修改。例如，搜索查询、读取数据、下载文件等操作适合使用 GET 请求。

（2）POST 方法简介

POST 方法是 HTTP 协议中定义的另一种请求方法，主要用于向服务器提交数据。与 GET 方法不同，POST 方法通常用来发送包含请求体的数据，如表单数据、上传的文件等。以下是 POST 方法的一些关键特点。

① 数据提交。POST 请求通常用于提交数据给服务器，比如用户提交表单、上传文件等操作。

② 请求体。POST 请求的数据通常包含在请求体（HTTP message body）中，而不是附加在 URL 之后。这意味着它可以提交更多的数据，并且不受 URL 长度限制。

③ 安全性。由于 POST 请求的数据不会出现在 URL 中，因此它比 GET 请求更适合传输敏感数据，如密码、信用卡信息等。

④ 数据类型。POST 请求可以提交多种类型的数据，包括文本、二进制数据、JSON、XML 等。它通常用于创建或更新服务器上的资源。POST 请求通常用于数据的创建、更新、删除等操作，适用于任何需要向服务器发送数据的场景。

总之，GET 方法与 POST 方法的主要区别在于：GET 通过地址栏传输，POST 通过报文传输；GET 方法参数有长度限制（受限于 URL 长度），而 POST 无限制。

（3）使用 API 获取数据的步骤

使用 API 获取数据通常涉及以下几个步骤。

① 发现 API。确定目标数据源是否提供 API。查阅 API 文档，了解 API 的功能、端点、请求方法和参数。

② 注册和获取 API 密钥。注册账号并获取 API 密钥，以进行身份验证和访问控制。

③ 编写请求。使用 HTTP 方法（如 GET 方法或 POST 方法）构建 API 请求。设置请求参数，包括 API 密钥和其他必要的参数。

④ 发送请求。通过编程语言的网络库发送 API 请求。处理可能出现的错误，如超时、连接问题等。

⑤ 解析响应。接收 API 响应，通常是 JSON 或 XML 格式。解析响应数据，提取所需信息。

⑥ 存储和使用数据。将提取的数据存储到数据库、文件或数据湖。使用数据分析工具或编程语言进一步处理和分析数据。

（二）网络爬虫技术

网络爬虫是一种通过程序自动抓取互联网信息的技术。通过网络爬虫技术，人们可以从互联网获取各种数据，如新闻、商品信息、用户评论等。网络爬虫技术的使用需要具备一定的编程能力和网络知识。

1. 网络爬虫概述

网络爬虫（web crawler）（以下简称爬虫）也称网络蜘蛛（web spider），是一种自动获取网页内容的程序或脚本。它按照一定的规则自动访问网页，收集网页信息，并将这些信息存储起来，以供搜索引擎建立索引库或进行数据分析等。爬虫是搜索引擎提供搜索服务的核心组件之一。

爬虫通常包括几个关键组件，这些组件协同工作以实现自动化抓取和网页内容解析。以下介绍爬虫的基本结构及其组件。

（1）调度器

调度器是爬虫的控制中心，负责管理任务和分配任务给工作单元。它维持一个待抓取 URL 的队列，决定哪些 URL 应该被优先抓取。调度器还负责 URL 去重，确保每个 URL 只被抓取一次。

（2）URL 管理器

URL 管理器负责存储待抓取和已抓取的 URL 信息。它通常包含两个队列：一个用于存储待抓取的 URL，另一个用于存储已抓取的 URL。URL 管理器还具备 URL 去重和优先级排序的功能。

（3）网页下载器

网页下载器负责从互联网上下载网页内容。它需要处理 HTTP 请求，处理 cookies、session、认证等 HTTP 相关事宜，还需要处理网络异常和重定向等问题。

（4）网页解析器

网页解析器用于解析网页下载器返回的网页内容，从中提取有用信息，如文本、链接、媒体文件等。网页解析器可能会使用 HTML 解析库（如 BeautifulSoup、lxml 等）来处理 HTML 和 XML 文档。对于 JavaScript 渲染的页面，可能需要使用浏览器模拟器（如 Selenium）来执行 JavaScript 代码，以获取动态加载的内容。

（5）数据存储器

数据存储器负责存储网页解析器提取的数据。存储方式可以是数据库（如 MySQL、MongoDB 等），也可以是文件系统或任何其他形式的数据存储系统。

（6）URL 追踪器

URL 追踪器可以记录爬虫抓取过的 URL，避免重复抓取。它通常与 URL 管理器紧密集成，确保爬虫不会重复抓取页面。

(7) 用户界面

用户界面是可选组件。它允许用户监控爬虫的运行状态、配置爬虫参数、查看抓取结果等。它提供了一个交互式的平台，使非技术用户也能操作和使用爬虫。

(8) 日志和监控系统

日志和监控系统也是可选组件，它记录爬虫的运行日志，监控爬虫的性能和异常情况。它可以帮助开发者及时发现和解决问题，确保爬虫的稳定运行。

这些组件可以根据具体的爬虫项目和需求进行定制和扩展。例如，一个简单的爬虫系统可能只需要一个下载器和解析器，而一个复杂的爬虫系统则可能包含上述所有组件，还需要具有分布式计算、数据清洗、自然语言处理等高级功能。爬虫一些组件的工作流程如图 5-1-1 所示。

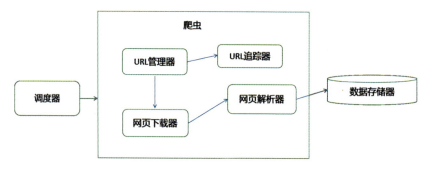

图 5-1-1　爬虫的工作流程

具体说来，爬虫的工作流程一般如下。

① 选取种子 URL。爬虫从一组种子 URL 开始工作，这些 URL 通常是手动指定的或者通过其他方式获得的。

② 下载网页内容。爬虫访问这些 URL，下载对应的网页内容，通常是 HTML 文档。

③ 解析网页内容。爬虫解析下载的 HTML 文档，提取其中的链接和其他有价值的信息。

④ 跟踪链接。爬虫根据预设的规则，从解析出的链接中选择下一组要访问的 URL。

⑤ 存储信息。爬虫将收集到的信息存储在数据库或文件系统中。

⑥ 避免重复。为了避免重复访问相同的网页，爬虫会维护一个已访问 URL 的列表，通常称为"已抓取集合"。

⑦ 遵守 Robots 协议。爬虫在访问网站之前，会检查网站的 robots.txt 文件，以确定哪些页面是可以被抓取的。

2. 爬虫类型

爬虫可以根据抓取目标和行为方式的不同分为多种类型。以下是一些常见的爬虫类型。

(1) 通用爬虫

通用爬虫也称全网爬虫，它会尽可能地爬取互联网上的所有网页。Google、Bing 等搜索引擎的爬虫就属于通用爬虫。

（2）聚焦爬虫

聚焦爬虫也称垂直爬虫，它只抓取与特定主题或领域相关的网页，如针对特定行业或主题的垂直搜索引擎。

（3）增量式爬虫

它只爬取自上次爬取以来发生变化或新增的网页，以提高效率，常用于新闻网站或频繁更新的内容。

（4）深层爬虫

它用于爬取那些无法通过普通搜索方式直接访问的网页内容，如需要登录或填写表单才能访问的页面。

3. 爬虫应用

爬虫有非常广泛的应用。目前，爬虫主要应用于对万维网数据的挖掘，典型的应用就是搜索引擎。除了搜索引擎，越来越多的其他爬虫也广泛应用于人们的工作和生活。

在大数据时代，数据的采集是一项重要的工作，如果单靠人力进行信息采集，不仅效率低下，过程烦琐，收集数据的成本也较高。此时，如果使用爬虫对数据信息进行自动采集，则会大大提高数据采集的效率。网络爬虫的应用领域十分广泛。比如：应用于搜索引擎中，对站点进行爬取收录；应用于数据分析与挖掘中，对数据进行采集；应用于金融分析中，对金融数据进行采集；应用于舆情监测与分析、目标客户数据收集等领域。

4. 爬虫常用库

爬虫库是用于自动化网页抓取的编程库，其具有多种功能，如 URL 管理、HTML 解析、数据提取等。以下是一些基于 Python 语言的比较流行的爬虫库。

（1）requests

requests 用于发送 HTTP 请求。requests 是用 Python 语言编写的基于 urllib 的第三方 HTTP 请求库，采用的是 Apache2 Licensed 开源协议。requests 比 urllib 更加方便，可以节约大量的工作。使用 requests 实现网络爬虫的步骤如下：首先，使用 requests 发起网络请求获取 HTML 文件；之后，利用正则表达式等字符串解析手段或者 BeautifulSoup 库（第三方库）对获取到的 HTML 文件进行解析，实现信息提取。

（2）BeautifulSoup

BeautifulSoup 用于解析 HTML 和 XML 文档。它提供一些简单的、Python 式的函数来实现导航、搜索、修改分析树等功能，通过解析文档为用户提供需要抓取的数据，提高数据解析效率。

（3）lxml

lxml 是处理 HTML 和 XML 的解析器，比内置的 html.parser 更快。lxml 是一个基于 C 语言的 Python 库。它使用 C 语言编写的扩展模块来提高性能，尤其是在解析和处理 XML 文档时。这些 C 语言扩展模块使得 lxml 在处理 XML 时，比 Python 内置的 xml.etree.ElementTree 模块更快。

(4) Scrapy

一个强大的爬虫框架包括请求、解析、存储和处理数据的工具。在一些工程实践中，人们经常会通过一些软件工具来提高开发效率，对于爬虫来讲就是使用各种爬虫框架。在这些爬虫框架中，Scrapy 无疑是最流行的。

Scrapy 是一个适用于爬取网站数据、提取结构性数据的应用程序框架，它可以应用于数据挖掘、信息处理或存储历史数据等系列程序。Scrapy 吸引人的地方在于任何用户都可以根据自己需求方便地修改。它也提供了多种类型爬虫的基类，如 BaseSpider、Sitemap 爬虫等，最新版本还提供了对 web2.0 爬虫的支持。通常我们可以很简单地通过 Scrapy 框架抓取指定网站的内容。

(5) Selenium

Selenium 用于自动测试和自动化的 web 浏览器控制。有时通过请求库直接请求得到的服务器响应数据中并不包含我们需要的数据，与在浏览器中正常浏览得到的网页源码不一致。这是因为，这类网页数据是通过用户的操作触发 JavaScript 动态生成的，其由浏览器动态渲染后呈现，而爬虫程序直接请求得到的只是一个不含有数据的动态渲染前的 HTML 源码。为了解决这个问题，可以采用 Selenium 驱动浏览器模拟用户对网站的正常访问，从而得到包含目标数据的 HTML 源码，然后就可以正常解析出目标数据。

5. 网页数据定位

(1) 使用 XPath 选择器查找元素

使用 XPath 来定位和提取 HTML 或 XML 文档中的元素。XPath 是一套用于解析 XML 或 HTML 的语言，使用路径表达式来选取 XML 文档中的节点或节点集，可以与 HTML 一起使用。XPath 选取节点的表达式和示例分别如表 5-1-3、表 5-1-4 所示。

表 5-1-3　选取节点的表达式

表达式	描述
nodename	选取的元素名
/	选择根元素
//	选择文档中的所有元素，而不考虑它们的位置
.	选取当前元素
..	选择当前元素的父元素
@	选取属性

表 5-1-4　表达式示例

路径表达式	结果
/bookstore	选取根元素 bookstore
/bookstore/book	选取属于 bookstore 的子元素的所有 book 元素

续表

路径表达式	结果
//book	选取所有 book 子元素，而不管它们在文档中的位置
/bookstore//book	选择属于 bookstore 元素的后代的所有 book 元素，而不管它们位于 bookstore 之下的什么位置
//@lang	选取名为 lang 的所有属性
/bookstore/book/text()	选取属于 bookstore 的子元素的所有 book 元素的文本

XPath 语法中还可以使用谓语来查找某个特定节点或者包含某个指定值的节点，谓语被嵌在方括号中，如：[ ] 用于筛选具有特定属性或条件的元素，常用示例如表 5-1-5 所示。

表 5-1-5 路径表达式谓语示例

路径表达式	结果
/bookstore/book[1]	选取属于 bookstore 子元素的第一个 book 元素
//title[@lang]	选取所有拥有名为 lang 的属性的 title 元素
//title[@lang='eng']	选取所有拥有值为 eng 的 lang 属性的 title 元素

(2) 使用 CSS 选择器查找元素

使用 CSS 选择器通过 CSS 表达式来定位和提取 HTML 文档中的元素，CSS 选择器是一种用来选择将样式应用于 HTML 元素的语言，将样式与特定的 HTML 元素相关联。它基于元素的名字、id、类、属性等来选择元素，CSS 表达式和 CSS 属性过滤的说明分别如表 5-1-6、表 5-1-7 所示。

表 5-1-6 CSS 表达式

表达式	说明
*	选择所有节点
#container	选择 id 为 container 的节点
.container	选取所有 class 包含 container 的节点
li a	选取所有 li 下的所有 a 节点
ul+p	选择 ul 后面的第一个 p 元素
div#container>ul	选取 id 为 container 的 div 的第一个 ul 子元素
ul~p	选取与 ul 相邻的所有 p 元素
a::text	获取 a 标签的文本信息
a::attr(href)	获取 a 标签的 URL 属性

表 5-1-7　CSS 属性过滤

表达式	说明
a［title］	选取所有有 title 属性的 a 元素
a［href="htp：//www.qq.com"］	选取所有 href 属性为 www.qq.com 值的 a 元素
a［href*="qq"］	选取所有 href 属性包含 qq 的 a 元素
a［href^="http"］	选取所有 href 属性值以 http 开头的 a 元素
a［href$=".jpg"］	选取所有 href 属性值以 .jpg 结尾的 a 元素
div：not（#container)	选择所有 id 非 container 的 div 属性
li：nth-child（3）	选取第三个 li 元素
tr：nth-child（2n）	偶数个 tr

（3）使用正则表达式查找元素

正则表达式描述了一种字符串匹配的模式，它使用单个字符串来描述、匹配一系列符合某个句法规则的字符串。在网络爬取中，正则表达式常用于字符串的搜索、替换、提取等操作，是从网页中提取目标数据的重要手段之一。

事实上，所有 XPath 选择器、CSS 选择器能够实现的功能都可以用正则表达式来实现。不同于 XPath 选择器只能根据 HTNL 标签来提取网页中的数据，正则表达式不受标签的限制，更加通用，可以从任意结构的文本中提取符合要求的数据。正则表达式可以用于提取文本中的指定信息，也可以用于提取非 HTML 中的信息，但其语法比较晦涩。

Python 中内置了正则表达式的 re 模块，其常用方法和符号分别如表 5-1-8、表 5-1-9 所示。

表 5-1-8　re 模块常用方法

表达式	说明
compile（）	用于编译正则表达式，生成一个正则表达式对象
match（）	查看字符串的开头是否符合匹配模式，如果匹配失败，返回 none
search（）	扫描整个字符串并返回第一个成功的匹配
findall（）	在字符串中找到正则表达式所匹配的所有子串，并返回一个列表，如果没有找到匹配的，则返回空列表

表 5-1-9　正则表达式符号

符号	描述
^	匹配字符串的开头
$	匹配字符串的末尾
.	匹配任意字符，除了换行符，当 re.DOTALL 标记被指定时，则可以匹配包括换行符的任意字符

续表

符号	描述
\w	匹配字母数字及下划线
\W	匹配非字母数字及下划线
\s	匹配任意空白字符，等价于 [\t\n\r\f]
\S	匹配任意非空字符
\d	匹配任意数字，等价于 [0-9]
\D	匹配任意非数字
[...]	用来表示一组字符，单独列出：[amk] 匹配 a，m 或 k
[^...]	不在 [] 中的字符：[^abc] 匹配除了 a、b、c 之外的字符
re *	匹配 0 个或多个表达式
re +	匹配 1 个或多个表达式
re ?	匹配 0 个或 1 个由前面的正则表达式定义的片段，非贪婪方式
re {n}	精确匹配 n 个前面表达式。例如，o {2} 不能匹配 "Bob" 中的 "o"，但能匹配 "food" 中的两个 "o"。
re {n,}	匹配 n 个前面表达式。例如，o {2,} 不能匹配 "Bob" 中的 "o"，但能匹配 "fooooood" 中的所有 "o"。"o {1,}" 等价于 "o+"。"o {0,}" 则等价于 "o*"。
re {n, m}	匹配 n 到 m 次由前面的正则表达式定义的片段，贪婪方式

社会担当

尊重数据产权，树立法律意识

如果要抓取页面数据进行相关的业务分析，通过爬虫对页面元素定位精准抓取数据，要尊重数据产权，不要爬取受版权保护的内容；尊重个人隐私，不要收集和存储个人隐私信息；另外，必须遵守法律法规，遵循所在国家或地区的相关法律法规；遵守目标网站的 robots.txt 文件规定，不要爬取禁止爬取的内容；阅读并遵守目标网站的服务条款；不要将爬取到的数据用于非法或不道德的目的；加强数据保护，对于爬取到的数据，应采取适当的安全措施进行保护，防止数据泄露。同时养成尊重数据、务实严谨的科学态度，树立法律意识，在数据采集过程中做到不侵权、不违法。

（三）数据库查询

许多网站和应用程序都有业务数据库，会将数据存储在数据库中，我们可以通过数据库查询语句（如 SQL）从数据库中获取数据。数据库查询需要了解数据库结构和 SQL。

在商务数据分析领域，数据库查询技术是采集和处理数据的关键部分。根据数据存储类型，可将查询分为关系型数据库查询（SQL 结构化查询语言）和非关系型数据库查询（NoSQL 查询）。

查询技术的选择通常取决于数据的类型、大小、存储方式以及具体的业务需求。对于结构化数据，SQL 通常是首选；而对于非结构化或半结构化数据，则可能需要使用 NoSQL 技术或大数据处理工具。

下面将简单介绍在 MySQL 数据中查询数据，使用 SQL 的 SELECT 语句的基本查询示例。

1. 查询所有字段

```
SELECT *  FROM table_name;
```

会返回"table_name"表中所有字段的所有记录。

2. 查询特定字段

```
SELECT column1,column2 FROM table_name;
```

只会返回"table_name"表中的"column1"和"column2"字段的所有记录。

3. 带条件的查询

```
SELECT *  FROM table_name WHERE condition;
```

会返回"table_name"表中满足"condition"条件的所有记录。例如：SELECT * FROM users WHERE age > 18。

4. 排序查询结果

```
SELECT *  FROM table_name ORDER BY column1 ASC|DESC;
```

会返回按"column1"字段升序（ASC）或降序（DESC）排序的所有记录。

5. 聚合函数

```
SELECT COUNT(column1)FROM table_name;
```

会返回"table_name"表中"column1"字段的总数。其他的聚合函数还包括 SUM、AVG、MAX、MIN 等。

6. 分组查询

    SELECT column1,COUNT(*)FROM table_name GROUP BY column1;

会根据"column1"字段的值对记录进行分组，并计算每组的记录数。

7. 连接查询

    SELECT table1.column,table2.column FROM table1 JOIN table2 ON table1.common_field = table2.common_field;

会返回"table1"和"table2"中匹配"common_field"字段的记录的联合结果。

8. 子查询

    SELECT * FROM table1 WHERE column1 IN (SELECT column1 FROM table2);

会返回"table1"中"column1"字段值在"table2"的"column1"字段中出现过的记录。

9. 限制结果数量

    SELECT * FROM table_name LIMIT number;

会返回"table_name"表中的前"number"条记录。
SQL 查询数据示例如图 5-1-2 所示。

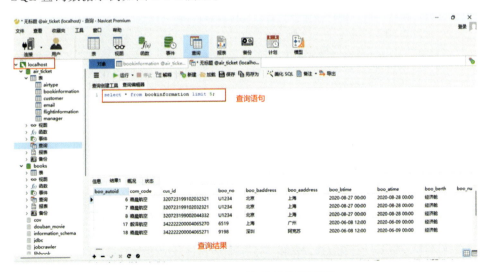

图 5-1-2 SQL 语句查询数据示例

这些是 MySQL 中一些基本的查询操作。在实际应用中，根据需要，这些查询可以更加复杂和强大，包括联合使用多个条件、子查询、聚合函数等。

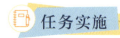 任务实施

◇ 任务描述

从北京市区普线线路列表页中，爬取多页面线路信息，如图 5-1-3 所示。

提示：首先，用 requests 访问北京市公交车路线公交站点页；其次，使用 lxml 提取所有公交站点信息；再次，将公交车的车站

5-1-1　任务实施

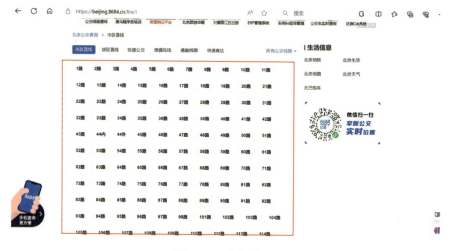

图 5-1-3　爬取网页

信息保存到 CSV 文件中，确保 CSV 文件中的信息包括线路名称、站点信息。

◇ 实践准备

电脑安装 PyCharm 2020 以上社区版本和 Python 3.7 以上版本。

◇ 实践指导

1. 选择合适工具

启动 PyCharm。

2. 安装 Python 第三方库

（1）方法一：PyCharm 安装第三方库

步骤 1：查看已安装的库。顺序打开 File—Settings—Project：cc（这里的文件名是 cc）—Project Interpreter，就会显示已经安装好的库，如图 5-1-4 所示。

步骤 2：点击"＋"添加需要的库。在弹出的搜索框中输入要安装的第三方库的名称，例如"urllib3"，如图 5-1-5 所示。

步骤 3：在弹出的选项中选中需要安装的库，点击"Install Package"。再以同样的方法添加 requests 库。

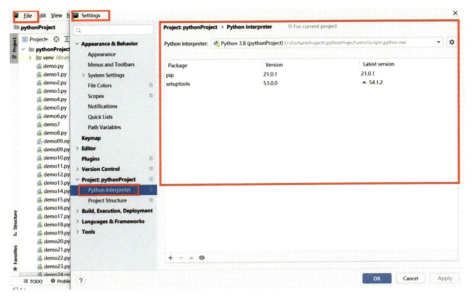

图 5-1-4 查看已安装的库

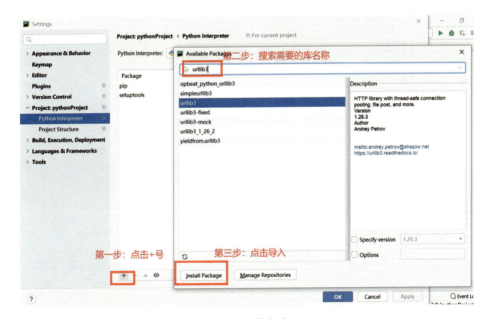

图 5-1-5 添加库

（2）方法二：pip 方法（命令式）安装第三方库

这里以安装 urllib3、requests 库为例进行说明。

步骤 1：执行点击"开始"，运行中输入 cmd。

步骤 2：弹出框中输入 pip install requests 和 pip install urllib3。

3. 编写 Python，使用第三方库实现爬虫程序

（1）通过网页链接获取内容

文件：html_fetch_util

```python
import urllib3
import requests


def get_html_by_urllib3(url):
    pool_manager = urllib3.PoolManager()
    r = pool_manager.request('get',url)
    return r.data.decode()


def get_html_by_requests(url):
    r = requests.get(url)
    return r.text
```

(2) 对获得的网页内容进行保存

文件：data_save_util

```python
import os
import csv


def save_to_csv(line, stations):
    # 定义变量,文件是否已经存在
    is_exist = False
    # 判断文件是否存在
    if os.path.exists("student.csv"):
        is_exist = True

    # 打开csv文件
    with open('student.csv', 'a', encoding='utf-8', newline='') as csvfile:
        # 创建一个编辑对象
        writer = csv.writer(csvfile)
        # 如果文件不存,第一次写入列名信息
        if not is_exist:
            writer.writerow(['公交路线','站点'])
        # 将内容按行写入
        writer.writerow([line, ",".join(stations)])
```

(3) 对获得的网页内容进行处理并循环遍历所有网页

文件：main

```python
from html_fetch_util import *
from lxml import etree
from data_save_util import *
# 第一步 拿到第一层url页面信息
    # 分析提取第一层网页信息    url===第二页网页链接
        # 第二层 信息页面提取
            # 分析提取 目标元素
            # https://beijing.8684.cn/x_bf833861
            # https://beijing.8684.cn/x_97de3b19
# url前缀
prefix_url = "https://beijing.8684.cn"
# 通过封装方法get_html_by_urllib3获取页面html文档
html = get_html_by_urllib3("https://beijing.8684.cn/line1")
# 使用html生成etree对象 (使用lxml提取网页内容的方法)
tree = etree.HTML(html)
# 提取页面目标元素xpath()   路线列表   x_97de3b19# 链接值
bus_line_urls = tree.xpath("//div[@class='list clearfix']/a/@href")
# 打印列表大小
print(len(bus_line_urls))
# 打印列表
print(bus_line_urls)
# 循环遍历公交线
for bus_line_url in bus_line_urls:
    # 第二层网页数据页面内容
    bus_line_html = get_html_by_requests(prefix_url+ bus_line_url)
    # 使用html生成etree对象
    bus_line_tree = etree.HTML(bus_line_html)
```

```
    # 元素定位 xpath 路线名
    bus_line = bus_line_tree.xpath("//div[@ class= 'bus-
excerpt mb15'][1]//div[@ class= 'trip']/text()") # 路线名称
    print(bus_line)
    # 元素定位 xpath 站点信息
    bus_stations = bus_line_tree.xpath("//div[@ class= '
bus- lzlist mb15'][1]//a/text()")
    print(bus_stations)
    # 通过封装方法保存数据
    save_to_csv(bus_line,bus_stations)
```

4. 运行爬虫程序，查看爬取结果

运行过程和运行结果分别如图 5-1-6 和图 5-1-7 所示。

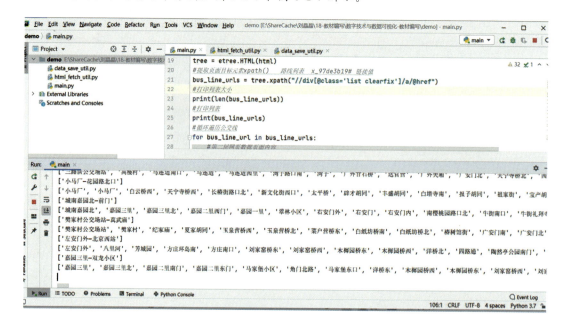

图 5-1-6　程序运行过程截图

◇ **实施评价**

任务评价表见学习单元一之主题学习单元 1 的表 1-1-2。

图 5-1-7　程序结束生成文件截图

主题学习单元 2　数据清洗与处理

一、数据清洗基础

（一）数据清洗背景

在采集数据的过程中，海量的原始数据可能会存在不完整、不一致或有异常等情况，严重时甚至会影响数据分析的最终结果，因此，在数据分析前非常有必要对采集到的数据进行清洗。

数据清洗的背景是现实世界中数据的复杂性、多样性和不完整性。在数据分析和机器学习项目中，高质量的数据是获得准确、可靠结果的关键。然而，原始数据往往存在各种问题，这些问题可能会对分析结果产生负面影响。

微课：数据清洗与处理

动画：数据清洗

数据清洗是一个迭代的过程,可能需要多次执行,以不断提高数据质量。随着大数据和人工智能技术的发展,数据清洗变得越来越重要,同时出现了更多的工具和技术来支持这一过程。

(二)数据清洗概述

从字面上理解,数据清洗就是把"脏"的数据进行"清洗",也就是发现并纠正数据文件中可能出现的错误,包括检查数据一致性、处理无效值和缺失值等,以提高数据的质量,使数据具有完整性、唯一性、权威性、合法性、一致性等。

广义的数据清洗是将原始数据进行精简以去除冗余和消除不一致,并使剩余的数据转换为可接收的标准格式的过程;狭义的数据清洗特指在构建数据仓库和进行数据挖掘前对数据源进行处理,使数据具有准确性、完整性、一致性和有效性,以适应后续操作的过程。

数据清洗是发现并纠正数据文件中可识别错误的最后一道程序,是对数据的完整性、一致性和准确性进行审查和校验的过程。数据清洗主要是对多余或重复的数据进行筛选和清除,将缺失的数据补充完整,对错误的数据进行纠正或删除。它是数据处理的一个重要环节,尤其是在进行数据分析和数据科学项目时。

下面从缺失值和异常值两个方面出发,运用一些简单的统计学方法、Excel 表格工具、Python 语言进行数据处理。

二、缺失值处理

(一)缺失值的概念

缺失值是指在一份数据集中,某些数据点没有数值或者数据不全。这种情况在现实世界的数据库和数据分析中较为常见,其可能由多种原因导致。比如:数据未收集,即可能由于设备故障、人为错误或数据源不可用等,一些数据未能被收集;数据丢失,即在数据传输或存储过程中,技术不过关导致数据丢失;故意遗漏,即在某些情况下,数据被故意遗漏,如在调查问卷中,受访者可能选择不回答某些敏感问题。

动画:缺失值

(二)检测缺失值

1. Excel 表格工具检测

在采集数据的过程中,Excel 中的缺失数据常常表示为空值或错误标识符(♯DIV/0!)。在 Excel 中出现错误标识符大多是公式使用不当造成的,可以利用 Excel 的定位功能查找到数据表中的空值和错误标识符。

缺失值的检测步骤如下:

第一步，启动 Excel，打开素材文件"上海邮储文件.xlsx"工作簿，如图 5-2-1 所示。

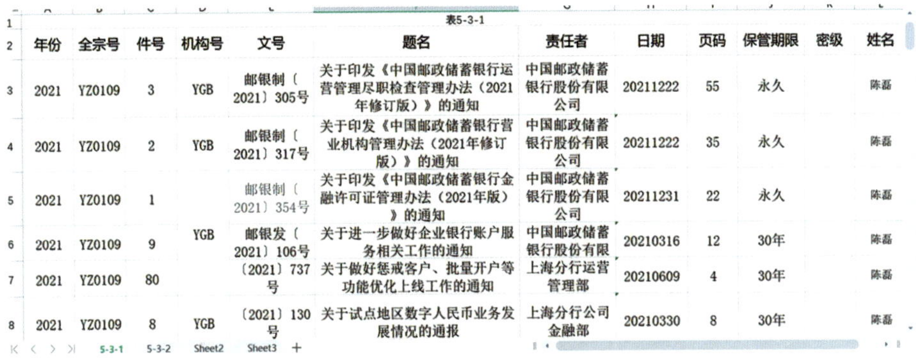

图 5-2-1　上海邮储数据源

第二步，缺失值定位，由图 5-2-1 可知第九行文号缺失，因此需要对缺失的数据进行定位。我们使用 Crtl＋G 查找空值的方法，在打开框当中找到其中的"定位条件"，如图 5-2-2 所示。

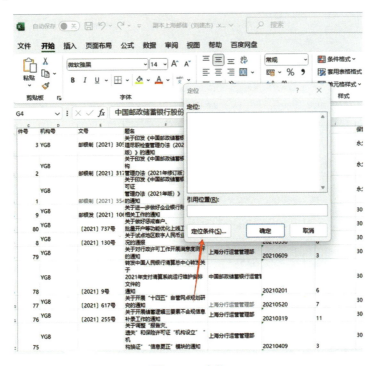

图 5-2-2　定位

第三步，打开"定位条件"对话框，选中"空值"单选项，然后单击"确定"按钮，如图 5-2-3 所示。

第四步，返回工作表后，Excel 将自动定位至 D9 单元格（如果工作表中有多个空值单元格，那么使用"定位条件"功能后，Excel 将自动选择工作表中所有的空值单元格），如图 5-2-4 所示。分析数据错误的原因，之后在编辑栏中输入具体要修改的数据。

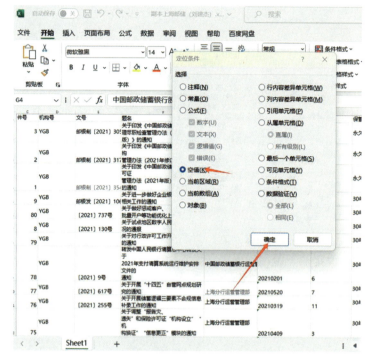

图 5-2-3　选择空值

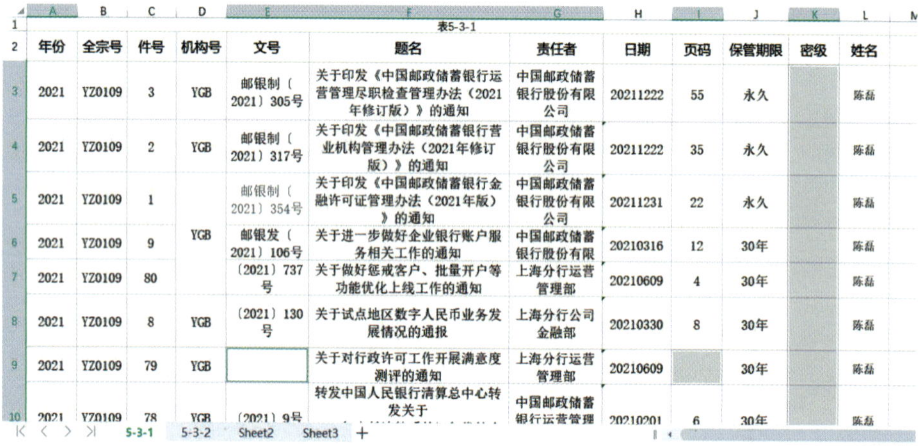

图 5-2-4　定位结果

2. Python 程序检测

在 Python 的 Pandas 库中 None 或 NaN 代表缺失值。检测缺失值的常用方法包括 isnull()、notnull()、isna() 和 notna()。这些方法均会返回一个由布尔值组成、与原对象形状相同的新对象。其中：isnull() 和 isna() 方法的用法相同，它们会在检测到缺失值的位置标记 True；notnull() 和 notna() 方法的用法相同，它们会在检测到缺失值的位置标记 False。

也可以使用 info（）函数快速查看数据集中每列的缺失值情况，使用 describe（）函数可以提供数据集的统计摘要，包括非空值的数量和缺失值的数量。

缺失值的检测程序如下。

（1）输入检测数据

```
# encoding= utf8
import pandas as pd
import numpy as np
# 检测数据
na_df = pd.DataFrame({'A':[1,2,np.NaN,4],
'B':[3,4,4,5],
'C':[5,6,7,8],
'D':[7,5,np.NaN,np.NaN]})
# 控制台打印数据
print(na_df)
```

运行结果如图 5-2-5 所示。

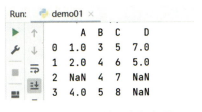

图 5-2-5　数据控制台打印图

（2）方法检测数据

使用 isna（）方法检测数据中是否有缺失值 None/NaN。

使用 notna（）方法检测数据中是否有缺失值 None/NaN。

运行结果分别如图 5-2-6 和图 5-2-7 所示。

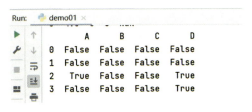　　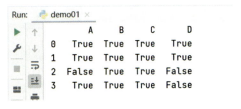

图 5-2-6　用 isna（）方法检测结果图　　图 5-2-7　用 notna（）方法检测截图

检测到缺失值后，下一步就是决定如何处理这些缺失值。处理方法的选择应该基于数据的特点和分析的目的。

（三）处理缺失值

处理缺失值是数据清洗的一个重要环节，因为缺失值可能会对数据分析的结果产生重要影响。

1. 处理缺失值的方法

处理缺失值的常见方法一般有以下五种。

（1）删除缺失值

删除含有缺失值的行或列是最简单的处理方式。如果数据集很大，且缺失值的比例较小，可以采用这种方法，但这样可能导致部分信息丢失。

（2）填充缺失值

填充缺失值是比较常用的处理方式。对于缺失值可以使用如下方式填充：使用常数填充，通常用一个常数（如 0、9999 或其他特定值）来填充所有缺失值；使用统计量填充，可以用平均值、中位数、众数等统计量来填充所有缺失值；使用模型预测，如用回归、决策树、K 近邻（KNN）等模型来预测缺失值；前向填充和后向填充，在时间序列数据中，可以用前一个或后一个观测值来填充缺失值。

（3）插补缺失值

插补缺失值是一种相对复杂且灵活的处理方式。其基于一定的插补算法来填充缺失值，考虑了缺失数据的不确定性，通过在数据集中多次插补缺失值来创建完整的数据集，然后对数据集进行分析并汇总结果。

（4）保留缺失值

在某些情况下，如果缺失值本身具有信息量（例如，在某些调查中，不回答可能意味着一种特定的态度），可以选择保留缺失值，并在分析时加以考虑。

（5）使用高级技术

比如使用矩阵分解技术，如奇异值分解（SVD）来估计缺失值并进行填充。再如，使用期望最大化（EM）算法，在缺失数据的情况下进行参数的最大似然估计。

选择哪种方法来处理缺失值取决于数据的性质、缺失值的模式和分析的目的。在实际应用中，我们可能需要尝试多种方法，分别评估它们对分析结果的影响。此外，处理缺失值时应谨慎，避免偏差或错误。

2. 使用工具处理缺失值

（1）Excel 表格工具处理

① 删除缺失值。删除，顾名思义就是将含有空值的整条记录都删除。在检测缺失值的位置，右击选择"删除"—"整行"，即可删除记录，如图 5-2-8 所示。

② 填充缺失值。首先，对页码一列进行空值定位检测，使空值处理被检测状态，如图 5-3-9 所示。其次，提前计算出页码的平均值为 15，在空值被选中的状态下，输入 15，如图 5-2-10 所示。最后，按 Ctrl+Enter 组合键，所有被选中的空值都被赋予 15，如图 5-2-11 所示。

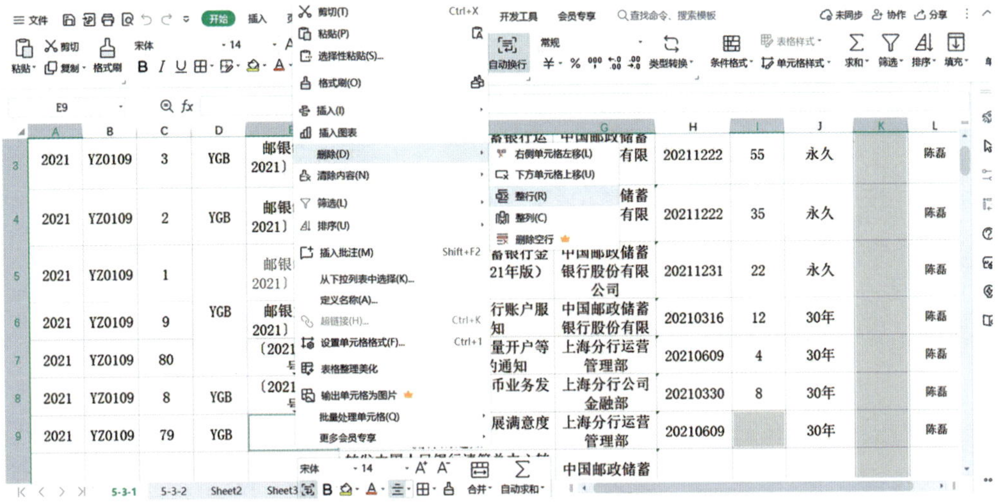

图 5-2-8　删除缺失值

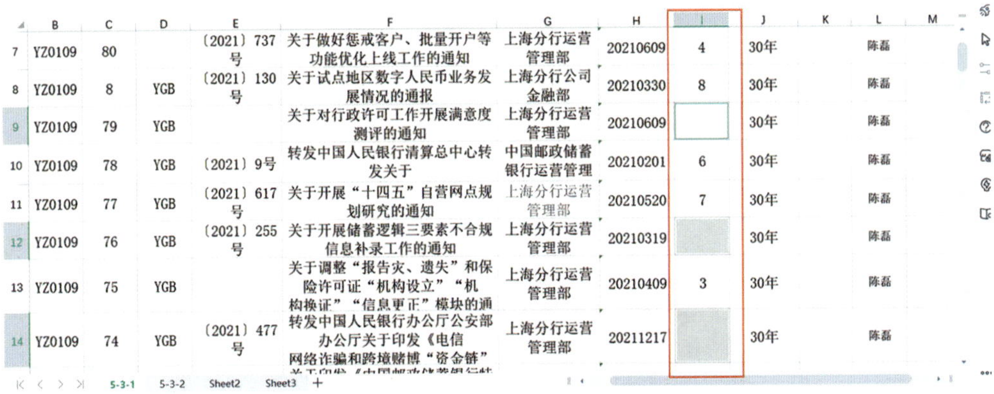

图 5-2-9　页码列缺失值定位检测

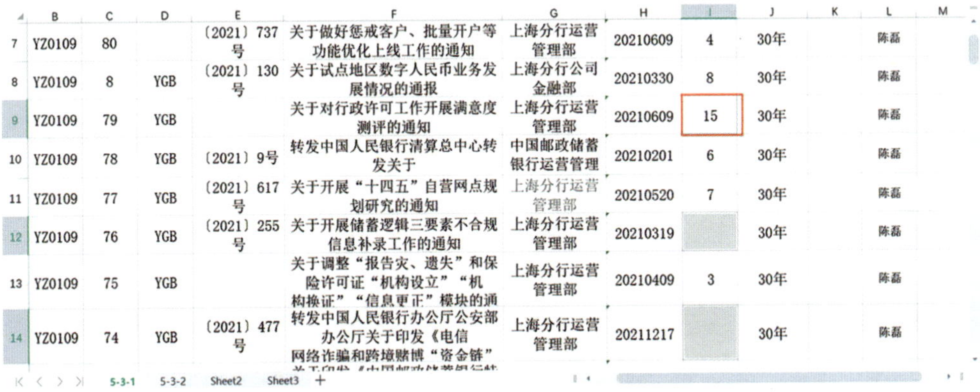

图 5-2-10　输入平均值"15"

图 5-3-11　批量输入平均值

（2）Python 程序处理

① 删除缺失值。

```
# 删除缺失值所在的一行数据
na_df.dropna()
```

运行结果如图 5-2-12 所示。

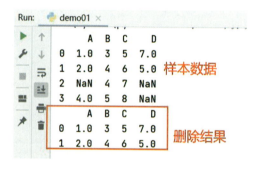

删除缺失值前				
	A	B	C	D
0	1.0	3	5	7.0
1	2.0	4	6	5.0
2	NaN	4	7	NaN
3	4.0	5	8	NaN

删除缺失值后				
	A	B	C	D
0	1.0	3	5	7.0
1	2.0	4	6	5.0

图 5-2-12　删除缺失值前后的对比效果

② 保留缺失值。

```
# 保留至少有 3 个非 NaN 值的行
na_df.dropna(thresh= 3)
```

运行结果如图 5-2-13 所示。

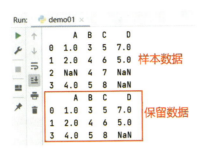

图 5-2-13　保留缺失值

③ 填充缺失值。

```
# 计算A列的平均数,并保留一位小数
col_a = np.around(np.mean(na_df['A']),1)
# 计算D列的平均数,并保留一位小数
col_d = np.around(np.mean(na_df['D']),1)
# 将计算的平均数填充到指定的列
na_df.fillna({'A':col_a,'D':col_d})
```

运行结果如图 5-2-14 所示。

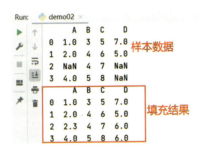

填充缺失值前				
	A	B	C	D
0	1.0	3	5	7.0
1	2.0	4	6	5.0
2	NaN	4	7	NaN
3	4.0	5	8	NaN

填充缺失值后				
	A	B	C	D
0	1.0	3	5	7.0
1	2.0	4	6	5.0
2	2.3	4	7	6.0
3	4.0	5	8	6.0

图 5-2-14　使用平均数填充缺失值前后的对比效果

运行:

```
# 表示将最后一个有效值向后传播(注意前面的数据有关系)
na_df.fillna(method= 'ffill')
```

运行结果如图 5-2-15 所示。

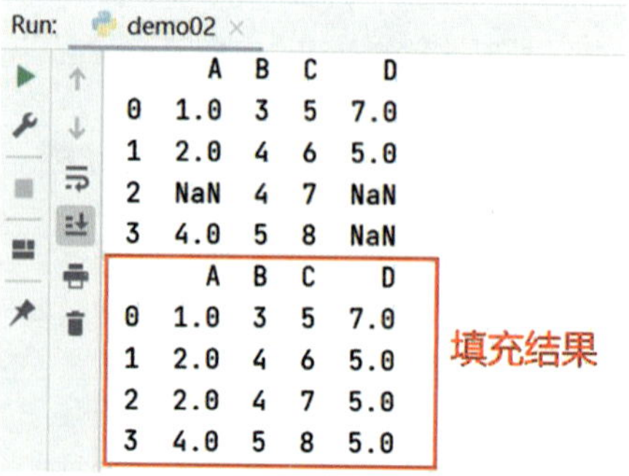

```
Run:  demo02 ×
        A    B  C   D
    0  1.0   3  5  7.0
    1  2.0   4  6  5.0
    2  NaN   4  7  NaN
    3  4.0   5  8  NaN
        A    B  C   D
    0  1.0   3  5  7.0
    1  2.0   4  6  5.0
    2  2.0   4  7  5.0
    3  4.0   5  8  5.0
```

填充结果

填充缺失值前

	A	B	C	D
0	1.0	3	5	7.0
1	2.0	4	6	5.0
2	NaN	4	7	NaN
3	4.0	5	8	NaN

填充缺失值后

	A	B	C	D
0	1.0	3	5	7.0
1	2.0	4	6	5.0
2	2.0	4	7	5.0
3	4.0	5	8	5.0

图 5-2-15　后向填充缺失值前后的对比效果

④ 插补缺失值。运行：

```
# 线性插补
na_df.interpolate(method= 'linear')
# 最近邻插补
na_df.interpolate(method= 'nearest')
# 巴里中心插补
na_df.interpolate(method= 'barycentric')
# 基于索引的插值
na_df.interpolate(method= 'index')

样本数据
        A      B    C    D
0      1.0     3    5   7.0
1      2.0     4    6   5.0
2      NaN     4    7   NaN
3      4.0     5    8   NaN
```

输出结果

	A	B	C	D
0	1.0	3	5	7.0
1	2.0	4	6	5.0
2	3.0	4	7	5.0
3	4.0	5	8	5.0

	A	B	C	D
0	1.0	3	5	7.0
1	2.0	4	6	5.0
2	2.0	4	7	NaN
3	4.0	5	8	NaN

	A	B	C	D
0	1.0	3	5	7.0
1	2.0	4	6	5.0
2	3.0	4	7	3.0
3	4.0	5	8	1.0

	A	B	C	D
0	1.0	3	5	7.0
1	2.0	4	6	5.0
2	3.0	4	7	5.0
3	4.0	5	8	5.0

运行结果如图 5-2-16 所示。

图 5-2-16　线性插补缺失值前后的对比效果

三、异常值检测与处理

（一）异常值概念

动画：异常值

异常值是指样本数据中处于特定范围之外的个别值，这些值明显偏离它们所属样本的其余观测值。异常值产生的原因有很多，比如数据录入错误、测量误差、实验误差、数据传输错误、数据真实的极端现象等。异常值在数据分析中非常重要，因为它们可能会对统计结果、机器学习模型和可视化图表产生重大影响。

异常值的特点通常包括：数值异常，即可能在数值上远高于或远低于其他数据点；分布异常，即可能不符合数据集的分布规律；小概率事件，即可能代表发生概率很低的事件。

异常值的存在可能会对模型的性能产生负面影响，因此在训练机器学习模型之前，通常需要进行异常值检测和处理。然而，在某些情况下，异常值可能是重要的预测因素，例如在欺诈检测或疾病筛查中。因此，在处理异常值时，我们需要先辨别哪些值是"真异常"，哪些值是"伪异常"，考虑异常值对分析结果的可能影响，再根据具体情况进行处理。

（二）检测异常值

异常值的处理方式主要有保留、删除和替换。保留异常值就是对异常值不做任何处理，这种方式通常适用于"伪异常"数据；删除和替换异常值是比较常用的方式，其中替换异常值是使用指定的值或根据算法计算的值替代检测出的异常值。

1. 检测数据集中异常值的常用方法

（1）统计方法

3σ 原则也称三倍标准差原则或拉依达准则，是一种常用的统计准则，用于识别数据集中的异常值或离群值。3σ 原则并不适用于任意数据集，只适用于符合或近似符合正态分布的数据集。这个原则基于正态分布的性质，其中大约 99.7% 的数据值会落在均值（μ）的三个标准差（σ）范围内，即 $\mu-3\sigma$ 到 $\mu+3\sigma$ 之间，如图 5-2-17 所示。

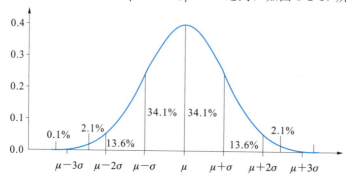

图 5-2-17　正态分布的曲线

具体来说,如果数据集服从正态分布,那么,大约 68% 的数据值会落在 $\mu-\sigma$ 到 $\mu+\sigma$ 的范围内;大约 95% 的数据值会落在 $\mu-2\sigma$ 到 $\mu+2\sigma$ 的范围内;大约 99.7% 的数据值会落在 $\mu-3\sigma$ 到 $\mu+3\sigma$ 的范围内。

在数据分析和质量控制中,3σ 原则常被用来设定控制界限,任何超出 $\mu\pm3\sigma$ 范围的数据点都可以被视为异常值或离群值。这种方法在统计学中被称为三点估计法,它假设数据服从正态分布,并且异常值是由随机误差造成的。

(2)可视化方法

箱线图是一种直观地展示数据分布的方法,其对检测数据没有任何要求,即使不符合正态分布的数据集也能被检测。它可以显示数据的四分位数、中位数和异常值。通常,如果一个数据小于下四分位数且其差值大于 1.5 倍的四分位数间距,或一个数据大于上四分位数且其差值大于 1.5 倍的四分位数间距,就被视为异常值。

箱线图是一种用于显示一组数据分散情况的统计图,它通常由上边缘、上四分位数、中位数、下四分位数、下边缘和异常值组成(见图 5-2-18)。箱线图能直观地反映一组数据的分散情况,一旦图中出现离群点(远离大多数值的点),就可判断该离群点为异常值。

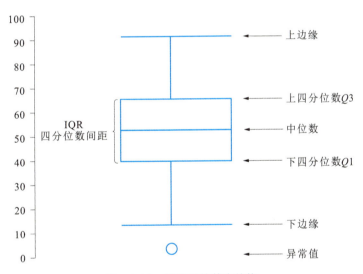

图 5-2-18 箱线图的基本结构

$Q3$ 表示上四分位数,说明全部检测值中有四分之一的值比它大;$Q1$ 表示下四分位数,说明全部检测值中有四分之一的值比它小;IQR 表示四分位数间距,即上四分位数 $Q3$ 与下四分位数 $Q1$ 之差,其中包含了一半检测值;空心圆点表示异常值,该值的范围通常为小于 $Q1-1.5$IQR 或大于 $Q3+1.5$IQR。

2. 检测异常值的方法

(1) Excel 表格工具检测

Excel 表格工具检测如图 5-2-19 所示。

	A	B	C	D	E	F	G	H	I	J	K
1						表5-2-2					
2	日期	自营/带货	载体类型	账号/渠道	抖音号	成交金额(元)	成交订单数	成交人数	商品点击次数	商品点击-支付转化率(次数)	成交客单价(元)
3	2023/6/26 2:37	带货	直播	综合提分部老师	(:9brVmB	15882.48	228	228	1613	14.14%	69.66
4	2023/6/21 5:46	带货	其他	店铺页面	7av5ttJT	1972.85	85	85	360	23.61%	23.21
5	2023/6/1 8:01	带货	短视频	教书匠熊老师	Oa5oZNTgBXElLlJv	342.36	6	6	510	1.18%	57.06
6	2023/6/23 8:44	带货	直播	商城推荐	fnfsdj04984mB	1688.78	17	17	670	2.54%	99.34
7	2023/6/5 20:53	自营	商品卡	教书匠熊老师	7aVt9jYWv5ttJT	168.55	5	5	126	3.97%	33.71
8	2023/6/24 1:10	自营	其他	购后页面	Oa5XElLlJv	13.5	6	6	59	10.17%	2.25
9	2023/6/20 8:45	自营	直播	小俞学长提分攻略	SbaOD5iT47UuoAFz	802.92	12	12	1166	1.03%	66.91
10	2023/6/4 13:35	自营	商品卡	店铺页面	SbauoAFz	60.2	5	5	13	38.46%	12.04
11	###########	带货	商品卡	教书匠王老师	tR494ngxKwVZUOcfc	56.9	2	2	921	0.22%	28.45

图 5-2-19　Excel 表格工具检测

（2）Python 程序检测

① 3σ 原则检测。运行：

```python
import numpy as np
import pandas as pd
def three_sigma(ser):
    """ :param ser: 被检测的数据,接收 DataFrame 的一列数据
        :return: 异常值及其对应的行索引     """
    # 计算平均值
    mean_data = ser.mean()
    # 计算标准差
    std_data = ser.std()
    # 小于 μ-3σ 或大于 μ+3σ 的数值均为异常值
    rule = (mean_data-3* std_data> ser)|(mean_data+ 3* std_data< ser)
    # 返回异常值的行索引
    index = np.arange(ser.shape[0])[rule]
    # 获取异常值
    outliers = ser.iloc[index]
    return outliers
    # 读取 data.xlsx 文件 excel_data  = pd.read_excel('data.xlsx')
    # 对 value 列进行异常值检测 three_sigma(excel_data['value'])
```

运行结果如图 5-2-20 所示。

```
121    13.2
710    13.1
Name: value, dtype: float64
```

图 5-2-20　3σ 原则检测运行结果

② 箱线图检测。为了能够直观地从箱线图中查看异常值，Pandas 提供了两个绘制箱线图的函数——plot（）和 boxplot（）。其中：plot（）函数用于根据 Series 和 DataFrame 类对象绘制箱线图，该箱线图中默认不会显示网格线；boxplot（）函数用于根据 DataFrame 类对象绘制箱线图，该箱线图中默认会显示网格线。具体语法如下：

```
DataFrame.boxplot(column= None,by= None,ax= None,fontsize
= None,rot= 0,grid= True,figsize= None,layout= None,return_
type= None,backend= None,* * kwargs)
```

```python
# encoding= utf8
import pandas as pd
import numpy as np

def box_outliers(ser):
    # 对待检测的数据进行排序
    new_ser = ser.sort_values()
    # 判断数据的总数量是奇数还是偶数
    if new_ser.count()% 2 = = 0:
        # 计算 Q1、Q3、IQR
        Q3 = new_ser[int(len(new_ser)/2):].median()
        Q1 = new_ser[:int(len(new_ser)/ 2)].median()
    elif new_ser.count()% 2 ! = 0:
        Q3 = new_ser[int(len(new_ser)-1 / 2):].median()
        Q1 = new_ser[:int(len(new_ser)-1 / 2)].median()
    IQR = round(Q3-Q1,1)
    # 规则小于 Q1-1.5IQR 或大于 Q3+ 1.5IQR
    rule = （round(Q3 + 1.5* IQR,1)< ser)| (round(Q1 - 1.5* IQR,1)> ser)
    index = np.arange(ser.shape[0])[rule]
    # 获取异常值及索引
    outliers = ser.iloc[index]
    return outliers
```

```
excel_data = pd.read_excel('data.xlsx')
    box_outliers(excel_data['value'])
```

运行结果如图 5-2-21 所示。

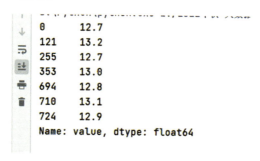

图 5-2-21　箱线图检测运行结果

（三）处理异常值

1. 处理异常值的方法

处理异常值是数据清洗的一个重要步骤，因为异常值可能会对数据分析结果的准确性和可靠性产生重大影响。以下是一些常用的处理异常值的方法。

（1）删除异常值

如果异常值是由数据录入错误、测量误差或其他非自然原因造成的，可以考虑删除这些异常值。在删除异常值之前，应仔细分析这些值，确保其不是由真实数据的极端现象造成的。

（2）替换异常值

使用平均值、中位数、众数或其他统计量来替换异常值。常使用前后观测值的平均值或中位数来替换异常值。

（3）保留异常值

在某些情况下，异常值可能包含重要的信息，可以选择保留异常值，并在分析时加以考虑。

选择哪种方法来处理异常值取决于数据的性质、异常值的模式和分析的目的。在实际应用中，可能需要尝试多种方法，并评估它们对分析结果的影响。处理异常值时应谨慎，避免偏差或错误。

2. 使用工具处理异常值

（1）Excel 表格工具处理

在我们使用 Excel 的过程中，或多或少会碰到以"♯"开头的错误代码，比如，单元格中显示一堆♯号（见图 5-2-22），这其实是一种显示错误，它与其他的错误值是有本质区别的。造成显示错误的原因有两种：一种是列宽不足；另一种是单元格数字类型错误。

对于第一种情况，我们选中单元格，在编辑栏可以看到应显示的正确内容。我们只需要将列宽拉大，就可以显示具体内容了，如图 5-2-23 所示。

图 5-2-22　单元格中显示一堆♯号　　　　图 5-2-23　显示正确内容

对于第二种情况，由于单元格数字类型错误，无论我们将列宽拉到多大，它显示的都是♯号，我们可以看到单元格的内容是负数，如图 5-2-24 所示。

图 5-2-24　显示多个♯号

而在 Excel 中日期必须是正数，也就是说负数无法转换成日期，那么我们只需要将单元格的格式改成常规，如图 5-2-25 所示，就可以显示正确内容了。

（2）Python 程序处理

① 删除缺失值。Pandas 提供了删除数据的 drop（）方法，使用该方法可以根据指定的行标签索引或列标签索引来删除异常值。

运行：

```
excel_data.drop([121,710])
```

运行结果如图 5-2-26 所示。

图 5-2-25　将日期调整为正数

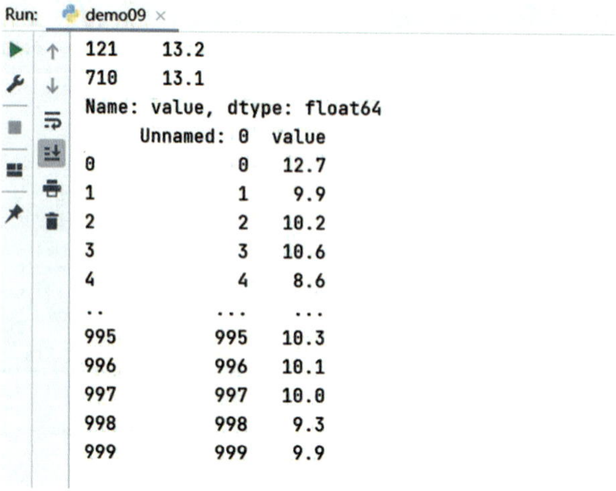

图 5-2-26　运行结果

运行：

```
clean_data = excel_data.drop([121,710])
# 再次检测数据中是否还有异常值 three_sigma(clean_data['value'])
```

运行结果如图 5-2-27 所示。

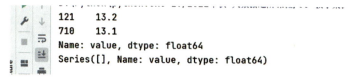

图 5-2-27　运行结果

② 替换异常值。Pandas 提供了替换值的 replace() 方法，可以对单个或多个值进行替换。

运行：

```
replace_data = excel_data.replace({13.2:10.2,13.1:10.5})
# 根据行索引获取替换后的值
print(replace_data.loc[121])
print(replace_data.loc[710])
```

运行结果如图 5-2-28 所示。

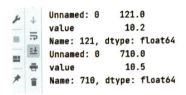

图 5-2-28　运行结果

任务实施

◇ **任务描述**

本任务准备了一组关于成都某地区二手房情况的数据，并将其存储在 handroom.xlsx 文件中。要求使用 Pandas 库对 handroom.xlsx 文件中的二手房数据进行清理。

要求：检查缺失值，一旦发现缺失值就将其删除；检测二手房数据单价列的异常值，一旦确定是真异常值就将其删除。

5-2-1　任务实施

◇ **实践准备**

电脑安装 Pycharm 2020 以上社区版本、Python 3.7 以上运行环境、安装 Pandas 库。

◇ **实践指导**

1. 选择合适工具

启动 Pycharm。

2. 编写程序

导入数据源、检测与处理。具体程序为：　开始修改

导入数据源 handroom.xlsx

检测 demo_box_outliers 文件

```
# encoding=utf8
import pandas as pd
```

```python
import numpy as np

def box_outliers(ser):
    # 对待检测的数据进行排序
    new_ser = ser.sort_values()
    # 判断数据的总数量是奇数还是偶数
    if new_ser.count() % 2 == 0:
        # 计算Q1、Q3、IQR
        Q3 = new_ser[int(len(new_ser)/2):].median()
        Q1 = new_ser[:int(len(new_ser) / 2)].median()
    elif new_ser.count() % 2 != 0:
        Q3 = new_ser[int(len(new_ser)-1 / 2):].median()
        Q1 = new_ser[:int(len(new_ser)-1 / 2)].median()
    IQR = round(Q3-Q1,1)
    # 规则 Q1-1.5IQR 或大于 Q3 + 1.5IQR
    rule = (round(Q3 + 1.5* IQR,1)< ser) | (round(Q1-1.5* IQR,1) > ser)
    index = np.arange(ser.shape[0])[rule]
    # 获取异常值及索引
    outliers = ser.iloc[index]
    return outliers
```

处理文件 demo_data_cleaning

```python
# encoding= utf8
import pandas as pd
from matplotlib import pyplot as plt
from demo_box_outliers import box_outliers

# 读取数据
second_hand_house = pd.read_excel('handroom.xlsx')

# 删除包含缺失值的小区名称列的数据行
second_hand_house = second_hand_house.dropna(subset=['小区名称'])

# 删除重复的行,并重新设置索引
second_hand_house = second_hand_house.drop_duplicates(ignore_index= True)
```

```python
# 设置matplotlib的默认字体为'Simhei',以便在图表中正确显示中文
plt.rcParams['font.sans-serif'] = ['Simhei']
excel_data = second_hand_house[second_hand_house['小区名称'].values=='翡翠城四期']
# 使用matplotlib的boxplot函数绘制筛选出的数据的箱型图
plt.boxplot(excel_data['单价(元/平方米)'])
# 显示绘制的箱型图
plt.show()


# 异常处理
# 初始化一个空列表,用于存储异常值的索引
outliers_index_list = []
# 遍历每个唯一的小区名称
for i in set(second_hand_house["小区名称"]):
    # 筛选出对应小区名称的数据行
    estate = second_hand_house[second_hand_house['小区名称'].values==i]
    # 调用box_outliers函数检测异常值索引
    outlies_index = box_outliers(estate['单价(元/平方米)'])
    # 如果有异常值,则进行以下操作
    if len(outlies_index) != 0:
        # 将异常值索引列表添加到outliers_index_list中
        outliers_index_list.append(outlies_index.index.tolist())
# 将嵌套的索引列表转换为单层列表
outlies_index_single_li = sum(outliers_index_list,[])
# 打印出含有异常值的数据行
print(second_hand_house.loc[[i for i in outlies_index_single_li]])


# 删除所有异常值所在的数据行,但是这行代码没有赋值给任何变量,所以原始的DataFrame不会被修改
second_hand_house = second_hand_house.drop([i for i in outlies_index_single_li])
print(second_hand_house)
```

3. 运行程序

处理结果如图 5-2-29 所示。

图 5-2-29　处理结果

◇ **实施评价**

任务评价表见学习单元一之主题学习单元 1 的表 1-1-2。

主题学习单元 3　数据转换与特征工程

 **知识准备**

一、数据转换

数据转换是将数据从一种格式、结构或类型转换为另一种格式、结构或类型的过程。数据转换通常需要进行数据清洗、数据映射、数据合并、数据拆分等操作,以实现数据的准确一致,使数据更适合特定的应用场景、分析需求或满足系统间的兼容性要求。

动画:数据转换

数据转换一般包括以下几种:一是数据格式转换,如将 CSV 文件转换为 JSON 或 XML 格式,或调整数据库表结构以适应新系统的架构;二是数据类型转换,如将字符串日期转换为日期时间格式,或将数值数据转化为分类标签;三是数据清洗,如去除无效值、缺失值、重复记录,修正数据一致性问题;四是数据标准化,如统一度量单位、地理编码、货币换算等,确保数据的一致性和可比性;五是数据集成,即合并来自多个源的数据,解决数据冗余和冲突问题,创建统一视图;六是数据聚合,即对数据进行分组、汇总统计,如计算平均值、总和或计数;七是特征工程,即在机器学习或数据科学项目中,构建新的特征变量,如对原始数据进行数学运算、统计计算或逻辑操作。

二、数据转换操作项目

(一) ETL 工具

ETL(extract、transform、load)工具是一类专门用于数据转换的软件。它能够自动从各种源系统中提取数据,执行复杂的转换逻辑,并将处理后的数据加载到目标系统(如数据仓库、数据湖或数据库)。

微课:数据转换与特征工程

例如,某企业需要将分散在不同业务系统(如 CRM、ERP、库存管理系统)中的销售、客户和产品数据整合到统一的数据仓库中,以便进行跨部门数据分析,其对 ETL 工具的运用包括以下三大步骤。

1. 数据提取

配置 ETL 工具连接各种源系统,定义抽取规则和频率,定时或按需抓取数据。

2. 数据转换

在 ETL 工具中设计转换流程,包括数据清洗(如去除空值、处理异常值)、类型转换(如文本日期转为日期型)、数据标准化(如统一客户 ID 格式)、数据聚合(如按产品类别计算销售额)等。

3. 数据加载

设定目标数据仓库的表结构,配置数据加载任务,确保转换后的数据准确高效入库。

(二) SQL 查询与脚本

使用结构化查询语言(SQL)编写查询语句,直接在关系型数据库中进行数据转换操作。现建立部门员工表,对表中数据进行 SQL 操作,脚本如下:

```
# 建立部门表
create table dept(
    deptno int(5)primary key auto_increment '部门编号',
    dname varchar(14)comment '部门名称',
    loc varchar(13)
```

```sql
)engine= INNODB,charset = UTF8;
desc dept;
# 建立员工表
create table emp(
empno smallint(5)primary key auto_increment comment '员工编号',
    empname varchar(10)comment '员工姓名',
    job varchar(10)comment '岗位',
    date varchar(20)comment '订单日期',
    comm int(10)comment '销售额',
    deptno smallint(5)not null comment '部门编号',
    foreign key (deptno)references dept(deptno)
)engine= INNODB,charset = UTF8;

insert into dept values(10,'财务部','北京');
insert into dept values(20,'研发部','上海');
insert into dept values(30,'销售部','广州');
insert into dept values(40,'行政部','深圳');
insert into emp values(7369,'刘一','职员','2011-12-17',null,20);
insert into emp values(7499,'陈二','推销员','2011-02-20',300,30);
insert into emp values(7521,'张三','推销员','2011-02-22',500,30);
insert into emp values(7566,'李四','经理','2011-04-02',420,20);
insert into emp values(7654,'王五','推销员','2011-05-28',1400,30);
insert into emp values(7698,'赵六','经理','2011-05-01',200,30);
insert into emp values(7782,'孙七','经理','2011-06-09',600,10);
```

1. 数据清洗

使用 SQL 查询并删除销售额为空值或异常值的记录：

```
DELETE FROM emp WHERE comm IS NULL;
```

2. 数据类型转换

使用 CAST 或 CONVERT 函数将订单日期字符串字段转换为日期类型：

```
SELECT
    empno,
    empname,
    job,
    CAST(STR_TO_DATE(date,'%Y-%m-%d')AS DATE)AS real_date,
    sal,
    comm,
    deptno
    FROM
emp;
```

3. 数据聚合

编写 SQL 查询语句，计算每月销售额大于 500 的部门：

```
SELECT
    EXTRACT(YEAR_MONTH FROM STR_TO_DATE(date,'%Y-%m-%d'))
AS OrderMonth,
    deptno,
    SUM(comm)AS TotalSales
FROM
    emp
WHERE
    comm IS NOT NULL
GROUP BY
    OrderMonth,
    deptno
HAVING
    SUM(comm)> 500;
```

（三）编程语言与库

目前编程语言与库在商务数据分析中扮演着至关重要的角色，它们支持企业从海量数据中提取有价值的信息，优化决策过程，提升运营效率，增强客户体验。例如Python、R、Java等编程语言及其相关的数据处理库均可对数据进行预处理。

1. 数据加载与检查

使用如 Pandas 库的 read_csv()、read_excel() 等函数加载数据；利用 head()、tail()、info()、describe() 等方法初步查看数据结构、基本信息和统计摘要。

2. 缺失值处理

isnull() 或 notnull() 用于检查缺失值，dropna() 可删除含有缺失值的行或列，或用 fillna() 填充缺失值，填充方式可以是常数、平均值、中位数、前一个/后一个值等。

3. 数据类型转换

astype() 函数可转换数据类型，如将字符串转换为整型、浮点型或日期时间格式。

正则表达式（通过 re 模块）可清理文本数据，去除无关字符、统一格式；replace() 用于替换错误或不一致的值等。

对于数据转换还有其他技术，如数据管道与工作流平台，可利用云原生数据管道服务（如 AWS Glue、Google Cloud Dataflow、Azure Data Factory）或工作流管理工具（如 Apache Airflow、Luigi）编排数据转换任务，实现自动化、可监控的数据处理流水线。这些数据转换技术可以根据实际应用场景和需求灵活选择和组合使用，以实现高效、准确的数据转换过程。

三、特征选择与构造

（一）特征选择的方式

特征选择是数据分析与机器学习过程中的关键步骤，它涉及从原始数据集中识别并提取最具信息量、最有助于建模任务的有效特征或数据属性。特征选择的目标是通过移除冗余、不相关或噪声特征，精简数据集的维度，进而提高模型的性能、解释性以及计算效率。

动画：特征选择与构造

1. 过滤式特征选择

这是一种预处理方法，通过计算每个特征与目标变量之间的统计度量（如相关系数、卡方检验、互信息等）来评估特征的重要性。得分较高的特征被保留，得分较低的特征被舍弃。这种方法独立于后续的建模过程，易于实现且计算效率高。

2. 包裹式特征选择

这种方法直接考虑特征子集与模型性能的关系。通过在所有可能的特征子集上训练模型,并根据特征在模型验证集上的表现(如精度、AUC、F1 分数等)来选择最优特征集。虽然包裹式方法理论上能找到全局最优解,但其计算成本随着特征数量增加呈指数级增长,因此实践中常采用启发式搜索策略(如遗传算法、模拟退火等)。

3. 嵌入式特征选择

这种策略将特征选择过程融入模型训练过程,如使用带有 L1 正则化的模型(如 LASSO 回归、带 L1 惩罚项的逻辑回归、支持向量机等),在优化模型参数的同时,通过正则化项强制部分特征权重趋近于零,实现特征选择。嵌入式方法通常比包裹式方法计算效率更高,但其特征选择过程与特定模型紧密相关。

(二)特征选择的优势

1. 模型性能提升

通过去除无关或冗余特征,降低过拟合风险,提高模型在新数据上的泛化能力。

2. 计算效率提高

减少特征数量可以降低模型训练和预测的时间复杂度,特别是在大规模数据集和复杂模型中,特征选择有助于提升计算速度。

3. 简化模型解释性

精简后的特征集更容易解释模型决策过程,这对于需要透明度和可解释性的应用(如医学诊断、金融风控)尤为重要。

4. 降低存储需求

对于需要长期存储或传输的数据,特征选择可以减小数据体积,节省存储空间和网络带宽。

5. 增强数据可视化效果

在二维或三维图表中,较少的特征有助于更清晰地展现数据结构和模式,提升可视化效果。

总之,特征选择是数据分析与建模过程中不可或缺的一部分,它通过有效提取关键特征,不仅能够提升模型性能、提高计算效率,还能提升模型解释性,降低存储需求和增强数据可视化效果。结合 Excel 等工具,用户可以直观地对比特征选择前后的数据特性与模型性能,进一步验证和理解特征选择的价值。

四、特征缩放与特征归一化

特征缩放和特征归一化是数据预处理的重要技术,用于调整数据集中的特征值范围,使其满足特定算法的要求或者提高模型的训练效率与稳定性。

1. 特征缩放

调整特征值的尺度，使数据在某一固定区间内分布。常见的缩放方法包括最小-最大缩放和标准化。

（1）最小-最大缩放

将特征值映射到区间 [0，1] 或 [-1，1]，公式为：

$$x_{\text{scaled}} = \frac{x - \min(x)}{\max(x) - \min(x)}$$

（2）标准化

将特征值转换为均值为 0、标准差为 1 的标准正态分布，公式为：

$$x_{\text{scaled}} = \frac{x - \mu}{\sigma}$$

其中，μ 是特征的均值，σ 是特征的标准差。

2. 特征归一化

通常特指最小-最大缩放，即将特征值按比例缩放到一个指定的固定区间。有时也会将特征缩放统称为特征归一化。

动画：特征缩放与特征归一化

任务实施

◇ 任务描述

本案例准备了公开的鸢尾花数据，并将其存储在 iris.csv 文件中。本案例要求使用 Pandas 库对 iris.csv 文件中的鸢尾花数据进行某一特征提取并使用聚类方法绘制散点图。

要求：导入数据集，检测数据是否有缺失值，对预处理后的数据使用 K-means 聚类算法对数据进行特征提取，并绘制散点图。

5-3-1 任务实施

◇ 实践准备

电脑安装 Pychram 2020 以上社区版本、Python 3.7 以上运行环境、安装 Pandas、Numpy、Matplotlib、KMeans 库。

◇ 实践指导

1. 准备

启动 Pychram。

2. 编写程序

导入数据源，使用聚类算法进行特征提取，并绘制图像。程序如下：

```
import numpy as np
import pandas as pd
```

```python
from sklearn.cluster import KMeans # K-means算法
import matplotlib.pyplot as plt
plt.rcParams['font.sans-serif']=['SimHei']
iris_data= pd.read_csv(r'./iris.csv')
X= iris_data[['petal_length','petal_width']]
print(X.shape)
# 绘制数据分布图
estimator= KMeans(n_clusters= 3)# 构造聚类器
estimator.fit(X)# 聚类
label_pred= estimator.labels_ # 获取聚类标签

# 开始绘制K-means结果
x0= X[label_pred= = 0]# 对应setosa

x1= X[label_pred= = 1]# 对应vigincia

x2= X[label_pred= = 2]# 对应versicolor
    plt.scatter(x0.values[:,0],x0.values[:,1],c= 'r',marker= 'o',label= 'setosa(山鸢尾)')
    plt.scatter(x1.values[:,0],x1.values[:,1],c= 'g',marker= 'o',label= 'virgincia(维吉尼亚鸢尾)')
    plt.scatter(x2.values[:,0],x2.values[:,1],c= 'blue',marker= 'o',label= 'versicolor(变色鸢尾)')
    plt.xlabel('petal_length(花瓣长度)')
    plt.ylabel('petal_width(花瓣宽度)')
    plt.title('花瓣长度和花瓣宽度特征之间的散点图')
    plt.legend(loc= 2)
    plt.show()
```

3. 运行程序，查看结果

结果如图5-3-1所示。

◇ **实施评价**

任务评价表见学习单元一之主题学习单元1的表1-1-2。

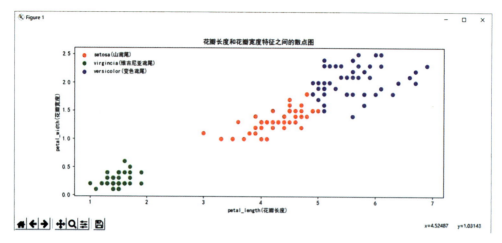

图 5-3-1　查看结果

单元自主学习任务

请同学们扫描二维码完成本单元自主学习任务。

学习单元五自主学习任务

学习单元六　数据可视化分析方法

学习目标

◇ **素养目标**

· 理解数据可视化分析的理论基础，培养以科学理论指导实践的辩证唯物主义思维。

· 通过数据可视化分析来探索问题的本质，培养批判性思维。

· 通过对数据的呈现，培养数据伦理和数据隐私的敏感性。

◇ **知识目标**

· 熟悉并掌握各种数据可视化工具和技术，并了解它们的特点和适用场景。

· 了解数据可视化背后的理论基础，包括视觉感知原理、认知原理和数据表示方法。

· 了解数据可视化的格式。

· 掌握图表类型、颜色、布局和交互元素的内涵。

· 掌握数据中的趋势、模式、异常和关联的意义。

◇ **技能目标**

· 能够使用可视化工具进行数据连接、数据探索、异常检测和图表创建。

· 能够根据分析内容选择合适的图表类型，如柱形图、折线图、饼图、散点图、地图等，对数据进行可视化分析。

· 能够解读可视化结果，并将分析结果有效呈现给目标受众，包括编写清晰的报告、做出数据驱动的决策等。

· 能够将可视化分析方法应用于不同领域，如商业分析、市场研究、社会媒体分析、生物信息学等。

思维导图

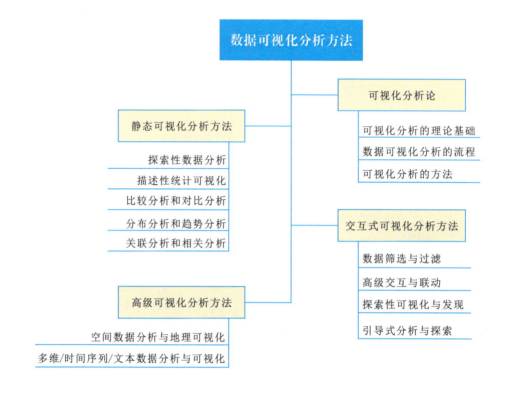

案例导入

寻找下一个"尔滨"——大数据里的新文旅[①]

2023年11月17日,《黑龙江省释放旅游消费潜力推动旅游业高质量发展50条措施》印发,为大力发展冰雪经济保驾护航;同年12月随着"南方小土豆"一词火爆全网,哈尔滨根据话题热度融合游客需求,陆续打造人造月亮、热气球、鄂伦春族人在中央大街表演驯鹿、企鹅游行等特色旅游项目。"准备充足"的哈尔滨凭借独特的冰雪魅力、优质的服务、超高的性价比、强大的口碑抓住了爆红的机会。

携程《2024年元旦跨年游旅游洞察》显示,截至2023年12月15日,黑龙江元旦假期订单量同比增加490%,哈尔滨元旦假期订单量同比增加631%。2024年元旦假日哈尔滨市累计接待游客304.79万人次,实现旅游总收入59.14亿元,达历史峰值。冰雪旅游持续活跃使得哈尔滨成为文旅"新顶流",相关热词持续霸榜微博热搜。

---

① 资料来源:国投证券研究中心(2024年1月12日)。

东北冰雪旅游的火爆主要在于拥有如下关键词。

1. 高性价比

根据第一财经统计数据，2023年国庆黄金周，黑龙江人均消费几乎为全国最低水平。2023年11月黑龙江省接待游客2757.3万人次，旅游收入392.1亿元，人均1422元。除高性价比外，哈尔滨还向游客提供含有较多隐性价值的项目，如免费接送游客的爱心车队、索菲亚教堂的月亮、中央大街的驯鹿表演等，为价格敏感的年轻消费者提供更多情绪价值。

2. 客群年轻

根据中国旅游研究院和携程联合课题组研究，2023年11月至12月中旬，我国冰雪旅游自由行人次增长迅猛，较2019年同期增加46.37%，团队游小团化和碎片化成为一大趋势；此外，冰雪旅游客群年轻化特征显著，预定前往哈尔滨游客的年龄中"90后"与"00后"占比超64%。

3. 中远程

《中国冰雪旅游消费大数据报告（2023）》数据显示，2022—2023年冰雪季，参与调查的消费者中40.7%的人有意愿进行长距离的冰雪旅游；冰雪旅游"南客北上"趋势明显且以中远程为主，除北京外，上海、深圳、杭州、成都等南方城市成为重要的客源地。

4. 社交平台裂变

2023年12月，冰雪大世界开园，由于排队时间过长引发"退票风波"，相关部门立即致歉整改，优化接待工作；随着游客群体增加，抖音、小红书等各大社交平台出现"南方小土豆""冻梨切盘""冰雪大世界"等相关视频并广泛传播，当地政府也抓住热点，立足"讨好型"人设进行营销。一时间，索菲亚大教堂的月亮、中央大街铺地毯等热点话题使哈尔滨在抖音小红书"出圈"产生裂变。

2023年，中国旅游经济运行综合指数始终处于景气区间，相关机构预计：2024年中国国内旅游出游人数或超60亿人次，国内旅游收入将超过6万亿元。通过"尔滨"走红背后的冰雪旅游经济，各地政府需要思考如何打造下一个现象及热门旅游城市。

◇ **思考**

1. 在消费走低叠加旅游兴起的背景下，中国大文旅有哪些新趋势、新人群和新机会？

2. 借助大数据，请你从长期视角预测国内冰雪游的发展空间。

3. 在2023年的中国"新玩法"TOP100榜单上，人文体验以39%的占比一骑绝尘。我国悠久的历史，灿若繁星的非遗、民俗等传统文化，足够为玩法创新提供无尽的源泉。从博物馆新文创到博物馆"显眼包"，从观摩非遗技艺到亲手体验非遗技艺，从参观名胜古迹到化身为服务名胜古迹的一员，人文类玩法体验近年来不断迭代更新。新一代年轻旅行者文化自信和审美水准在不断提升，文化与旅游碰撞出的火花，也将成为未来目的地和景区重点关注与发展的全新增长点。传统文化的全新演绎在带火目的地旅游方面的实力不容小觑。请通过可视化技术手段对新时代年轻人的旅游方式进行分析。

主题学习单元1　可视化分析论

知识准备

可视化分析论是数据科学与视觉设计的交叉点，其融合了统计学、计算机科学、认知心理学等多学科知识，旨在通过设计、实施和解读数据可视化，帮助用户从复杂数据中提取深层次信息，揭示隐藏的模式、趋势和关联，以支持决策、解决问题或增进理解。这一理论体系不仅关注如何将数据转化为直观易懂的图表，更强调在视觉呈现的基础上，引导用户进行有效的探索性分析，实现从"看见数据"到"理解数据"的跨越。

一、可视化分析的理论基础

可视化分析是一个跨学科的领域，它结合了数据分析、统计学、图形设计、人机交互以及认知心理学等多个领域的理论和方法。其目标是帮助人们通过视觉表示手段理解复杂的数据，从而做出更快、更准确的决策。一般认为，可视化分析是建立在以下理论基础上的。

1. 统计学原理

统计学作为可视化分析的理论基础，提供了一系列方法和工具，用于数据的收集、处理、分析与解释，最终通过视觉表示形式有效地传递信息。

（1）描述性统计分析原理

描述性统计分析将数据集的特征简化为几个关键指标，如平均数、中位数、众数、方差、标准差等。这些指标可以帮助人们快速了解数据的集中趋势或离散程度。描述性统计分析能够帮助人们理解和总结数据集的主要特征，这些统计量在数据可视化中直观地展示，为人们提供了快速理解数据属性的途径。

（2）推断性统计分析原理

推断性统计分析使用样本数据来推断总体的特征。这包括假设检验、置信区间、回归分析等方法。推断性统计分析的目的是通过对样本的研究，对总体进行预测和推断。这种分析提供了诸如相关系数、回归分析等工具，用于探索数据之间的关系和趋势。在数据可视化中，散点图、线图等都可用于展示变量之间的关系，帮助人们识别和理解数据间的相互作用。

(3) 时间序列分析原理

时间序列分析为可视化分析提供理解随时间变化数据的基础，通过分解、平滑、模型拟合等方法揭示数据的内在趋势、季节性、周期性及随机波动。可视化表现为折线图、柱形图、季节图等，展现时间序列全貌及细节特征，配合移动平均、指数平滑等曲线直观反映趋势变化。ARIMA、状态空间模型等高级分析结果可嵌入可视化，预测未来走势，辅助决策。

总之，统计学为可视化分析提供科学、系统的分析方法和理论基础，确保可视化不仅是对数据的艺术性展示，而且能够准确、有效地传达数据的洞察和知识。将统计学原理应用于可视化分析，可以帮助人们做出基于数据的决策，增强人们对数据分析结果的理解和信任。

2. 认知原理

认知原理是研究人类思维过程的心理学分支，它探讨人们如何获取、处理、存储和应用信息。认知原理可以帮助设计者创建更符合人类认知习惯的可视化内容，从而提高信息的传达效率、用户的理解和决策能力。

微课：认知原理和视觉感知原理在可视化分析中的应用

(1) 工作记忆与长期记忆

工作记忆是人们在思考和理解任务时使用的临时记忆系统，而长期记忆则是存储大量信息的更为持久的记忆系统。在设计可视化内容时，设计者应考虑如何将信息有效地从工作记忆转变为长期记忆，以促进理解和记忆。

(2) 信息处理阶段

根据认知原理，信息处理分为感知、注意、编码、存储和检索等阶段。可视化设计应考虑这些阶段，以确保信息能够被有效地感知和编码，并在需要时被检索。

(3) 认知负荷理论

认知负荷是指人们在处理认知任务时所消耗的心理资源。设计良好的可视化内容能够尽量减少人们不必要的认知负荷，使人们能够专注于理解数据的关键方面。

(4) 心理地图和心智模型

心理地图是人们对环境的认知表示，而心智模型则是人们对系统或概念的内部表示。设计者在可视化内容中可以通过提供直观的心理地图、强化或构建心智模型来帮助用户理解复杂的数据和概念。

(5) 模式识别

人们能够识别和理解视觉模式。设计者在可视化内容中使用图形、颜色和布局等元素，可以帮助用户识别数据中的模式和关系。

(6) 启发式和偏见

启发式是简化决策过程的心理规则或策略，而偏见则是在信息处理过程中可能出现的系统性错误。在设计可视化内容时，应考虑这些因素，以避免误导用户，并促进正确的数据解释。

(7) 注意力和选择性注意

选择性注意是指人们在众多刺激中只关注特定信息。可视化设计可以通过突出重要信息和使用视觉提示来引导用户的注意力。

(8) 元认知

元认知是指对自己认知过程的认识和控制。可视化工具可以提供元认知支持，例如，通过交互功能和反馈机制来帮助用户监控和调整他们的理解和决策过程。

(9) 符号和符号系统

符号是代表概念或数据的符号。在可视化内容中，符号系统（如图表、图形和文字）是传达信息的关键工具。设计者应确保所使用的符号系统是直观和一致的，以便用户能够轻松理解和解释。

(10) 概念映射和关系识别

概念映射是一种视觉工具，用于表示和组织概念之间的关系。在可视化内容中，清晰地展示数据之间的关系可以帮助用户深入理解复杂系统。

总之，将这些认知理论应用于可视化分析，可以帮助设计者创建更加符合人类认知习惯的可视化内容，从而提高用户对数据的理解、分析和决策能力。

3. 视觉感知原理

视觉感知原理涉及人类通过视觉系统接收、处理和理解视觉信息的过程。这些原理指导数据可视化的设计，确保信息以一种易于理解和记忆的方式传递，提高了数据可视化的有效性和效率。

(1) 视觉注意力

人们的视觉注意力往往会被某些特定的视觉元素吸引，如亮度、颜色、形状、运动等。在可视化设计中，可以通过突出重要的数据点或趋势来引导观察者的视觉注意力。

(2) 预处理效应

在感知信息之前，我们的视觉系统会对信息进行预处理，以便更有效地处理视觉场景。在可视化设计中，可以通过适当的颜色编码、大小变化等来增强数据的可读性和易理解性。

(3) 图形-背景关系

我们的视觉系统能够区分图形（对象）和背景。在可视化设计中，确保数据图形与背景有良好的对比度可以帮助观察者更快地识别和理解数据。

(4) 模式识别

人类视觉系统擅长识别模式和结构。在可视化设计中使用图表、图形和符号等视觉元素，可以帮助人们识别数据中的模式和趋势。

(5) 尺度和比例

我们的视觉系统对尺度和比例非常敏感。在可视化设计中，使用恰当的尺度和比例可以帮助观察者正确理解数据的大小和重要性。

(6) 颜色感知

颜色在可视化设计中具有重要的作用。不同的颜色可以代表不同的数据类别或范围，颜色的温暖度、饱和度和亮度也会影响人们的感知。

(7) 空间关系

我们的视觉系统能够理解空间关系，如位置、距离和方向。在地理信息系统（GIS）或散点图中，空间关系常被用来表示数据点之间的相互关系。

(8) 连续性假设

人们倾向于将视觉元素看作连续的。在折线图或趋势图中，连续的线条可以帮助观察者理解数据随时间或顺序变化的趋势。

(9) 闭合倾向

人们倾向于看到完整的形状，即使这些形状并不完整。在可视化设计中，闭合的图形或图表可以更容易地被观察者识别和理解。

(10) 共同命运原则

当视觉元素以相同的方式移动或变化时，人们倾向于将它们视为一组。在动态可视化设计中，共同命运原则可以用来组织和展示数据之间的关系。

总之，将这些视觉感知原理应用于可视化设计，可以帮助设计者创建更加直观、易于理解和记忆的可视化内容。通过考虑人类的视觉感知特性，可视化分析可以更有效地传达复杂信息，提高数据分析的效率和效果。

数据科学中的可视化分析

数据科学是一门综合性学科，其利用统计学、计算机科学、信息科学以及相关领域的知识，从结构化和非结构化数据中提取信息。数据科学家通过分析、处理、解释数据和大量数据可视化，帮助组织做出基于数据的决策。数据科学在可视化分析中的作用就像是用图画来讲故事。通过画图和图表来探索、理解数据，并分享发现。

数据科学中的可视化分析可以简单地概括为探险之旅、打扫房间、挑选装备、使用望远镜、讲故事 5 个关键点。探险之旅即想象数据科学家是探险家，数据就是广阔的未知世界。"探险家"使用图表作为地图，引领自己在数据的海洋中前进，寻找有趣的模式或隐藏的宝藏；打扫房间即数据科学家制作图表就像是打开房间的灯光，看清哪里需要打扫，然后把数据整理得井井有条；挑选装备即数据科学家在数据分析中选择最重要的信息，以更好地完成任务；使用望远镜即想象模型是一种特殊的望远镜，帮助数据科学家预测未来或看透事物的本质；讲故事即当数据科学家发现有趣的信息或重要的洞见时，会用图表等形式来讲述，使得故事更加生动、容易理解。

◇ 问题

数据科学在可视化分析中是怎样发挥作用的？

二、数据可视化分析流程

数据可视化分析是一个从数据到洞察再到决策的过程,它结合了数据处理、可视化设计、人机交互等多个步骤。以下是一个较为通用的数据可视化分析流程。

动画:数据可视化分析的流程

1. 明确分析目标

① 确定要通过数据可视化解决的问题或传达的信息。
② 明确分析目的,如决策支持、趋势揭示、异常检测、模式识别等。
③ 考虑目标受众的需求和理解水平,以设计有针对性的可视化内容。

2. 数据获取与预处理

① 收集所需数据。来源可能包括数据库、文件、API、传感器、调查问卷等。
② 数据清洗。去除重复值,处理缺失值,纠正错误数据,确保数据质量。
③ 数据转换。进行标准化、归一化、聚合、编码等操作,使数据适应分析和可视化需求。
④ 数据整合。将不同来源、格式的数据整合成一致的数据结构。

3. 选择合适的可视化方法与工具

① 根据分析目标、数据特性(如维度、变量类型、数据规模)以及故事讲述需求,选取恰当的可视化类型,如柱形图、折线图、散点图、热力图、地图、树状图、网络图等。
② 选择或开发适用于数据规模、分析复杂度及交互需求的可视化工具或平台,如商业软件(Tableau、Power BI、Looker 等)、编程语言(Python、R、JavaScript 等)及其相关库(Matplotlib、Seaborn、D3 等)。

4. 设计可视化布局与交互

① 构建可视化叙事逻辑,规划图表组合、布局和展示顺序,确保信息流清晰、逻辑连贯。
② 设计可视化元素(如颜色、字体、图标、轴标签、图例等),遵循色彩理论、对比原则、易读性准则,提升视觉效果和信息传递效率。
③ 考虑交互设计,如添加过滤、排序、缩放、平移、下钻、联动等功能,增强用户对数据的探索和交互体验。

5. 创建可视化

① 使用选定的工具或编程语言来实现设计好的可视化方案。
② 调整图表细节,如轴范围、图例位置、数据标签、透明度等,确保数据呈现准确、无误导性。
③ 添加辅助元素,如标题、副标题、注释、图例说明等,提供必要的上下文信息。

6. 数据分析与解读

① 对可视化结果进行深入分析，计算关键指标、识别趋势、检测异常、探索关联性等。

② 利用可视化工具的内置分析功能（如聚类、回归、预测等）来进行高级数据分析（如机器学习、统计建模）。

③ 提供专业的解读，解释可视化所揭示的模式、趋势、关系或异常，提炼关键发现。

7. 结果验证与反馈

① 根据业务知识、领域专家意见或额外数据源，验证可视化分析结果的准确性与合理性。

② 收集用户或受众的反馈，评估可视化内容是否有效地传达了信息、解答了问题、满足了目标受众的需求。

8. 优化与迭代

① 根据验证结果和反馈，调整可视化设计、分析方法或数据源。
② 迭代更新可视化设计，直至实现满意的分析效果和用户体验。

总之，可视化分析流程是一个迭代的和动态的过程，它将数据处理、信息设计、交互实现、深度分析和用户反馈紧密结合，旨在通过可视化手段揭示数据内涵，支持决策、知识传播与创新思考。

社会担当

针对城市居民慢性病分布及其影响因素成功设计可视化分析

这里介绍一个按照数据可视化流程设计探究城市居民慢性病分布及其影响因素的案例。首先，明确揭示某城市居民慢性病的分布情况，设定探究年龄、性别、地域、生活方式等因素对发病率的影响的分析目标；其次，从公共卫生部门的居民健康档案数据库中获取数据并进行预处理；再次，根据地理热力图展示各区域慢性病发病率、年龄-性别金字塔图的慢性病患者比例等，选择可视化方法与工具，通过饼图或条形图对比各类慢性病的总体分布，通过散点图或箱线图揭示生活方式得分与慢性病发生率的关系；最后，进行优化与迭代，根据反馈调整可视化设计，如改进配色方案、增加数据标注、简化交互逻辑等，更新报告，发布最终版可视化分析成果，供决策者和提供公众参考。

针对城市居民慢性病分布及其影响因素成功设计可视化分析

更多内容请扫描二维码查看。

三、可视化分析的方法

可视化分析的方法可以从多个维度分类，人们可以从不同的视角来挑选合适的可视化技术。

1. 根据交互性水平来分类

根据交互性水平，可视化分析的方法可分为静态可视化和动态/交互式可视化。

动画：可视化分析的方法

静态可视化适用于报告或展示固定数据；动态/交互式可视化允许用户与数据直接互动，如通过筛选、缩放来探索数据。

2. 根据不同技术来分类

根据不同技术，可视化分析的方法可分为基础图表、地理信息系统、三维可视化、信息图和仪表盘等。

基础图表如柱形图、折线图适用于简单数据的展示；地理信息系统适用于展示地理数据；三维可视化适用于复杂空间数据展示；信息图和仪表盘适合汇总和展示关键信息。

3. 根据数据表示来分类

根据数据表示，可视化分析的方法可分为序列型、分布型和比较型。

序列型展示数据随时间的变化，适用于时间序列分析；分布型展示数据的分布形态，适用于统计分析；比较型对不同数据集进行比较，适用于性能评估或市场分析。

这些分类提供了系统性的方法来选择和实施数据可视化项目，确保选用的可视化技术最适合呈现特定的数据和分析目的。

静态可视化到动态可视化的进步

我们通过对股市数据的展示，理解从静态到动态的可视化分析的进步。

首先，以股市日报图表示例展示静态可视化。报纸上的股市报告包含了前一个交易日股市的静态图表，展示了不同股票的开盘价、收盘价、最高价和最低价。这虽然能够提供基本的信息，但其在时效性、交互性、深度分析等方面的局限性很明显。

其次，用在线股市仪表盘示例展示动态可视化。通过实时的数据、增强的交互性、自定义和深入分析等，提供实时的、交互式的股市数据可视化。

从中我们能够清晰地感受到可视化内容从静态到动态的转变显著提升了用户体验和分析的深度。在动态可视化中，用户不仅能获得最新的数据，还能通过互动操作获得对数据更深层次的理解和分析。

更多内容可扫描二维码查看。

静态可视化到动态可视化的进步

任务实施

◇ 任务描述

现有课题需要分析我国各大城市的空气质量数据，并解读和传达数据分析结果。请为该课题设计一个可视化分析流程。

◇ 实践准备

① 学生分组，每组 4~6 人。
② 确定能查到相关数据的环保部门官网或数据平台。

6-1-1　任务实施

◇ 实践指导

① 数据收集。
② 设计可视化分析的流程并撰写文本。
③ 小组制作 PPT 并汇报展示。

◇ 实施评价

任务评价表见学习单元一之主题学习单元 1 的表 1-1-2。

主题学习单元 2　静态可视化分析方法

知识准备

微课：静态可视化分析方法

一、探索性数据分析

（一）基本内涵

1. 基本概念

探索性数据分析（exploratory data analysis，EDA）是在 20 世纪 70 年代由美国统计学家约翰·图基提出的，指对已有数据在尽量少的先验假设下，通过作图、制表、方程拟合、计算特征量等手段，探索数据总体特征、结构和规律，识别数据中的异常值和潜在变量，发现

动画：探索性数据分析的基本内涵

数据中的结构关系和模式。

传统的统计分析方法通常先假设数据符合某种统计模型,然后根据数据样本来估计模型的一些参数及统计量,以此来了解数据的特征。然而,实际生活中往往有很多数据并不符合假设的统计模型分布,这可能导致数据分析结果不理想。相比之下,探索性数据分析不依赖严格的假设,更加注重对数据的探索和可视化,更加灵活地处理复杂的数据结构和工作流程,从而为后续的数据分析和决策提供基础。

探索性数据分析的一个主要方式是数据可视化,这可以让人们直观地看到数据的分布、模式等,从而更好地理解数据,建立对数据的直觉,形成假设,并洞察数据中的规律和特征。例如:可以通过频数和众数来展示数据在不同类别对象的分布情况;通过百分位数来展示数据的大小分布情况;通过均值和中位数等统计量来展示数据的中心趋势。

2. 目的

探索性数据分析的主要目的是在做出任何假设之前帮助查看数据,识别明显的错误,更好地理解数据中的模式,检测异常值或异常事件,发现变量之间的关系。

数据科学家可以使用探索性分析来确保他们产生的结果有效并适用于任何所需的业务成果和目标。探索性数据可以确认提出的问题是否正确,也可以回答有关标准偏差、分类变量和置信区间的问题。一旦探索性数据分析完成并得出见解,其功能就可用于更复杂的数据分析或建模,包括机器学习。

探索性数据分析的特点是强调对数据的直观理解和解释,而不是对数据进行复杂的数学建模。它可以帮助人们更好地理解数据的本质和规律,从而为人们后续的数据分析和决策提供更加准确和可靠的依据。

3. 应用场景

探索性数据分析在许多领域都有广泛的应用,如商业、科研、教育等。在商业领域,探索性数据分析可以帮助企业了解市场趋势、客户行为等;在科研领域,探索性数据分析可以帮助研究者发现数据中的规律,提出新的研究假设;在教育领域,探索性数据分析可以帮助学生更好地理解数据,提升分析数据和解决问题的能力。

(二)工具技术和主要类型

1. 工具技术

探索性数据分析工具具有特定统计功能和技术,主要包括:聚类和降维技术(有助于创建包含许多变量的高维数据的图形);原始数据集中每个字段的单变量可视化以及汇总统计;双变量可视化和汇总统计(评估数据集中每个变量与目标变量之间的关系);多变量可视化(映射和了解数据中不同字段之间的交互性);K-means 聚类(无监督学习中的一种聚类方法,它基于与每个组质心的距离,使最接近特定质心的数据点在同一类别下聚类);线性回归等预测模型使用统计数据和数据来预测结果;等等。

2. 主要类型

(1) 单变量

单变量可以分为单变量非图形分析和单变量图形分析。其中,单变量非图形分析通常是指对单一变量进行统计分析,但不是通过图表来展示数据。这种分析可以帮助人们理解数据的分布、中心趋势、离散程度等特征。单变量非图形分析是最简单的数据分析形式,其中被分析的数据仅包含一个变量,因此不会处理原因或关系。单变量非图形分析的主要目的是描述数据并发现其中存在的模式。

单变量非图形分析不能提供数据的全貌,因此图形方法是必需的补充。单变量图形分析主要使用数据组的一个变量进行相应图的绘制,主要目的是通过图形化方式展示单一变量的分布、变化趋势或者与其他变量的关系,帮助数据分析者快速理解数据的特征和规律。单变量图形分析可以直观地展示数据的集中程度、离散程度以及可能的异常值,这对于数据的初步探索和分析非常有用。

常见的单变量图形包括以下几种。

① 茎叶图:显示所有数据值和分布形态。

② 条形图:用于显示不同类别之间的比较,其中每个条形表示一系列值的案例的频数或比例(百分数)。

③ 折线图:用于显示一段时间内或不同类别之间的趋势。

④ 直方图:用于显示单个变量的分布。

⑤ 热力图:用于双变量分析,呈现两两变量之间的相关性。

⑥ 散点图:用于表示两个连续变量之间的关系。

⑦ 箱线图:用于显示变量的分布和识别异常值,以图形方式描绘了 5 个数值的汇总,分别是最小值、上四分位数、中位数、下四分位数和最大值。

(2) 多变量

多变量也可以分为多变量非图形分析和多变量图形分析。其中,多变量非图形分析通常通过交叉制表或统计来显示数据的两个或多个变量之间的关系;多变量图形分析是指多变量数据使用图形来显示两组或更多组数据之间的关系。最常用的图形是分组条形图或条形图,每组代表一个变量的水平,组内的每个条形代表另一个变量的水平。

(3) 可视化分析

探索性数据分析可视化的主要目的在于做任何假设之前帮助人们更好地理解数据,让人们对数据分布、汇总统计、变量和异常值之间的关系有一个直观的理解,并得出一些有价值的洞见,以辅助人们做出策略或决策。

图 6-2-1 所示的条形图以横向的条形来表示各个数据的大小,通常用于表示不同类别或项目之间的对比。每个条形代表一个类别或项目,条形的长度表示该类别或项目的数值大小。条形图可以清晰地显示类别或项目之间的差异,便于比较和分析。该条形图展示了某企业上半年 1—6 月份的总销售量,通过图形能直观地看到 2 月份的销售量数据最高,3 月份的销售量数据最低。

图 6-2-2 所示的柱形图以纵向的柱状来表示数据的大小和比较,通常用于表示时间序列或连续性数据的变化情况。每个柱子代表一个时间点或数据点,柱子的高度表示该时

间点或数据点的数值大小。柱形图可以直观地反映数据随时间或变量变化的情况，便于进行趋势分析和预测。该柱形图表示某品牌牛仔裤、衬衫、风衣等6个单品全年的销售数据，品牌给商品设置的预期销售额为400万元，通过柱形图可以直观地看到产品实际销售额和预期销售额之间的差距，可以发现只有运动裤这一单品超过了预期销售额，半身裙距离预期销售额差距最大，从而为企业制订后期计划提供参考。

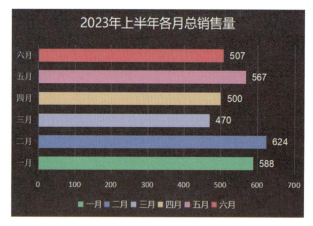

图 6-2-1　条形图

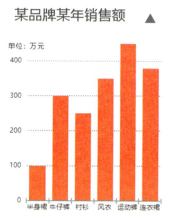

图 6-2-2　柱形图

二、描述性统计可视化

（一）基本概述

1. 概念

描述性统计是指运用制表、分类、图形以及计算概括性数据来描述数据特征的各项活动。描述性统计分析要对调查总体所有变量的有关数据进行统计性描述。描述性统计分析的主要目的是帮助人们理解数据的分布特征、中心趋势、离散程度等。其以图表形式对所收集的数据进行加工处理和显示，通过综合概括与分析得出反映客观现象的规律性数量特征。

动画：描述性统计可视化概述

描述性统计可视化是将描述性统计学的数据通过图形、图表等形式进行展示的过程。在可视化过程中，可以运用各种图表类型（如柱形图、箱线图、散点图、雷达图等），来展示数据的分布、比较、变化以及相关性等特征。这些图形化的展示方式有助于人们更直观地理解数据，发现数据中的模式和趋势，从而更好地进行数据分析和决策。描述性统计可视化的核心在于通过图形化方式展示描述性统计学的数据，以便人们更好地理解和分析数据。

2. 优缺点

（1）优点

① 直观易懂。通过图表、图形等直观方式展示数据，使得数据的特征和规律更加容易理解和消化。这对于非专业人士或对数据不熟悉的受众来说尤为重要。

② 便于比较和发现规律。可视化方法能够清晰地展示不同组或类别之间的数据差异，以及数据随时间或其他变量的变化趋势，有助于用户快速发现数据中的规律和趋势，为决策提供有力支持。

③ 提高分析效率。通过直观的可视化展示，用户可以更快地处理和分析数据，缩短在大量数据中寻找关键信息的时间，从而提高工作效率。

④ 支持交互式分析。现代的可视化工具通常支持交互式分析，用户可以根据自己的需求对数据进行实时探索和调整，从而得到更加准确和深入的分析结果。

（2）缺点

如果可视化表现形式不够准确或数据处理过程存在问题，可能导致用户对数据的解读出现偏差。用户在使用可视化方法时要谨慎，并结合原始数据进行综合分析。操作过程中为了保持图表的简洁性和易读性，有时可能需要对数据进行一定程度的简化，这可能会导致一些重要的数据细节被忽略或遗漏，从而影响分析的准确性。

① 技术门槛较高。虽然可视化工具越来越易于使用，但要想设计有效且准确的可视化方案，仍然需要一定的技术水平和经验。这可能会限制一些用户对可视化方法的充分利用。

② 无法替代深度分析。描述性统计可视化虽然能够进行数据的直观展示和初步分析，但它并不能替代深度分析和推理。对于一些复杂的数据问题和决策场景，仍需要结合其他分析方法进行综合评估。

3. 应用场景

描述性统计可视化在多个领域有广泛的应用，如市场调研、医学研究、教育评估、社交媒体、金融分析、用户行为、环境监测等。描述性统计可视化通过图表展示数据变量之间的关系。如在健康数据分析中，使用直方图来展示患者的年龄分布，使用箱线图来展示不同治疗方法的疗效，使用散点图来分析患者的生理指标（如血压、心率）与疾病风险之间的关系。

描述性统计可视化可以帮助人们快速识别数据中的重要特征，发现潜在的问题，支持决策制定，并为进一步的统计分析提供方向。

（二）可视化分析

描述性统计可视化的主要目的在于以直观、易理解的方式呈现数据的基本特征和分布情况，帮助人们更好地理解和分析数据，通过定性图表、定量图表和综合图表对描述性统计可视化进行可视化解释。

1. 定性图表

定性图表用于展示非数值型数据，可以帮助人们理解和交流数据的分类和组织。适用于定性图表分析的有条形图、柱形图、饼图、圆环图、树状图等。

定性图表在数据分析和信息交流中扮演着重要的角色，其将非数值型数据转换为图表格式，便于理解和解释。通过视觉元素，如颜色、形状和大小，定性图表可以帮助观察者快速抓住数据的重点，增强数据的可理解性，提高沟通的效率和效果，是数据分析中不可或缺的工具。

图 6-2-3 是某公司全年 12 个月每个月营业额的柱形图,从中可以直观地看到 9 月份营业额最高,5 月份营业额最低,整体营业额在 7 万到 18 万之间。

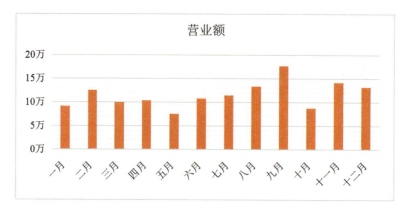

图 6-2-3　某公司 1—12 月营业额柱形图

图 6-2-4 是某公司四个季度销售额的饼图,从中可以看到每个季度的销售额占比,其中第四季度占比最大,达到 38%;第二季度占比最小,为 10%。

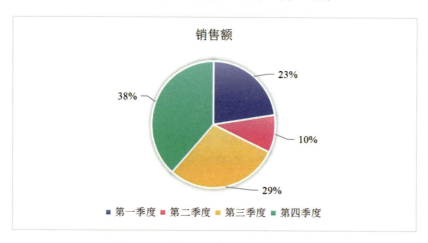

图 6-2-4　某公司四个季度销售额饼图

某公司 2022 年和 2023 年四个季度的销售额如表 6-2-1 所示,通过圆环图分析数据,如图 6-2-5 所示,从中可以看到两年每一年每个季度销售额所占的比例。同时,该图对两年每个季度的销售比例进行了直观的对比,反映了每月销售额的变化趋势。

表 6-2-1　某公司 2022 年和 2023 年四个季度销售额销售额

季度	2022 年	2023 年
第一季度	53492	86950
第二季度	22792	56580
第三季度	69704	30800
第四季度	91480	60980
总计	237468	235310

■ 第一季度 ■ 第二季度 ■ 第三季度 ■ 第四季度

图 6-2-5　某公司 2022 年和 2023 年销售额圆环图

2. 定量图表

定量图表是用于展示数值型数据即定量数据的图表，可以帮助人们理解和分析数据的大小、趋势、分布和关系。适用于定量图表分析的有折线图、散点图、箱线图、密度图、面积图、雷达图、气泡图、热力图、瀑布图、甘特图等。

定量图表可以帮助人们更好地理解和分析数值数据，特别是在数据涉及趋势、比较、分布或关系时。在选择图表时，人们应根据数据的特性和分析目的来决定使用哪种图表类型。

定量图表将复杂的数据转换为图形，使数据易于观察和解释。人们通过图表，可以迅速识别数据的趋势、模式和异常值。定量图表通过将数值型数据转换为图形，不仅增强了数据的可理解性，还提高了沟通的效率和效果，是数据分析中不可或缺的工具。

图 6-2-6 是某年三亚、福州、北京三地平均气温变化趋势的折线图，从中可以直观地看到，三亚全年气温都在 20℃ 以上，北京地区全年气温在三地中是最低的。

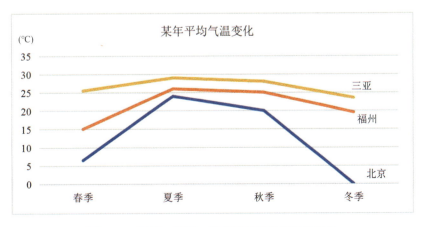

图 6-2-6　三亚、福州、北京四季平均气温折线图

某公司 2023 年四个季度的海鲜、日用品、果蔬营业额如表 6-2-2 所示，通过面积图分析数据，如图 6-2-7 所示，从中可以直观地看到三类产品四个季度的营业额占比。

表 6-2-2 某公司 2023 年四个季度的海鲜、日用品、果蔬营业额

季度	品类		
	海鲜	日用品	果蔬
第一季度	9909	8802	6350
第二季度	9861	9562	9850
第三季度	10582	9875	9473
第四季度	10602	10582	6850

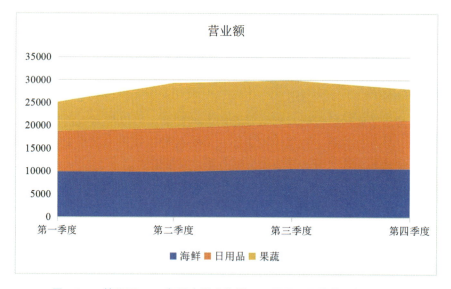

图 6-2-7 某公司 2023 年四个季度海鲜、日用品、果蔬营业额面积图

3. 综合图表

综合图表即将定性图表和定量图表相结合，从不同角度分析。表 6-2-3 展示了 A、B、C、D、E 5 个产品在 1—6 月的销售额，通过图表进行综合分析，如图 6-2-8 所示。通过占比图可以看到每个产品在 5 个产品销售额中的占比情况；通过扇形图可以看到每个月 5 个产品销售额占总销售额的比例；通过综合对比图可以观察到 5 个产品在每月销量额中的综合数据。

表 6-2-3 五个产品在 1—6 月的销售额

月份	产品 A	产品 B	产品 C	产品 D	产品 E	合计
1 月	53	123	146	64	198	584
2 月	48	145	175	75	178	621
3 月	62	107	138	42	199	548
4 月	79	130	146	38	208	601

续表

月份	产品 A	产品 B	产品 C	产品 D	产品 E	合计
5月	83	158	185	59	215	700
6月	72	163	147	67	223	672
合计	397	826	937	345	1221	3726

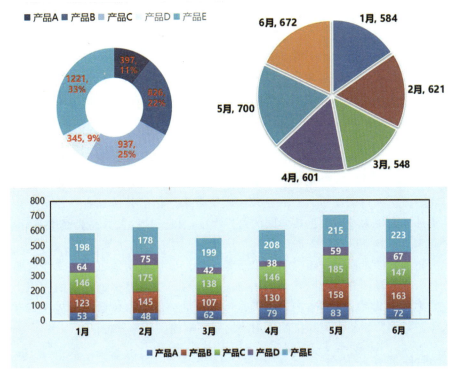

图 6-2-8　产品销售额占比图、扇形图和综合对比图

三、比较分析和对比分析

（一）概述

1. 概念

比较分析是把客观事物加以比较，从而认识事物的本质和规律并做出正确的评价。比较分析通常把两个相互联系的指标数据进行比较，从数量对比的角度展示和说明研究对象规模的大小、水平的高低、速度的快慢以及各种关系的协调程度。

比较分析通常涉及对两个或两个以上的对象、事件进行直接对照和评估。它可以帮助人们识别它们之间的相似处和差异处，从而让人们更深入地了解每个对象的特性。在数据分析中，比较分析可以是定量的，如比较两组数据的平均值、中位数或标准差；也可以是定性的，如比较两个群体的文化背景或行为模式。

动画：比较分析
与对比分析

对比分析是一种更为深入和系统的比较方法，它不仅关注对象之间的表面差异，还试图揭示这些差异背后的原因、机制和影响。对比分析通常涉及对多个变量或因素进行综合考虑，以构建一个更全面的理解框架。在科学研究中，对比分析通常用于检验假设、发现新规律或解释相关现象。

2. 区别和联系

比较分析和对比分析是两种常用的分析方法，用于研究不同数据集或变量之间的关系和差异。

（1）目的和重点

比较分析的目的在于揭示不同数据集或变量之间的相似性和差异性。其侧重于对两个或两个以上数据集进行横向对比，以发现其中的差异点和共同点。

对比分析则侧重于研究变量之间的关系以及这些关系如何影响整体数据的表现。对比分析通常涉及多个变量之间的相互作用，以及这些变量如何共同影响结果。

（2）方法和应用

比较分析可以通过描述性统计量（如均值、中位数、标准差等）来量化不同数据集之间的差异。此外，还可以使用统计检验（如 t 检验、方差分析等）来验证这些差异是否显著。比较分析在市场调研、产品比较、政策效果评估等领域具有广泛的应用。比较分析的结果通常表现为不同数据集之间的差异程度，以及这些差异是否具有统计显著性。这有助于决策者了解不同选项之间的优劣，从而做出更明智的决策。

对比分析通常涉及回归分析、相关分析等方法，以揭示变量之间的线性或非线性关系。对比分析在市场预测、风险评估、因果关系研究等领域发挥着重要的作用。其侧重于展示变量之间的关系强度和方向，以及这些关系如何影响整体数据的表现，有助于研究者深入了解数据背后的规律和机制，为预测和决策提供科学依据。

3. 主要作用

比较分析和对比分析在经济社会研究领域发挥着不容忽视的作用。它们可以用来追溯事物发展的历史渊源，并确定事物发展的历史顺序，发现事物发展的历史脉络；还可以对事物进行定性的鉴别和定量的分析。

比较分析和对比分析可以帮助人们更全面地了解研究对象，发现新的规律和现象。在实际应用中，我们应根据研究目的和需求选择合适的方法，并结合其他分析工具和技术，以获得更准确深入的分析结果。

（二）应用场景

比较分析和对比分析是数据分析中常用的方法，人们通过比较不同数据集或数据集中的不同部分，发现差异、趋势和潜在的原因。比较分析和对比分析常见的应用场景包括市场营销和广告、产品管理、财务分析、人力资源管理、客户服务和支持、供应链管理等。

在运用比较分析和对比分析时，要确保数据对象是可比的，即数据对象基于相同的标准或单位，并且处于相同的时间框架内。此外，分析时应该考虑外部因素，如经济变化、市场趋势或季节性影响，以获得准确的结论。比较分析和对比分析应用场景广泛，涉及多个领域和行业。通过深入研究和客观分析，可以为决策制定和问题解决提供有力支持。

（三）基于项目分类的对比可视化分析

基于项目分类的对比可视化分析是将不同项目或类别的数据进行对比并通过可视化手段展示。这种方法有助于人们快速识别各类项目的差异和相似之处，进而为决策提供有力支持。

1. 少数变量比较分析

少数变量比较分析通常指的是在数据集中仅包含几个变量的情况下，对这些变量进行比较和分析。这种分析是为了确定这些变量之间是否存在显著差异，或者探究它们之间的关系。

图 6-2-9 为某鞋类品牌 1—12 月营业额，对营业额这单一变量进行直方图分析。从图中可以直观地看到营业额的变化，其中，9 月的营业额最高，每月销售数据在 70000 元到 180000 元之间。

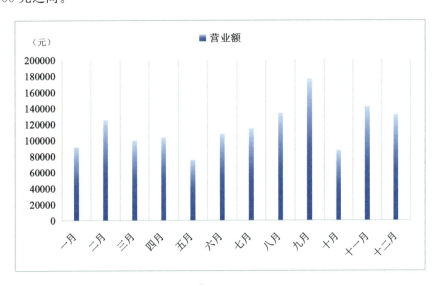

图 6-2-9　某鞋类品牌 1—12 月营业额对比

表 6-2-4 为某电商品牌 1—12 月营业额，通过数据分析，对营业额这单一变量进行折线图分析。从图 6-2-10 中可以直观地看到营业额变化。

表 6-2-4　某电商品牌 1—12 月营业额（单位：万元）

月份	1月	2月	3月	4月	5月	6月	7月	8月	9月	10月	11月	12月
营业额	156	183	149	176	182	196	226	235	237	238	256	286

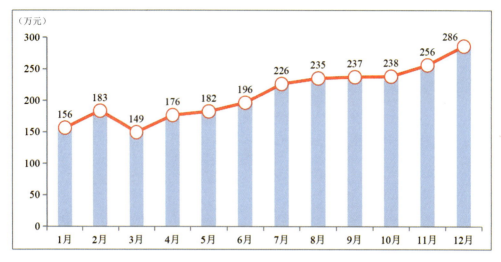

图 6-2-10　某电商品牌 1—12 月营业额折线图

2. 多变量比较分析

多变量比较分析是指同时考虑多个变量之间的关系和差异。这种分析通常涉及多个样本或多个处理条件下的变量值比较，以确定是否存在显著差异。

例如，表 6-2-5 为某品牌 2023 年 1—6 月在全国 5 个地区的销售额。对 5 个地区数据进行比较分析。从图 6-2-11 可以直观地看到 5 个地区 6 个月的销售走势，同时可以对比每个月不同地区的销售数据，可以看到北京地区的销售量总体较低。

表 6-2-5　某品牌 2023 年 1—6 月销售额

（单位：万元）

月份	广东	北京	天津	四川	江苏
1	221	160	276	326	406
2	364	423	467	454	462
3	409	280	443	297	255
4	252	310	181	302	215
5	454	146	482	421	462
6	129	108	121	106	350

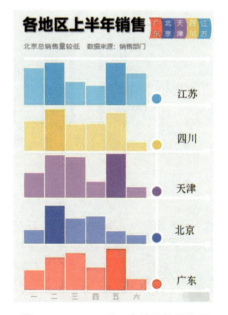

图 6-2-11　1—6 月 5 个地区的销售额对比分析

（四）基于时间变动的对比可视化分析

基于时间变动的对比可视化分析通过图表、图形或其他视觉元素，来展示数据随时间变化的过程和趋势。

1. 时间变动单变量比较

时间变动单变量比较是在时间序列中比较同一变量的变化情况，可以帮助人们理解一个变量随时间的变化趋势、季节性波动、周期性变化或其他模式。在进行时间变动单变量比较时，需要考虑数据的平稳性、季节性、周期性和趋势性等因素，确保分析的准确性和可靠性。

表 6-2-6 为某品牌 2023 年 9 月上、中、下旬的销售额，我们对实际销售额和目标销售额等数据进行分析。图 6-2-12 反映了该品牌 9 月各旬销售额完成比例和变化走势，图 6-2-13 展示了各旬目标与实际数据对比。

表 6-2-6　某品牌 2023 年 9 月上、中、下旬的销售额

旬	目标	实际	完成比例
上旬	400	360	90%
中旬	298	290	97%
下旬	513	692	135%
总计	1211	1342	111%

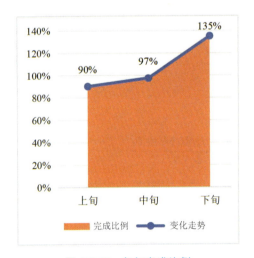

图 6-2-12　各旬完成比例

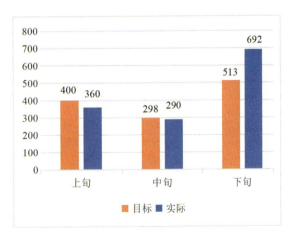

图 6-2-13　各旬目标与实际数据对比

2. 时间变动多变量比较

时间变动多变量比较是在时间序列中同时比较多个变量的变化情况。时间变动多变量比较用于分析多个变量随时间的变化趋势和它们之间的相互作用、识别多个变量中重复

出现的季节性模式、确定多个变量随时间变化的长期趋势、建立多变量时间序列数据的模型等。

表6-2-7为2023年6个地区1—6月某地区某连锁商场会员顾客咨询数量，通过对表中数据进行分析，得到随着时间变动每个地区数据变化曲线图，可以对2个甚至6个地区的数据进行对比分析。

图6-2-14为广东、陕西两地1—6月数据对比走势曲线图；图6-2-15为湖南、四川、湖北3个地区1—6月数据对比走势曲线图；图6-2-16为6个地区1—6月数据对比走势曲线图。通过折线走势图分析数据，可对几个地区的工作提出改进建议。

表6-2-7 2023年6个地区1—6月顾客咨询数量

地区	1月	2月	3月	4月	5月	6月
广东	94	85	70	49	37	38
湖南	76	43	48	98	54	77
四川	89	58	72	98	42	63
湖北	77	79	59	30	84	61
贵州	71	84	75	83	43	73
陕西	35	38	44	83	33	89

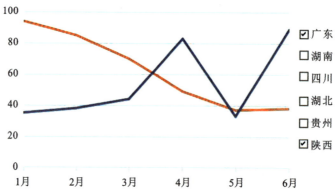

图6-2-14 广东、陕西两地1—6月数据对比走势曲线图
注：橘黄色线条代表广东，深蓝色线条代表陕西。

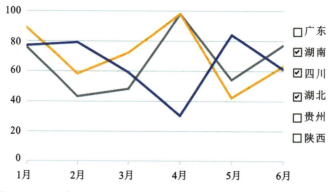

图6-2-15 湖南、四川、湖北3个地区1—6月数据对比走势曲线图
注：黄色线条代表四川，蓝色线条代表湖北，灰色线条代表湖南。

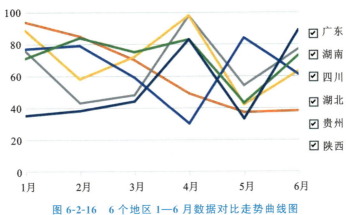

图 6-2-16 6 个地区 1—6 月数据对比走势曲线图

注：橘黄色线条代表广东，黄色线条代表四川，蓝色线条代表湖北，
绿色线条代表贵州，深蓝色代表陕西，灰色线条代表湖南。

综合来说，比较分析和对比分析各有侧重，可以根据研究目的和数据的特性选择合适的方法。在实际应用中，通常需要综合运用多种方法，以获得更全面和深入的分析结果。

需要注意的是，在对比分析的实际操作过程中，必须遵循可比性原则。具体来说，就是指标的内涵外延、时间范围以及空间、计算方法、总体性质等具有可比性。如果将两个完全不具有可比性的对象摆在一起进行对比分析，将会是徒劳无功的。

四、分布分析和趋势分析

（一）概述

动画：分布分析
和趋势分析

1. 概念

分布分析主要关注数据的分散情况和特征，其在统计分组的基础上，将总体中的所有单位按组归类整理，形成总体单位在各组间的分布。这些分布在各组中的单位数被称为次数或频数，而各组次数与总次数之比则被称为比率或频率。分布分析可以揭示数据的集中、分散和形状等特点，让人们更深入地理解数据的本质和内在规律。

趋势分析通过观察和分析数据的演变过程，来揭示数据背后的趋势和规律性变化。其在一定时间范围内，通过观察数据的变化情况，寻找其中的趋势性变化，并利用这些趋势性变化来做出预测和决策。趋势分析有助于人们预测未来可能的发展方向，从而为企业决策、政策制定等提供重要依据。

分布分析和趋势分析的类别、分类和应用图形种类具体如表 6-2-8 所示。

表 6-2-8 分布分析和趋势分析的类别、分类和应用图形种类

类别	分类	应用图形种类
分布分析	单维度数值分布分析	直方图、笛卡尔热力图
	多维度数值分布分析	散点图、气泡图、三元图

续表

类别	分类	应用图形种类
趋势分析	单一维度趋势变化分析	堆叠面积图、折线图、河流图
	不同维度趋势变化分析	平行线图、雨量流量面积图、纵向双轴面积图

分布分析与趋势分析通过对数据的分布情况进行深入研究，可以让人们更准确地把握数据的内在规律和特征，预测数据的未来变化，为决策提供有力支持。

2. 联系和区别

分布分析与趋势分析在统计学中各自扮演着重要角色，同时它们也存在紧密的联系和明显的区别。

（1）联系

分布分析和趋势分析都是数据分析的重要工具，它们共同帮助研究者更深入地理解数据的特征和变化规律。分布分析揭示了数据的分散情况和特征，为趋势分析提供了基础。而趋势分析则进一步探索数据的演变过程，发现其中的趋势性变化。在实际应用中，研究者往往需要综合使用这两种方法，以全面、准确地把握数据的特征和规律。

（2）区别

分布分析主要关注数据的分散情况和特征，强调数据的分布形态、集中趋势和离散程度等。它通过对数据进行分组和整理，形成频率分布表或直方图，直观地展示数据的分布情况。趋势分析则侧重于数据的演变过程和趋势性变化，通过对时间序列数据进行分析，发现数据随时间变化的趋势和规律。趋势分析常用于预测未来可能的发展方向，为决策和规划提供依据。

总的来说，分布分析与趋势分析在统计学中各有侧重又相互补充。它们之间的联系和区别体现了数据分析的多样性和复杂性，使研究者能够更全面地理解和解释数据。在实际应用中，研究者应根据具体问题和需求选择合适的方法进行分析，以获得更准确、更有价值的结果。

（二）应用场景

分布分析和趋势分析是数据分析中的两个重要方面，它们的主要应用场景包括质量关联、销售和市场营销、社交媒体和网络分析、经济分析、气候变化和环境监测等。比如：通过分析气温、降雨量或污染水平的趋势，来研究气候变化和环境问题；通过追踪产品核心指标的长期变化，如点击率、活跃用户数、在线时长等，来帮助企业明确数据的变化及其背后的原因，为决策制定提供有力的支持。

在这些场景中，分布分析帮助人们理解数据的当前状态和特征，而趋势分析则提供了数据随时间变化的洞察。两者结合起来可以提供更全面的数据理解，以支持决策的制定和策略的规划。

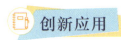

游戏行业市场规模趋势

基于月狐数据对市场的长期调研可以看到，当下游戏行业已步入发展成熟期，这主要体现在传统市场规模的增幅放缓，以及头部收入品类及玩法的相对固化。通过采用静态与动态数据可视化方法，对创新应用到游戏市场的数据分析，我们得知：2023年，我国游戏市场实际销售收入达3029.64亿元，同比增长13.95%，首次突破3000亿元。移动游戏仍为市场份额的主要贡献方，规模创下行业增幅新高；品类融合、玩法创新为行业增长的关键；角色扮演等现象级产品提升品类影响力，新兴品类崛起搅动市场布局。同时，休闲益智品类快速增长，引发内容共创、社交生态的迸发；围绕品牌搭建、轻量级的原生广告投放，提升了产品影响力。案例详情请扫描二维码查看。

游戏行业市场规模趋势

（三）可视化分析

分布分析和趋势分析可视化是将数据的分布情况和随时间变化的趋势通过图形、图表等形式进行展示和解读，其有助于人们更直观、更深入地理解数据的特征和规律。

1. 单变量

单变量的统计描述是统计分析中最简单的，主要是描述单变量的分布情况。对单变量的描述，除了借助统计量外，更多的是借助一些统计图以增强视觉效果。

图6-2-17为某地区200位居民平均每周水果的开销，以直方图的形式表示，将横轴按对应的组限来划分，用长条的高度表示频数或相对频率，长条的底部覆盖该组的范围。从该图可以直观地看到这些居民每周水果开销的集中段。

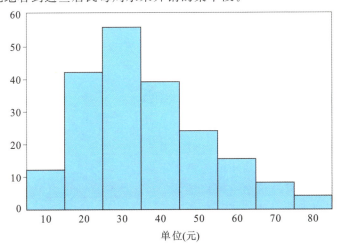

图6-2-17 某地区200位居民平均每周水果的开销直方图

正态分布图呈对称分布，因为形状像钟，所以也称钟形曲线。正态分布图的最高峰表示平均值，也是概率最大的值，大多数数据都集中在这个区域。曲线向两侧延伸时数值逐渐下降，表示数据离平均值越远，出现的概率越小。正态分布图的标准差决定了曲线的宽度。标准差越大，曲线越扁平，数据分布越分散；标准差越小，曲线越陡峭，数据分布越集中，如图 6-2-18 所示。

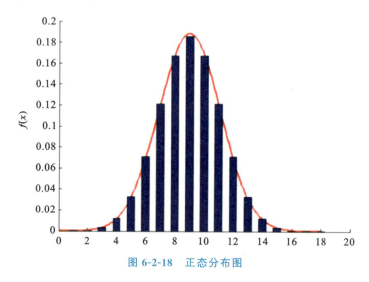

图 6-2-18　正态分布图

2. 双变量

双变量分析的首要步骤通常是通过散点图来观察两个变量之间的关系。散点图是以 X 轴表示一个变量，以 Y 轴表示另一个变量的图形，图中的每个点代表一个观测值。通过观察散点图的形状，可以大致了解两个变量之间是否存在关系以及可能存在的关系之类型。

例如，我们想要了解一个人的身高和体重之间的关系。通过绘制身高和体重的散点图，可以观察到两者之间的正相关性：身高较高的人往往体重也较重，如图 6-2-19 所示。

表 6-2-9 为某品牌产品 2021 年和 2023 年某月的销售量，对两年的数据进行分析，绘制产品销量分布图，如图 6-2-20 所示。该图直观对比了中老年麦片、高钙豆奶粉、醇豆奶粉、营养高钙麦片、高钙核桃粉、高钙芝麻糊、中老年芝麻糊 7 种产品在 2021 年和 2023 年的销售量。同时，对这两年 7 种产品的数据进行了纵向对比。可以看出，高钙豆奶粉这两年的销售量都比较高，营养高钙麦片这两年销售量相差较大。我们可以据此具体分析，某品牌在销售策略上是否有所转变。

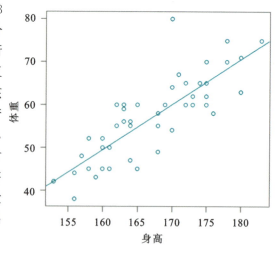

图 6-2-19　身高体重相关性散点图

表 6-2-9　某品牌产品 2021 年和 2023 年某月的销售量

产品名称	2023年	2021年
中老年麦片	814	1498
高钙豆奶粉	2302	1470
醇豆奶粉	1911	1444
营养高钙麦片	411	1391
高钙核桃粉	893	1238
高钙芝麻糊	1305	1231
中老年芝麻糊	1272	1037

图 6-2-20　2021 年和 2023 年产品销量分布图

3. 三个变量

（1）气泡图

气泡图是在散点图的基础上进行升级改造而得到的，其在原有的以横纵坐标为变量的基础上，引入变量，用气泡的大小来表示变化情况，是一种展示三个变量之间关系的图表。气泡图通常通过气泡的位置及面积大小来比较和展示不同类别的气泡之间的关系。从整体上看，气泡图可用于分析数据之间的相关性，如图 6-2-21 所示。

（2）三维曲面图

三维曲面图展示了三个变量之间的关系及其在三维空间中的分布形态。在三维曲面图中，数据点被映射到一个三维坐标系的曲面上，通过曲面的形状、高度或颜色来表示数据的特征和变化趋势。

当需要比较不同实验条件、处理方法或模型的效果时，三维曲面图可以帮助人们直观地比较不同组合下的数据分布和变化。其通过在同一图中显示多个曲面来反映它们之间的差异性和相似性，以直观的方式来呈现数据的分布形态，如图 6-2-22 所示。

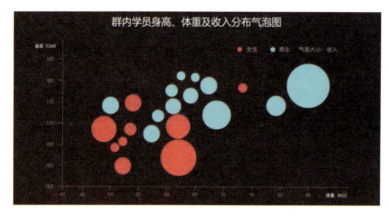

图 6-2-21 气泡图

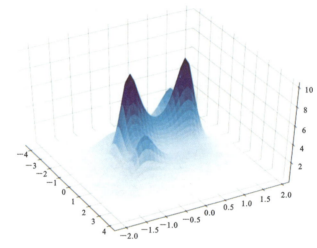

图 6-2-22 三维曲面图

五、关联分析和相关分析

(一)概述

动画:关联分析
和相关分析

1. 概念

关联分析主要指的是两个或两个以上变量之间的一般关系。在商业数据分析领域,关联关系通常指的是不同事物同时出现,可能对应事物之间的某种关联模式。例如,夏天烧烤店中,"小龙虾"与"啤酒"两种商品经常同时出现在顾客的消费账单中,这就是一种关联关系的体现。关联分析属于探索性数据分析范畴,更多的是关注现象和模式。

相关分析是指当一个或几个相互联系的变量取一定数值时,与之对应的另一变量的值在数量上跟其有相互依存关系,但关系值不是固定的而是在一定范围内变化的。变量间的这种相互关系称为具有不确定性的相关关系。例如,劳动生产率与工资水平的关系、投资额和国民收入的关系、商品流转规模与流通费用的关系等都属于相关关系。

总的来说，关联分析关注的是不同事物或变量之间是否存在某种关系或模式，而相关分析则更具体地测量这种关系的程度和性质。两者在数据分析中各有侧重，但都是理解数据、揭示数据内在规律和模式的重要工具。

2. 相关系数

（1）定义

相关系数是变量之间在直线相关条件下相关关系密切程度和方向的统计分析指标。通常以 ρ 表示总体的相关系数，以 r 表示样本的相关系数。其定义公式为：

$$r=\frac{\sum(x-\overline{x})(y-\overline{y})}{\sqrt{\sum(x-\overline{x})^2\sum(y-\overline{y})^2}}$$

其中，n 表示数据项数，x 为自变量，y 为因变量。

相关系数的简化公式为：

$$r=\frac{n\sum xy-\sum x\cdot\sum y}{\sqrt{n\sum x^2-(\sum x)^2}\cdot\sqrt{n\sum y^2-(\sum y)^2}}$$

（2）意义

相关系数可以从正负符号和绝对数值的大小两个层面理解。正负说明现象之间是正相关还是负相关，绝对数值的大小代表两现象之间相关的密切程度，如图 6-2-23 所示。

r 的取值范围在 -1 到 $+1$ 之间。$r=+1$，为完全正线性相关；$r=-1$，为完全负线性相关。$r=0$，表示两变量之间无线性相关关系（不相关）；$r>0$，表示两变量之间正线性相关；$r<0$，表示两变量之间负线性相关；r 越接近 0，表示线性关系越不密切；r 越接近 1，表示线性关系越密切。其中，当 $|r|<0.3$ 时，表示非线性相关；当 $0.3\leqslant|r|<0.5$ 时，表示低线性相关；当 $0.5\leqslant|r|<0.8$ 时，表示显著线性相关；当 $|r|\geqslant 0.8$ 时，表示高线性相关。

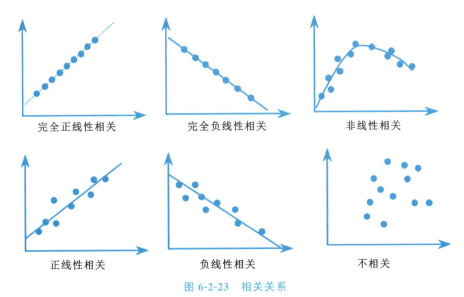

图 6-2-23 相关关系

（二）应用场景

关联分析和相关分析是数据分析中用于探索变量之间关系的工具，它们在多个领域都有广泛的应用，比如供应链管理、网络安全、社交媒体分析、零售和电子商务等。例如：通过市场篮子分析，识别人们经常一起购买的商品，用于商品布局、交叉销售和促销策略；通过分析网络事件之间的关系，识别潜在的安全威胁和攻击模式；通过识别用户行为和偏好之间的关联，进行个性化推荐和广告定位。

关联分析侧重于发现频繁出现的模式，而相关分析则侧重于量化变量之间的线性关系。关联分析和相关分析在市场营销、零售业、金融、市场研究等多个领域都有广泛的应用，它们能够帮助企业和研究人员发现数据背后的关联和规律，为决策提供有力支持。

（三）可视化分析

关联分析和相关分析可视化是将数据的关联性和相关性以图形形式展示的技术。我们要根据数据类型和分析需求选择合适的可视化方法。

表 6-2-10 为某企业 2023 年 6—9 月营业额和广告费，拟通过相关分析分析两者之间的关联性。

表 6-2-10　某企业 2023 年 6—9 月营业额和广告费（单位：元）

月份	营业额	广告费
6	107700	2500
7	114500	2800
8	133700	3000
9	176400	3500

通过相关图，大致判断两个变量之间有无相关关系以及相关的密切程度和方向等。图 6-2-24 是营业额和广告费的相关图，可以发现营业额和广告费之间存在正相关关系。

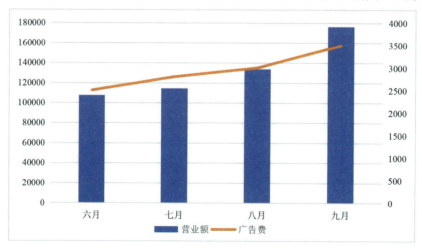

图 6-2-24　营业额和广告费的相关图

任务实施

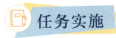

◇ 任务描述

表 6-2-11 为某地区连续 10 年最大积雪深度和灌溉面积之间关系的数据。

请结合表中数据，运用 Excel 计算最大积雪深度 X 和灌溉面积 Y 两者之间的相关系数以及两者间的线性回归方程。

6-2-1 任务实施

表 6-2-11 某地区连续 10 年最大积雪深度和灌溉面积数据

年份	最大积雪深度 X（米）	灌溉面积 Y（千亩）
1	15.2	28.6
2	10.4	19.3
3	21.2	40.5
4	18.6	35.6
5	26.4	48.9
6	23.4	45
7	13.5	29.2
8	16.7	34.1
9	24	46.7
10	19.1	37.4

注：表格中的 1、2……10 分别表示 2001、2002……2010 等年份。

◇ 实践准备

① 学生分组，4～6 人一组。

② 熟悉可视化分析流程。

③ 掌握制作变量两者关系的相关图表。

◇ 实践指导

① 将表中数据复制粘贴到新建的 Excel 工作簿文件中，如图 6-2-25 所示。

	A	B	C	D	E	F
1	年份	最大积雪深度X（米）	灌溉面积Y（千亩）			
2	1	15.2	28.6			
3	2	10.4	19.3			
4	3	21.2	40.5			
5	4	18.6	35.6			
6	5	26.4	48.9			
7	6	23.4	45			
8	7	13.5	29.2			
9	8	16.7	34.1			
10	9	24	46.7			
11	10	19.1	37.4			
12						
13						

图 6-2-25 粘贴原始数据

② 选择 Excel 数据栏，然后点击"数据分析"，如图 6-2-26 所示。

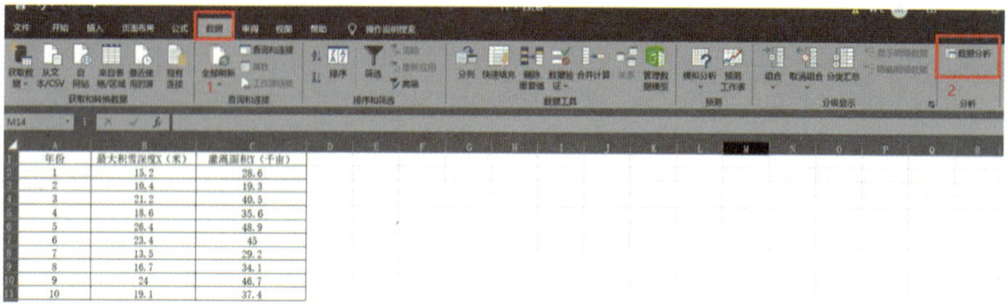

图 6-2-26　操作过程（1）

③ 在②的基础上，出现"数据分析"对话框，选择对话框内"相关系数"，点击"确定"，如图 6-2-27 所示。在输入区域处选择表中"X""Y"的所有数据，点击"确定"，图 6-2-28 所示。

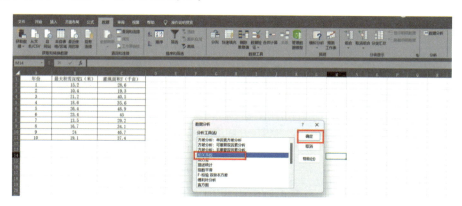

图 6-2-27　操作过程（2）

图 6-2-28　操作过程（3）

④ 出现如图 6-2-29 所示的结果，其中数值 0.989416 代表 X、Y 的相关系数，表示两者高度相关。

⑤ 可以将相关和回归分析结合操作，选择 Excel 数据栏，然后点击"数据分析"，出现"数据分析"对话框，选择对话框内"回归"，点击"确定"，如图 6-2-30 所示。

图 6-2-29　相关系数结果

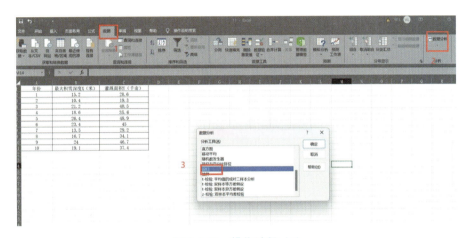

图 6-2-30　操作过程（4）

⑥ 在⑤的基础上，出现如图 6-2-31 所示的结果，"回归"分析界面，在"Y 值输入区域""X 值输入区域"选择对应的数值插入。

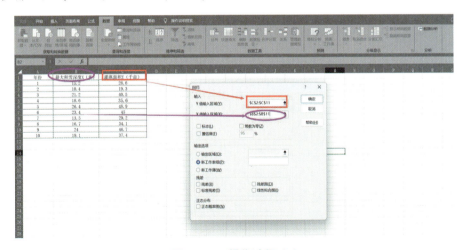

图 6-2-31　操作过程（5）

⑦ "回归"分析界面，"输出区域"选择 Excel 表中空白区域，如图 6-2-32 所示。对于"置信度"选择题干中需要的数值，"残差""正态分布"部分选择需要的项目，如图 6-2-33 所示，点击"确定"。

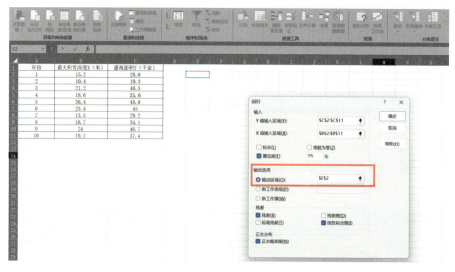

图 6-2-32 操作过程（6）

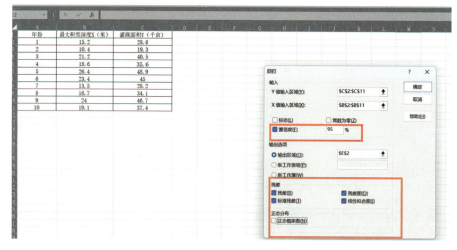

图 6-2-33 操作过程（7）

⑧ 图 6-2-34 展示了此次 Excel 操作过程最终显示的数据，其中回归统计部分 "Multiple R" 数值 0.98941616 代表 X、Y 两个变量的相关系数，系数大于 0.8，代表两者之间高线性相关。Coefficents 代表线性变量回归系数的数值，回归分析法中 a 和 b 的计算公式可以表示为 $y=a+bx$。其中 2.356437929 代表回归分析法中 a 的数值（即回归直线在 Y 轴上的截距），1.812921065 代表回归分析法中 b 的数值（即回归直线的斜率）。

⑨ 可视化相关图。图 6-2-35 为最大积雪深度 X 和灌溉面积 Y 的相关图。

⑩ 通过上述数据分析，可以知道相关系数 $R=0.989$，回归方程为 $y=2.356+1.813x$。在任务实施完成后，由各小组针对数据分析、图表制作流程进行说明。

```
SUMMARY OUTPUT

            回归统计
Multiple R         0.98941616
R Square           0.978944338
Adjusted R Squa    0.97631238
标准误差            1.418923905
观测值              10

方差分析
              df        SS         MS         F      nificance F
回归分析        1     748.8542   748.8542  371.9453   5.42E-08
残差           8     16.10676   2.013345
总计           9     764.961

           Coefficients 标准误差  t Stat   P-value   Lower 95% Upper 95%下限 95.0%上限 95.0%
Intercept   2.356437929 1.827876 1.289167 0.233363 -1.85865  6.571527 -1.85865  6.571527
X Variable 1 1.812921065 0.094002 19.28588 5.42E-08  1.596151 2.029691  1.596151 2.029691

RESIDUAL OUTPUT
观测值    预测 Y         残差       标准残差
  1    29.91283811  -1.31284   -0.98136
  2    21.210817    -1.91082   -1.42836
  3    40.7903645   -0.29036   -0.21705
  4    36.07676973  -0.47677   -0.35639
  5    50.21755404  -1.31755   -0.98489
  6    44.77879084   0.221209   0.165356
  7    26.8308723    2.369128   1.770947
  8    32.63221971   1.46778    1.097181
  9    45.86654348   0.833457   0.623017
 10    36.98323027   0.41677    0.31154
```

图 6-2-34　操作过程最终数据展示

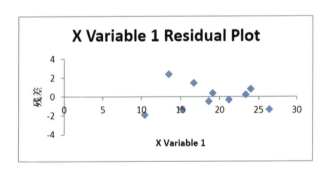

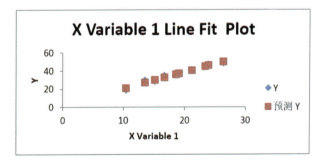

图 6-2-35　最大积雪深度 X 和灌溉面积 Y 的相关图

◇ **实施评价**

任务评价表见学习单元一之主题学习单元 1 的表 1-1-2。

主题学习单元 3 交互式可视化分析方法

知识准备

一、数据筛选与过滤

（一）数据筛选

数据筛选，即在数据集中根据特定的条件找到相应的数据，把需要的数据留下来。

例如，当前有一张男生女生身高数据的明细表（见表 6-3-1 左），要看身高大于 180 厘米男生的姓名。筛选性别和身高项。条件选择"性别＝男 & 身高＞180"，得到结果（见表 6-3-1 右）。

表 6-3-1 男生女生身高表（身高单位：厘米）

姓名	性别	身高
张伟	男	175
王军	男	181
张英	女	155
刘甜	女	168
大壮	男	170

姓名	性别	身高
王军	男	181

微课：交互式可视化分析方法

（二）数据过滤

数据过滤，即在数据集中根据特定的条件找到相应的数据，把不需要的数据剔除。

还是以表 6-3-1 为例，除了身高不等于 181 的人，其他身高的人的姓名都要。筛选身高项，条件选择"身高＜＞181"，得到结果如表 6-3-2 所示。

表 6-3-2 筛选得到的身高表

姓名	性别	身高
张伟	男	175
张英	女	155
刘甜	女	168
大壮	男	170

（三）数据筛选和数据过滤的联系与区别

1. 联系

数据过滤是某种意义上的数据筛选，数据筛选条件可通过逻辑公式调整。数据筛选和数据过滤后，均可按需生成数据子集，后续的可视化或分析等动作以数据子集为基础。通俗地讲，数据筛选和数据过滤可以减少可视化的数据量，优化数据分析流程。

2. 区别

数据筛选侧重"留下"数据，数据过滤侧重"剔除"数据。

任务实施

◇ 任务描述

根据如图 6-3-1 所示的某平台数据，筛选和过滤体检单价，获取体检单价为 500～800 元的明细，且条码须为有效条码，不能为空。

6-3-1　任务实施

◇ 实践准备

Excel。

	A	B	C	D
1	项目	条码	名称	单价
2	体检	00-984771839915982848	女性呵护自选包	610
3	中医调理	35-915544670983946240	女性调经	199
4	中医调理	00-915545252272537600	腰椎间盘调理	199
5	体检	00-977226320981262336	免疫系统自选包-2	300
6	体检	35-985930111117164544	免疫系统自选包-女未婚	270
7	体检		四高人群自选包女未婚	540
8	齿科	35-795729549781368832	（全国通用）全面口腔检查	22
9	中医调理	35-915544807957331968	备孕调理	199
10	体检		管家式安享体检服务	1111
11	中医调理	35-915545389388529664	祛湿调理	199
12	齿科	300-791364081293459456	（全国通用）优享洁牙卡	179
13	体检	35-985975741579526144	四高人群自选包女已婚	540
14	体检	539-986214002080088064	管家式优享体检服务	860
15	中医调理	35-915544543217057792	乳腺调理	199
16	中医调理	00-915544973355515904	颈椎问题调理	199

图 6-3-1　平台数据

◇ 实践指导

1. 设置筛选单元格

点击第一行任一单元格，选择"数据"，选择"筛选"，第一行的单元格将出现筛选下拉箭头，如图 6-3-2 和图 6-3-3 所示。

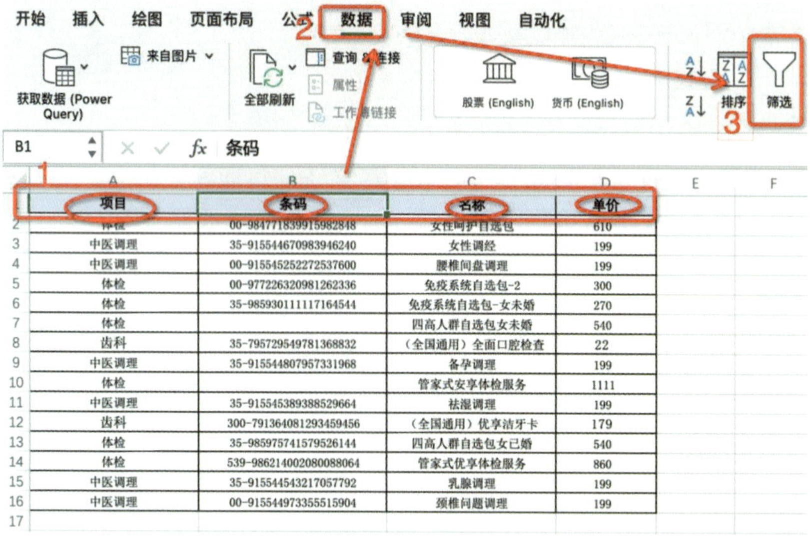

图 6-3-2 筛选（1）

图 6-3-3 筛选（2）

2. 项目筛选

逻辑公式：单元格 A1（项目）＝"体检"，如图 6-3-4 所示。点击"项目"筛选下拉箭头，选择"等于"，写入"等于"的值"体检"，选择"应用筛选器"，获取只有"体检"项目的数据。筛选效果如图 6-3-5 所示。

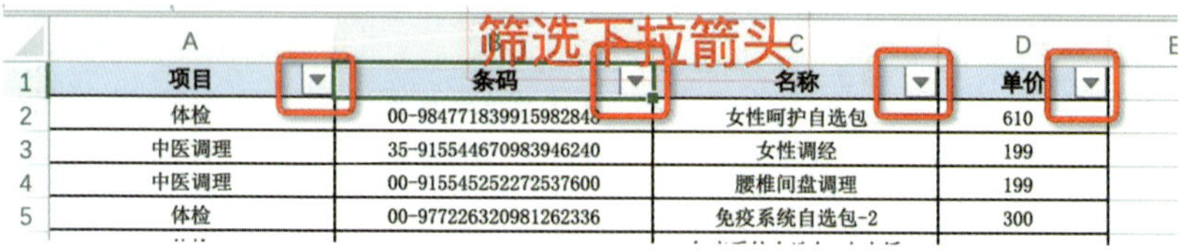

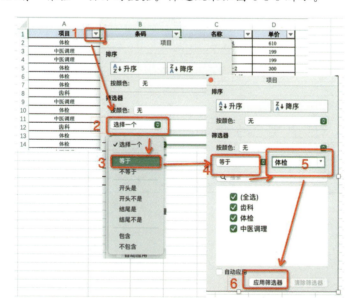

图 6-3-4 逻辑公式

	A	B	C	D
1	项目	条码	名称	单价
2	体检	00-984771839915982848	女性呵护自选包	610
5	体检	00-977226320981262336	免疫系统自选包-2	300
6	体检	35-985930111117164544	免疫系统自选包-女未婚	270
7	体检		四高人群自选包女未婚	540
10	体检		管家式安享体检服务	1111
13	体检	35-985975741579526144	四高人群自选包女已婚	540
14	体检	539-986214002080088064	管家式优享体检服务	860
17				

图 6-3-5　筛选效果

3. 无效数据过滤

逻辑公式：单元格 B1（条码）＜＞空格，点击"条码"筛选下拉箭头，选择"不等于"，写入"不等于"的值（空格键 space），选择"应用筛选器"，获取排除条码为空格的数据，如图 6-3-6 所示；过滤效果如图 6-3-7 所示。

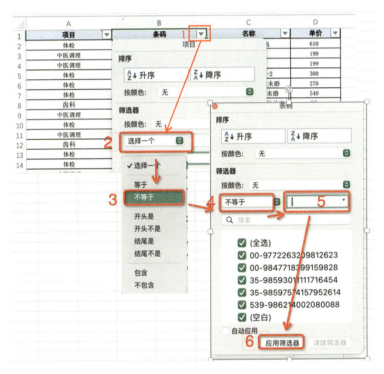

图 6-3-6　过滤

	A	B	C	D
1	项目	条码	名称	单价
2	体检	00-984771839915982848	女性呵护自选包	610
5	体检	00-977226320981262336	免疫系统自选包-2	300
6	体检	35-985930111117164544	免疫系统自选包-女未婚	270
13	体检	35-985975741579526144	四高人群自选包女已婚	540
14	体检	539-986214002080088064	管家式优享体检服务	860
17				

图 6-3-7　过滤效果

4. 单价区间筛选

逻辑公式："500＜＝单元格 D1（单价）＜＝800"，点击"条码"筛选下拉箭头，选择"之间"，同时出现两个条件"大于或等于""小于或等于"，逻辑条件选择"与"，选择"应用筛选器"，获取单价为 500～800 元的数据，如图 6-3-8 所示；区间筛选效果如图 6-3-9 所示。

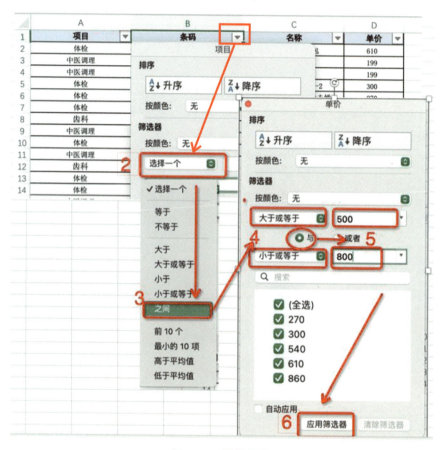

图 6-3-8　区间筛选

	A	B	C	D
1	项目	条码	名称	单价
2	体检	00-984771839915982848	女性呵护自选包	610
13	体检	35-985975741579526144	四高人群自选包女已婚	540

图 6-3-9　区间筛选效果

◇ 实施评价

任务评价表见学习单元一之主题学习单元 1 的表 1-1-2。

二、高级交互与联动

（一）高级交互与联动的概念

Excel 高级交互与联动指的是利用电子表格软件的强大功能，创建动态、交互式的报表和数据分析工具，使用户能够在多个相关数据区域之间快速、直观地筛选、导航和分析数据。

（二）常见应用场景和技术手段

1. 数据验证与下拉列表联动

（1）数据验证

设置单元格的数据输入限制，如仅允许特定列表中的值。在"数据"选项卡中选择"数据验证"，可设置允许的输入类型（如整数、文本、列表等）。对于列表类型，可指定另一张工作表或同一工作表内的数据范围作为有效值来源。

（2）下拉列表联动

使用数据验证创建下拉列表，用户选择其中一个选项时，其他关联单元格的下拉列表自动更新，显示与之相关的子集数据。例如，选择省份后，城市列表仅显示该省份对应的城市；选择城市后，区县列表进一步筛选至相应城市下属的区县。

2. 公式与函数联动

（1）INDIRECT 函数

用于返回由文本字符串指定的引用。结合数据验证下拉列表的选择结果，INDIRECT 可以动态引用不同区域的数据。例如，A2 单元格存储省份选择，B2 单元格使用=INDIRECT（A2&"！A：A"）这样的公式，即可根据 A2 选择的省份名，引用对应省份工作表的整个 A 列数据。

（2）INDEX/MATCH 组合

这两个函数常用于实现动态查找。MATCH 用于查找某个值在指定数组中的位置，INDEX 则根据位置返回该位置的值。当某个下拉列表选择变化时，MATCH 会查找新选定值在数据源中的位置，INDEX 则返回与之对应的另一列数据。这种组合可以实现跨表、跨区域的数据联动。

3. 切片器

切片器是一种图形化过滤工具，用于筛选表格、透视表或其他数据模型中的数据。添加切片器后，用户可以通过点击切片器按键轻松筛选数据，而不必直接操作表格。切片器尤其适用于 Power Pivot 数据模型或 Excel 表格连接至 SQL 数据库等大型数据源的情况。

当用户通过切片器筛选数据时，所有与之关联的表格、图表或透视表都会实时更新，反映筛选后的结果。切片器可以设置为单选或多选，且支持层级结构，非常适合展示具有层次关系的数据（如产品类别、销售地区等）的联动筛选。

4. 动态命名范围与表格

（1）动态命名范围

使用 Excel 的"新建名称"功能，定义基于公式或条件的命名范围，如"＝OFFSET（起点单元格，0，0，COUNTA（某一列），1）"，这样命名的范围会随数据源的变化自动调整大小。

（2）表格

在 Excel 中创建表格，不仅便于管理和组织数据，还能自动扩展以包含新增数据。表格内置筛选、排序等功能，并支持与其他表格或透视表建立关系，实现数据联动。

5. 数据透视表与数据透视图

（1）数据透视表

数据透视表是强大的数据分析工具，可以根据用户拖放字段的方式，动态汇总、分组、筛选数据。数据透视表支持多重字段的交叉分析，且与切片器配合时可实现复杂的数据筛选与联动。

（2）数据透视图

数据透视图将透视表数据可视化，当透视表数据发生变化（如通过切片器筛选或更改透视表布局）时，数据透视图同步更新，提供直观的视觉反馈。

6. VBA 宏与用户窗体

（1）VBA 宏

使用 Visual Basic for Applications 编写宏代码，可以实现更为复杂的交互逻辑，如响应按钮点击、执行批量操作、自动化数据处理等。

（2）用户窗体

创建定制化交互界面，包括下拉列表、复选框、文本框等控件，用户通过填写窗体提交参数，VBA 宏根据这些参数动态生成报告或执行特定操作，增强 Excel 应用的专业性和用户体验。

任务实施

◇ 任务描述

根据某平台合作数据，获取指定项目的明细，如图 6-3-10 所示。要求：交互联动方式为手动输入查询条件，点击查询按钮，表格结果根据查询条件而更新；技术手段选择为 VBA 宏与用户窗体，创建宏和编写 VBA 脚本，可处理更复杂的数据，将操作自动化。注意宏的更新可通过 VBA 编程来实现。

6-3-2 任务实施

	A	B	C	D
1	项目	条码	名称	单价
2	体检	00-984771839915982848	女性呵护自选包	610
3	中医调理	35-915544670983946240	女性调经	199
4	中医调理	00-915545252272537600	腰椎间盘调理	199
5	体检	00-977226320981262336	免疫系统自选包-2	300
6	体检	35-985930111117164544	免疫系统自选包-女未婚	270
7	体检		四高人群自选包女未婚	540
8	齿科	35-795729549781368832	（全国通用）全面口腔检查	22
9	中医调理	35-915544807957331968	备孕调理	199
10	体检		管家式安享体检服务	1111
11	中医调理	35-915545389388529664	祛湿调理	199
12	齿科	300-791364081293459456	（全国通用）优享洁牙卡	179
13	体检	35-985975741579526144	四高人群自选包女已婚	540
14	体检	539-986214002080088064	管家式优享体检服务	860
15	中医调理	35-915544543217057792	乳腺调理	199
16	中医调理	00-915544973355515904	颈椎问题调理	199

图 6-3-10　项目单价表

◇ **实践准备**

Excel。

◇ **实践指导**

1. 交互方式联动结果排版

（1）增加项目内容输入框

增加项目内容输入框如图 6-3-11 所示。

图 6-3-11　增加项目内容输入框

（2）增加查询按钮

选择"插入"，选择任一形状，将形状配置到表格中，右击形状，选择"编辑文字"，输入"查询"，调整"查询"的文字大小和位置，如图 6-3-12 所示，查询效果如图 6-3-13 所示。

2. 录制宏

选择开发工具，选择"录制宏"，宏的名称更改为"项目查询"，点击"确定"，如图 6-3-14 所示。

选择"数据"，选择"高级筛选"，列表区域指的是结果区，条件区域指的是查询条件区，分别选中对应的区域，点击"确定"，如图 6-3-15 所示。

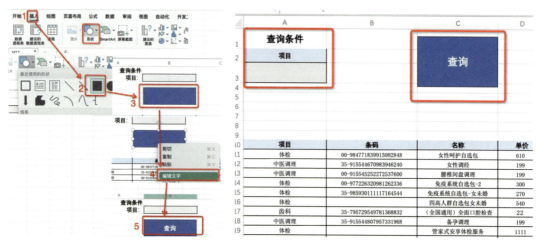

图 6-3-12 增加"查询"按钮

图 6-3-13 查询效果图

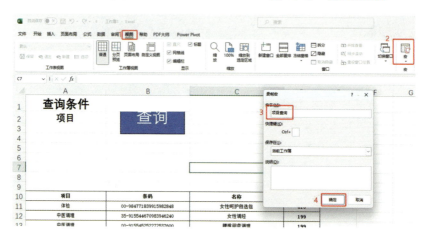

图 6-3-14 录制宏

图 6-3-15 高级筛选

3. 停止录制宏

选择开发工具,选择"停止录制",如图 6-3-16 所示。

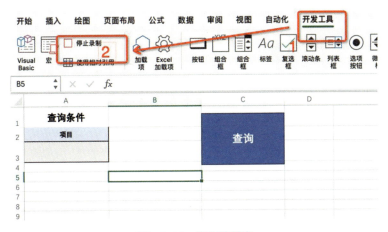

图 6-3-16　停止录制宏

选择开发工具,选择"宏",可以看到已创建好的宏中的"项目查询",点击编辑可以查看宏的编码,如图 6-3-17 和图 6-3-18 所示。

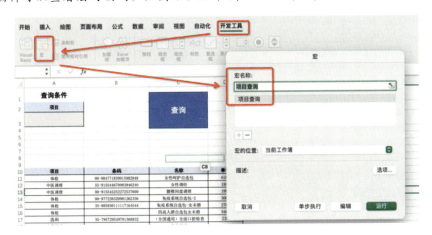

图 6-3-17　查看宏

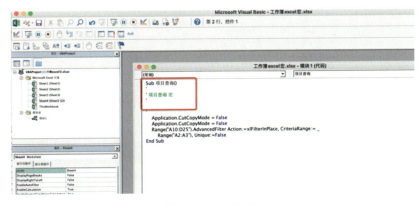

图 6-3-18　查看宏

4. 查询按键指定宏

右击"查询"按键，选择"指定宏"，选择"项目查询"，点击"确定"调用宏内的编码，如图 6-3-19 所示。

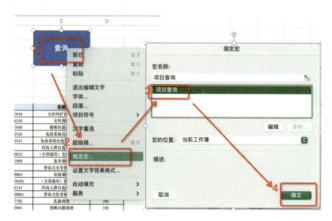

图 6-3-19　指定宏

5. 交互操作和联动结果

输入"体检"，点击查询按键，如图 6-3-20 所示。

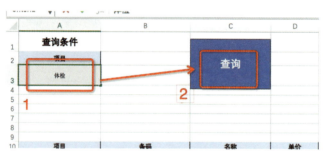

图 6-3-20　交互操作

点击"查询"后的联动结果集仅显示项目体检的相关数据，如图 6-3-21 所示。

图 6-3-21　交互结果

◇ 实施评价

任务评价表见学习单元一之主题学习单元 1 的表 1-1-2。

三、探索性可视化与发现

（一）探索性可视化与发现的概念

探索性可视化与发现是一类数据分析方法，其借助各种图表、图形和其他可视化工具，以直观、交互的方式呈现数据，帮助用户发现潜在的模式、趋势、关联、异常以及其他有价值的信息。探索性可视化与发现侧重于在没有明确假设或预设结论的情况下，通过观察、比较、互动来洞察数据。

动画：探索性可视化与发现

（二）探索性可视化与发现的特点

1. 交互性

用户可以通过调整视图、筛选数据、缩放和平移等方式，主动参与数据的探索过程，即时获取不同视角的信息。

2. 多维展现

探索性可视化与发现能够同时展示数据的不同维度（如时间、地理位置、类别、等级等），有助于揭示复杂数据集中的深层次关系和结构。

3. 灵活性

探索性可视化与发现支持多种图形类型和颜色编码，可以根据数据特性和分析需求快速切换或组合不同的可视化内容。

4. 迭代性

探索性可视化与发现鼓励用户反复试验不同的可视化方案，逐步细化问题，修正假设，直至找到有意义的见解或形成新的研究问题。

任务实施

◇ 任务描述

某商品已销售一段时间，企业计划进行广告推广以吸引更多的客户购买。请你利用探索性可视化与发现确定查看广告的用户特征，以帮助企业实现有目的性的投放，节约广告成本。

6-3-3 任务实施

◇ 实践准备

Excel。

◇ 实践指导

① 假设用户的年龄段和商品的成交情况有密切关系。根据探索分析，某个年龄段的用户贡献80%的成交数量。

② 提取影响因素汇总数据，按年龄汇总，如表 6-3-3 所示。

表 6-3-3　成交占比

年龄	成交件数	成交占比	年龄	成交件数	成交占比
18	25	0.8%	30	226	7.4%
19	24	0.8%	31	283	9.3%
20	28	0.9%	32	146	4.8%
21	8	0.3%	33	229	7.5%
22	16	0.5%	34	260	8.6%
23	32	1.1%	35	160	5.3%
24	25	0.8%	36	36	1.2%
25	250	8.2%	37	47	1.5%
26	180	5.9%	38	41	1.4%
27	192	6.3%	39	49	1.6%
28	293	9.7%	40	22	0.7%
29	279	9.2%	41	13	0.4%

③ 选择合适的可视化图形。选择表格数据生可交互的数据透视图，如图 6-3-22 和图 6-3-23 所示。

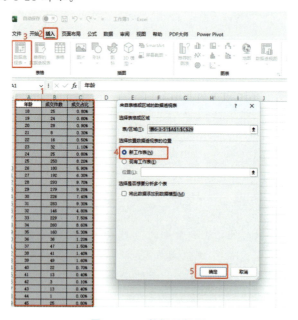

图 6-3-22　数据透视图

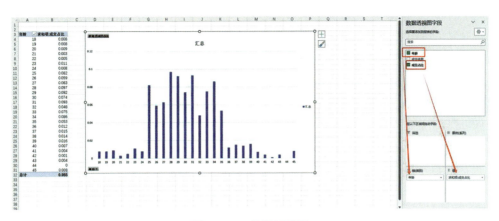

图 6-3-23 数据透视图

④ 交互探索。观察柱形图，年龄"25～35"区间成交占比较高，如图 6-3-24 所示。

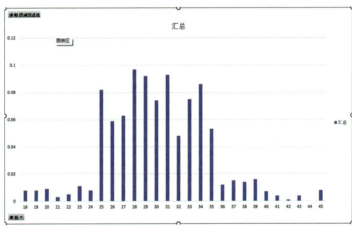

图 6-3-24 柱形图

交互操作，验证观察结果，将透视表中的年龄调整到"25～35"区间，查看"25～35"的占比汇总数值，操作步骤如图 6-3-25 所示，结果如图 6-3-26 所示。

年龄	求和项:成交占比
25	8.2%
26	5.9%
27	6.3%
28	9.7%
29	9.2%
30	7.4%
31	9.3%
32	4.8%
33	7.5%
34	8.6%
35	5.3%
总计	82.3%

图 6-3-25 查看占比汇总　　图 6-3-26 汇总结果

⑤ 解读与解释。根据上一步结果,年龄"25～35"区间成交数量占比82.3%,因此在广告成本有限的情况下,优先投放到年龄"25～35"区间的用户,投资回报率会更高。

◇ 实施评价

任务评价表见学习单元一之主题学习单元1的表1-1-2。

四、引导式分析与探索

(一)引导式分析与探索的概念

引导式分析与探索是一种数据分析方法,它通过预定义的路径、提示和交互界面,帮助用户更高效地探索数据集,从而得出有价值的洞见和决策依据。引导式分析与探索类似于剥洋葱式流程,适用于部门日常运营监控和业务决策场景。其最终目的是迅速找到解决方案。

(二)引导式分析与探索的特点

引导式分析与探索注重用户体验和流程化操作,逐步引导用户关注关键指标、维度和趋势,让用户通过自定义筛选条件、比较不同时间段数据表现等发现数据规律或细节。

任务实施

◇ 任务描述

某服装厂售后部负责监控退货情况,退货率正常区间为5%～10%,退货率异常时,利用引导式分析与探索迅速定位问题,提出解决方案。

6-3-4 任务实施

◇ 实践准备

Excel。

◇ 实践指导

1. 规划引导流程

① 查看每日退货率大盘,观察有无异常情况。

② 分析品类退货率分布情况,以初步定位问题品类。

③ 退货原因分析。

2. 涉及的可视化模块

(1)每日退货率大盘

根据数据创建折线图,操作步骤如图6-3-27所示,效果如图6-3-28所示。

(2)品类退货率分布

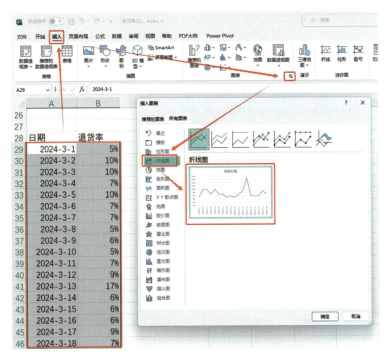

图 6-3-27　创建折线图

图 6-3-28　折线图

根据数据创建数据透视图，如图 6-3-29 和图 6-3-30 所示。

(3) 退货原因分析

在数据明细表增加筛选功能，查看对应时间对应品类的数据，如图 6-3-31 所示。

3. 引导模板设计

在第二步的每一张图表上增加 3 个形状色块，如图 6-3-32 至图 6-3-34 所示。

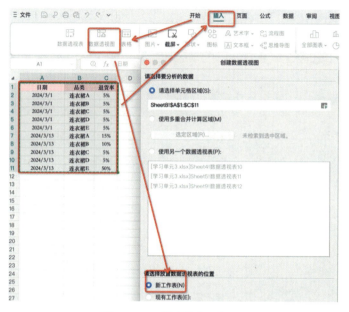

图 6-3-29　创建数据透视图

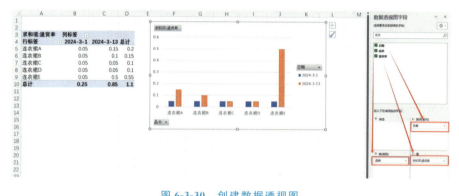

图 6-3-30　创建数据透视图

日期	品类	退货原因	退货原因占比
2024/3/1	连衣裙A	不喜欢/不合适	5%
2024/3/1	连衣裙B	不喜欢/不合适	5%
2024/3/1	连衣裙C	物流太慢	5%
2024/3/1	连衣裙D	其他原因	5%
2024/3/1	连衣裙E	商品有色差	5%
2024/3/13	连衣裙A	不喜欢/不合适	15%
2024/3/13	连衣裙B	物流太慢	10%
2024/3/13	连衣裙C	其他原因	5%
2024/3/13	连衣裙D	不喜欢/不合适	5%
2024/3/13	连衣裙E	商品有色差	80%
2024/3/13	连衣裙E	不喜欢/不合适	10%
2024/3/13	连衣裙E	物流太慢	8%
2024/3/13	连衣裙E	其他原因	2%

图 6-3-31　筛选

 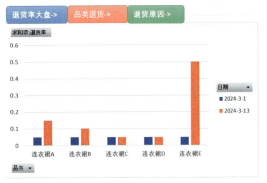

图 6-3-32　增加色块（1）　　　　　图 6-3-33　增加色块（2）

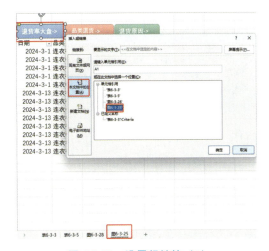

图 6-3-34　增加色块效果

每个色块增加超链接，点击对应色块可跳转到对应的可视化模块。

超链接添加方法为：以蓝色退货率大盘为例，右击蓝色色块，选中"超链接"，选中"本文档中的位置"，选择数据表的名称"退货概览"，如图 6-3-35 和图 6-3-36 所示。

其他色块操作类似。超链接设置后，点击色块自动跳转到对应的表格位置。

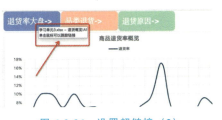

图 6-3-35　设置超链接（1）　　　　　图 6-3-36　设置超链接（2）

4. 引导分析操作应用

(1) 每日退货率大盘

从趋势图可以看出，2024 年 3 月 13 日退货率异常，正常退货率在 5%～10% 区间，2024 年 3 月 13 日退货率为 17%（见图 6-3-37），需要进一步分析。

图 6-3-37　每日退货率大盘

(2) 品类退货率分布交互

点击橙色"品类退货"模块，选择 2024 年 3 月 13 日的数据，如图 6-3-38 和图 6-3-39 所示。可以看到，连衣裙 E 的退货率最高，需要进一步分析 3 月 13 日连衣裙 E 的退货原因明细。

图 6-3-38　品类退货率分布交互

(3) 退货原因分析交互

点击绿色"退货原因"模块，筛选 2024 年 3 月 13 日，连衣裙 E 的数据，如图 6-3-40 和图 6-3-41 所示。可以看到，连衣裙 E 的退货原因中，"商品有色差"占比达 80%。需要面料部门处理此异常。

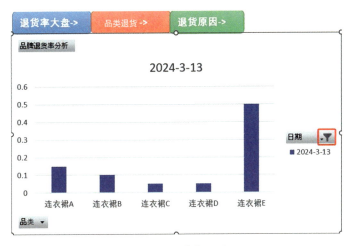

图 6-3-39　分析（1）

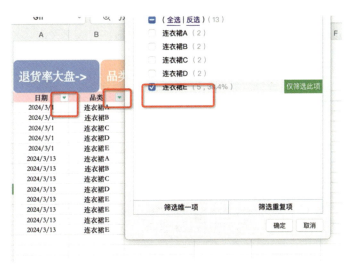

图 6-3-40　分析（2）

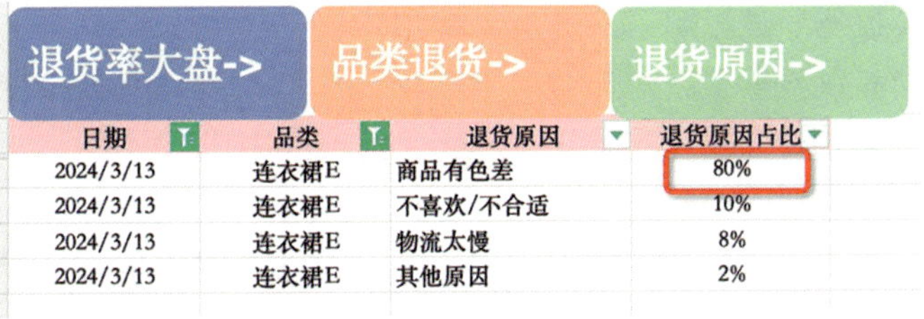

日期	品类	退货原因	退货原因占比
2024/3/13	连衣裙E	商品有色差	80%
2024/3/13	连衣裙E	不喜欢/不合适	10%
2024/3/13	连衣裙E	物流太慢	8%
2024/3/13	连衣裙E	其他原因	2%

图 6-3-41　分析（3）

◇ 实施评价

任务评价表见学习单元一之主题学习单元 1 的表 1-1-2。

主题学习单元 4　高级可视化分析方法

知识准备

一、空间数据分析与地理可视化

（一）空间数据分析

1. 空间数据分析的概念

空间数据分析是指对具有地理位置信息（如经纬度、海拔、区域边界等）的数据集进行统计、建模和推理。

2. 空间数据来源

空间数据通常来源于卫星遥感、无人机航拍、地面测量、GPS 追踪、社交媒体定位等。

3. 空间数据分析核心

（1）揭示地理现象分布规律

研究自然现象（如气候、植被覆盖、地形地貌等）、社会经济现象（如人口密度、城市扩张、交通流量等）在空间上的分布特征和格局。

（2）挖掘空间关联与模式

探究不同地理实体（如建筑物、道路、土地利用单元等）之间的空间关系，如邻近性、方向性、距离衰减效应等，以及这些关系如何影响现象的发生、扩散或相互作用。

（3）预测与模拟地理过程

利用历史数据和数学模型，对未来地理事件（如气候变化、城市化进程、灾害扩散等）进行预测，或者通过模拟技术重现过去或推测未来地理系统的动态演变。

（4）支持决策与规划

为空间规划、资源管理、环境保护、公共安全等领域的决策提供科学依据，如优化城市设施布局、评估灾害风险、制定生态保护策略等。

（二）地理可视化

1. 地理可视化的概念

地理可视化是将空间数据分析的结果以及原始的地理空间数据以图形、图像、地图等形式呈现出来，使复杂的地理信息易于理解与交流。

2. 地理可视化的使用场景

（1）数据映射与符号化

将数值或分类数据映射到地图符号（如颜色、大小、形状、纹理等）上，形成专题地图，直观展示空间变量的分布、等级、对比等特性。

（2）多尺度与多维度展示

通过缩放、切片、分层、动画等技术，展现不同空间尺度的细节，同时结合时间序列、三维立体、多变量叠加等手段，展示地理数据的多维度特征。

（3）交互式探索与分析

开发地理信息系统（GIS）平台或 Web GIS 应用，提供丰富的交互功能（如查询、过滤、缓冲区分析、热点分析等），允许用户动态地查询数据、调整视图、执行空间分析，实现深度数据探索与即时反馈。

（4）可视化叙事与信息传达

设计地图故事、信息图表、虚拟现实/增强现实场景等，结合文字、图像、动画等多媒体元素，以叙事化的方式清晰传达地理信息，服务于教育、宣传、报告、公众参与等多种情境。

（三）空间数据分析与地理可视化的结合

空间数据分析与地理可视化是紧密相关的两个环节，它们在实际应用中相辅相成。

1. 空间数据分析为地理可视化提供内容

空间数据分析通过复杂的统计、建模和分析过程提取有价值的空间知识和洞察，这些成果是地理可视化的基础。

2. 地理可视化提升空间数据分析的影响力

地理可视化将抽象的分析结果转化为直观、美观的地图或其他图形，便于非专业人士理解，增强决策支持的效果，同时也为进一步的数据解读、讨论和验证提供了平台。

任务实施

◇ 任务描述

假设你要在某县城投资一家超市，目前有 3 个地址备选，要利用空间数据分析与地理可视化从中选择一处客流量最大的。要求：分析方法为根据距离这 3 个地址 1 公里范围内的常住人口数量，优先选择辐射人口数量最多的地址；数据采集流程为先确定超市 3 个待定地点的经纬度信息，然后采集县城所有小区的经纬度以及大致人口分布信息。

◇ 实践准备

Excel。

◇ 实践指导

1. 空间数据源数据采集

① 将超市备选地址经纬度、县城所有小区地址经纬度、小区人口信息统计到同一张表上，如图 6-4-1 所示。

	A	B	C	D	E	F	G
1	地址备选	超市经度	超市纬度	小区名称	小区经度	小区纬度	小区人口预估
2	地址1	101.059957	41.954939	小区1	120.406257	37.886417	3000
3	地址1	101.059957	41.954939	小区2	90.280387	42.558627	1120
4	地址1	101.059957	41.954939	小区3	110.72014	39.435598	591
5	地址1	101.059957	41.954939	小区4	80.671062	39.210436	2300
6	地址1	101.059957	41.954939	小区5	108.651208	38.837338	877
7	地址1	101.059957	41.954939	小区6	106.45762	40.528946	1536
8	地址1	101.059957	41.954939	小区7	105.761323	39.754751	222
9	地址1	101.059957	41.954939	小区8	105.764148	39.748783	321
10	地址1	101.059957	41.954939	小区9	106.666284	39.409958	588
11	地址1	101.059957	41.954939	小区10	105.665	38.84237	3567
12	地址2	106.722299	39.438292	小区1	120.406257	37.886417	3000
13	地址2	106.722299	39.438292	小区2	90.280387	42.558627	1120
14	地址2	106.722299	39.438292	小区3	110.72014	39.435598	591
15	地址2	106.722299	39.438292	小区4	80.671062	39.210436	2300
16	地址2	106.722299	39.438292	小区5	108.651208	38.837338	877
17	地址2	106.722299	39.438292	小区6	106.45762	40.528946	1536
18	地址2	106.722299	39.438292	小区7	105.761323	39.754751	222
19	地址2	106.722299	39.438292	小区8	105.764148	39.748783	321
20	地址2	106.722299	39.438292	小区9	106.666284	39.409958	588
21	地址2	106.722299	39.438292	小区10	105.665	38.84237	3567
22	地址3	105.720592	38.830497	小区1	120.406257	37.886417	3000
23	地址3	105.720592	38.830497	小区2	90.280387	42.558627	1120
24	地址3	105.720592	38.830497	小区3	110.72014	39.435598	591
25	地址3	105.720592	38.830497	小区4	80.671062	39.210436	2300
26	地址3	105.720592	38.830497	小区5	108.651208	38.837338	877
27	地址3	105.720592	38.830497	小区6	106.45762	40.528946	1536
28	地址3	105.720592	38.830497	小区7	105.761323	39.754751	222
29	地址3	105.720592	38.830497	小区8	105.764148	39.748783	321
30	地址3	105.720592	38.830497	小区9	106.666284	39.409958	588
31	地址3	105.720592	38.830497	小区10	105.665	38.84237	3567

图 6-4-1 地理信息表

② 计算超市和小区的距离，计算方法为"6371×ACOS（COS（RADIANS（90－C2））×COS（RADIANS（90－F2））×COS（RADIANS（B2－E2））＋SIN（RADIANS（90－C2））×SIN（RADIANS（90－F2））））"。（公式中的单元格说明：C2 为超市经度，D2 为超市纬度，E2 为小区经度，F2 为小区纬度）

获取超市小区距离后，增加距离范围列，手动更新内容，如图 6-4-2 所示。

	A	B	C	D	E	F	G	H	I
1	地址备选	超市经度	超市纬度	小区名称	小区经度	小区纬度	小区人口预估	超市小区距离	距离范围
2	地址1	101.059957	41.954939	小区1	120.406257	37.886417	3000	1447.588989	大于1公里
3	地址1	101.059957	41.954939	小区2	90.280387	42.558627	1120	808.1497289	大于1公里
4	地址1	101.059957	41.954939	小区3	110.72014	39.435598	591	753.6309498	大于1公里
5	地址1	101.059957	41.954939	小区4	80.671062	39.210436	2300	1501.000921	大于1公里
6	地址1	101.059957	41.954939	小区5	108.651208	38.837338	877	647.1425613	1公里内
7	地址1	101.059957	41.954939	小区6	106.45762	40.528946	1536	426.1370834	1公里内
8	地址1	101.059957	41.954939	小区7	105.761323	39.754751	222	420.3388352	1公里内
9	地址1	101.059957	41.954939	小区8	105.764148	39.748783	321	420.8750274	1公里内
10	地址1	101.059957	41.954939	小区9	106.666284	39.409958	588	494.981117	1公里内
11	地址1	101.059957	41.954939	小区10	105.665	38.84237	3567	479.319836	1公里内
12	地址2	106.722299	39.438292	小区1	120.406257	37.886417	3000	964.5958248	1公里内
13	地址2	106.722299	39.438292	小区2	90.280387	42.558627	1120	1245.617899	大于1公里
14	地址2	106.722299	39.438292	小区3	110.72014	39.435598	591	282.350297	1公里内
15	地址2	106.722299	39.438292	小区4	80.671062	39.210436	2300	1826.351549	大于1公里
16	地址2	106.722299	39.438292	小区5	108.651208	38.837338	877	150.9674226	1公里内
17	地址2	106.722299	39.438292	小区6	106.45762	40.528946	1536	122.7406058	1公里内
18	地址2	106.722299	39.438292	小区7	105.761323	39.754751	222	76.6597968	1公里内
19	地址2	106.722299	39.438292	小区8	105.764148	39.748783	321	76.17514111	1公里内
20	地址2	106.722299	39.438292	小区9	106.666284	39.409958	588	5.056898965	1公里内
21	地址2	106.722299	39.438292	小区10	105.665	38.84237	3567	99.48702985	1公里内
22	地址3	105.720592	38.830497	小区1	120.406257	37.886417	3000	1017.045138	大于1公里
23	地址3	105.720592	38.830497	小区2	90.280387	42.558627	1120	1190.970402	大于1公里
24	地址3	105.720592	38.830497	小区3	110.72014	39.435598	591	357.17551	1公里内
25	地址3	105.720592	38.830497	小区4	80.671062	39.210436	2300	1745.681291	大于1公里
26	地址3	105.720592	38.830497	小区5	108.651208	38.837338	877	204.3293538	1公里内
27	地址3	105.720592	38.830497	小区6	106.45762	40.528946	1536	195.9712186	1公里内
28	地址3	105.720592	38.830497	小区7	105.761323	39.754751	222	102.8123659	1公里内
29	地址3	105.720592	38.830497	小区8	105.764148	39.748783	321	102.1547872	1公里内
30	地址3	105.720592	38.830497	小区9	106.666284	39.409958	588	92.48486055	1公里内
31	地址3	105.720592	38.830497	小区10	105.665	38.84237	3567	4.095093868	1公里内

图 6-4-2 更新表

2. 空间数据源数据统计

选中步骤 1 中的内容，创建数据透视表，如图 6-4-3 和图 6-4-4 所示。

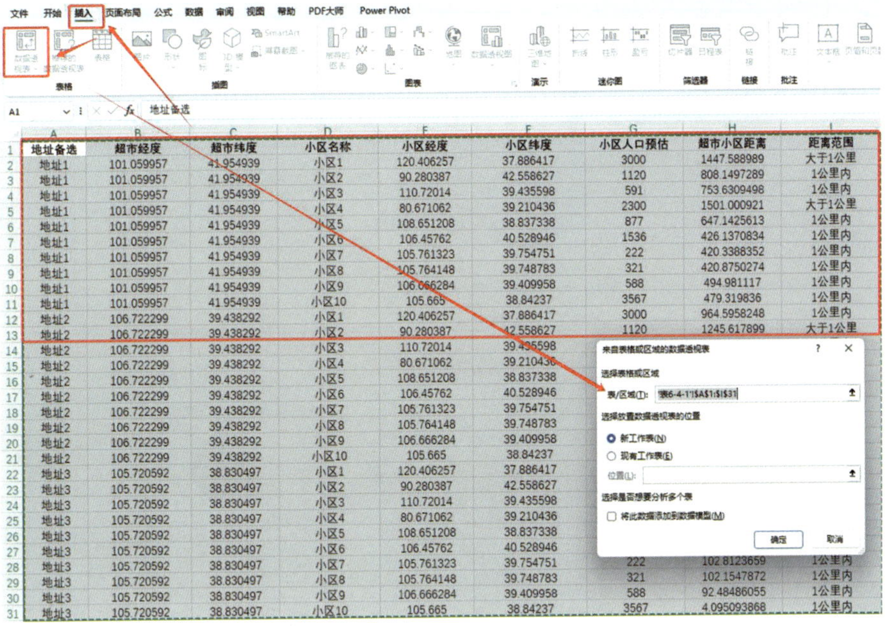

图 6-4-3 创建透视表

图 6-4-4 创建透视表

3. 空间数据源数据分析

根据步骤 2 的结果，可以观察到在 3 个备选地址中，地址 2 在 1 公里范围内且常住人口最多，超过 1 万人，因此建议超市选址为地址 2。

4. 空间数据分析实施地理可视化

① 将可视化相关字段及数据提取并整理到表格中，如图 6-4-5 所示。

超市选址	超市经度	超市纬度	1公里内人口数
地址1	101.059957	41.954939	8822
地址2	106.722299	39.438292	10702
地址3	105.720592	38.830497	7702

图 6-4-5 将相关数据提取到表格中

② 选中数据插入气泡图，如图 6-4-6 和图 6-4-7 所示。

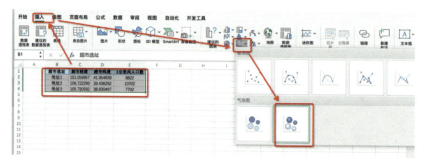

图 6-4-6　插入气泡图

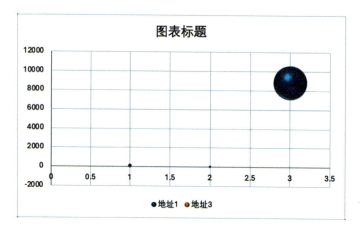

图 6-4-7　插入气泡图

③ 设置调整气泡图的属性：图例（系列）名称，x 轴，y 轴，气泡大小。右击图表，点击"选择数据…"，如图 6-4-8 所示。

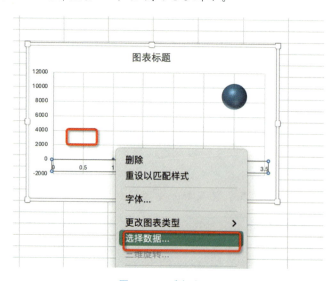

图 6-4-8　选择数据

调整图例，b 列中的 3 个地址要全部出现在图例中，如图 6-4-9 所示。

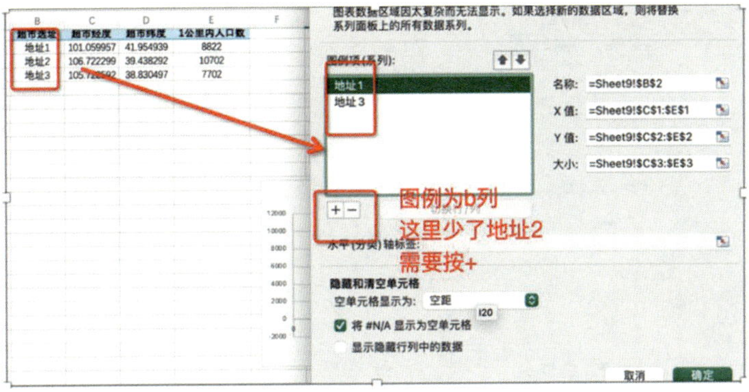

图 6-4-9 调整图例

点击"＋"，增加系列，更新系列 3 各项数据，更新数据以地址 2 为例，地址 1 和地址 3 以同样的方式操作，如图 6-4-10 至图 6-4-13 所示。

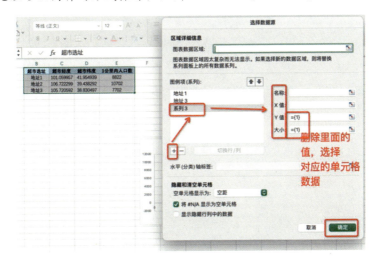

图 6-4-10 增加系列（1）

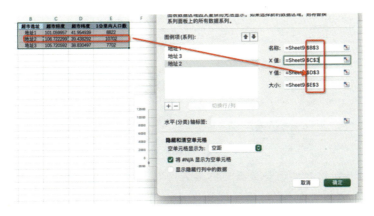

图 6-4-11 增加系列（2）

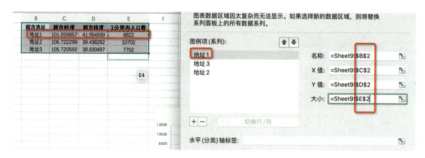

图 6-4-12　增加系列（3）

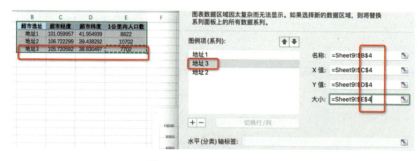

图 6-4-13　增加系列（4）

④ 调整气泡图外观。右击气泡，选择"添加数据标签"，如图 6-4-14 所示，效果如图 6-4-15 所示。

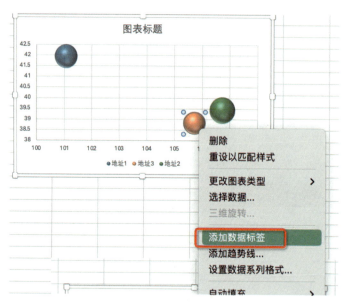

图 6-4-14　添加数据标签

右击标签，选择"调整数据标签格式…"，标签包括"系列名称""气泡大小"，分隔符"新文本行"，标签位置选择"居中"，如图 6-4-16 和图 6-4-17 所示。效果如图 6-4-18 所示。

学习单元六　数据可视化分析方法　**303**

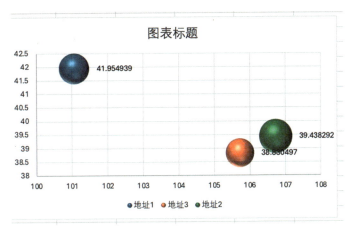

图 6-4-15　添加数据标签效果图

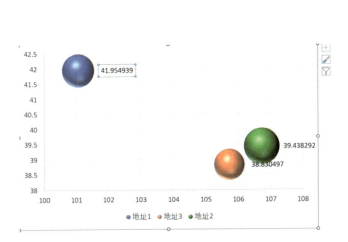

图 6-4-16　调整数据标签格式（1）

图 6-4-17　调整数据标签格式（2）

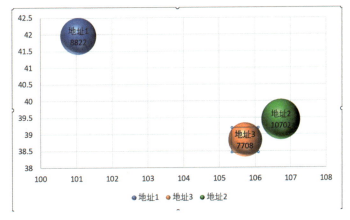

图 6-4-18　调整数据标签格式效果图

点击图表,然后点击"图表设计"—"添加图表元素",如图 6-4-19 所示,坐标轴更多轴选项设置为"无线条"、坐标轴标题更多轴标题选项设置为"无线条"、图表标题设置"无"、误差线设置"无"、图例设置"无",效果如图 6-4-20 所示。

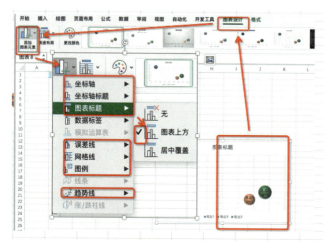

图 6-4-19　剔除多余元素　　　　　　　图 6-4-20　剔除元素后的效果图

⑤ 保存县城地图到电脑中(地图操作部分这里不具体说明,上课时由教师以 PPT 形式展示)。

⑥ 将县城地图和气泡图组合。右击图片,选择"设置绘图区域格式…",再选择"图片或纹理填充",点击"图片源",选择地图图片,调整图片大小,如图 6-4-21 和图 6-4-22 所示。

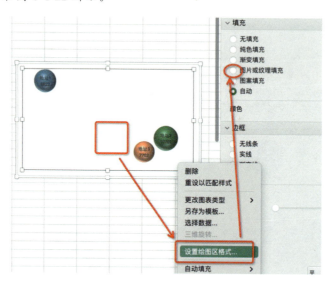

图 6-4-21　组合(1)

气泡大小调整适应地图,右击气泡,选择设置数据系列格式,气泡大小调整为 50,如图 6-4-23 所示。

学习单元六　数据可视化分析方法　305

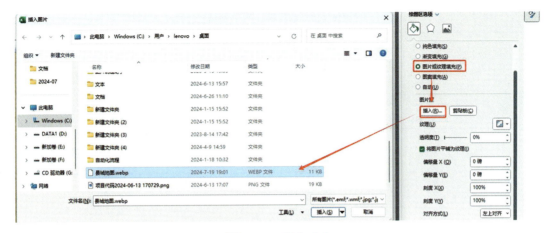

图 6-4-22　组合（2）

图 6-4-23　组合（3）

注：上述关于所有数据处理的数据源均提供数据源。

◇ **实施评价**

任务评价表见学习单元一之主题学习单元 1 的表 1-1-2。

二、多维数据/时间序列数据/文本数据分析与可视化

（一）多维数据分析

多维数据指的是具有多个维度属性的数据变量。

多维数据分析是一种统计分析方法，它可以用于探索和解析数据集中多个变量（维度）之间的复杂关系。

例如，销售额可以从多个维度来进行分析和对比，表 6-4-1、表 6-4-2、表 6-4-3 分别是地区维度、性别维度、地区和性别组合维度的销售额。

表 6-4-1　地区维度的销售额

省份	销售额
江苏	1000 万元
浙江	1200 万元
河北	1500 万元

表 6-4-2　性别维度的销售额

性别	销售额
男	1000 万元
女	1200 万元

表 6-4-3　地区和性别组合维度的销售额

省份	性别	销售额
浙江	男	300 万元
浙江	女	900 万元
江苏	男	200 万元
江苏	女	800 万元
河北	男	500 万元
河北	女	1000 万元

（二）时间序列分析

时间序列（或称动态数列）是指将同一统计指标的数值按其发生的时间先后顺序排列而成的数列。时间序列中的时间可以是年份、季度、月份或其他任何时间形式。

时间序列分析是一种专门对随时间变化的数据进行统计分析的方法，用于识别数据中的模式、趋势、周期性波动、季节性效应、随机成分等特征，并基于这些特征进行预测或解释。例如，按季节分析某款洗面奶销售量，发现春季是该洗面奶的销售旺季。

（三）文本数据分析

文本数据分析是从原始文本中提炼高价值的信息，将其转化为结构化的数据形式，进而支撑更高级别的分析和决策之制定。文本数据需要进行预处理，抽离出需要的信息。例如，某品牌想找新晋明星代言，但不知道其具体影响力如何，就可以对社交网络进行分析，在社交媒体文本中识别带有该明星名字的话题、热搜、评论等数据，来判断该明星的热度，从而决定是否合作。

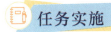

任务实施

◇ **任务描述**

图 6-4-24 为某产品在不同省份 2023 年的月销售额，利用多维数据分析可视化对各省份按年对比分析、按月对比分析、按月趋势分析。

6-4-1 任务实施

◇ **实践准备**

Excel。

省份	1月	2月	3月	4月	5月	6月	7月	8月	9月	10月	11月	12月	总计
河北	1070	1897	1423	2105	2396	2502	1047	679	2196	1867	1924	2251	21357
浙江	679	1163	834	739	1012	2818	2238	1317	583	1983	2281	1087	16734
广州	1188	3551	4510	1166	1032	1495	3475	3671	2990	2037	2607	2684	30406

图 6-4-24 某产品在不同省份 2023 年的月销售额（单位：万元）

◇ **实践指导**

1. 按年对比可视化

同时选中"省份"和"总计"列，插入圆环图，如图 6-4-25 所示。做成的圆环图如图 6-4-26 所示。将图表标题更新为"省份 2023 年全年对比"，增加数据标签，如图 6-4-27 所示。

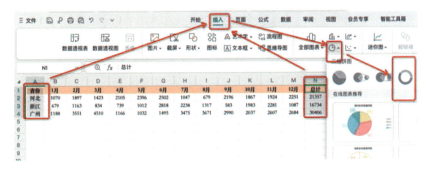

图 6-4-25 插入圆环图

图 6-4-26 圆环图　　　　　图 6-4-27 更改标题和标签

2. 按月对比可视化

同时选中"省份"和"1—12月"列,插入柱形图,如图6-4-28所示,柱形图如图6-4-29所示。将图表标题更新为"省份2023年按月对比",如图6-4-30所示。

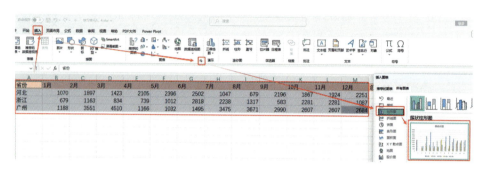

图 6-4-28　插入柱形图

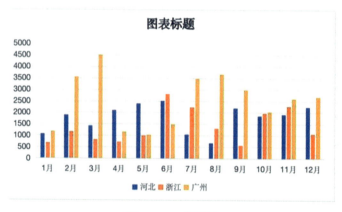

图 6-4-29　柱形图

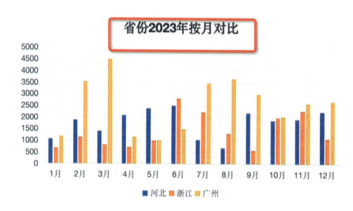

图 6-4-30　更改标题

3. 按月趋势可视化

同时选中"省份"和"1—12月"列,插入折线图,如图6-4-31所示,折线图如图6-4-32所示。将图表标题更新为"省份2023年逐月趋势",如图6-4-33所示。

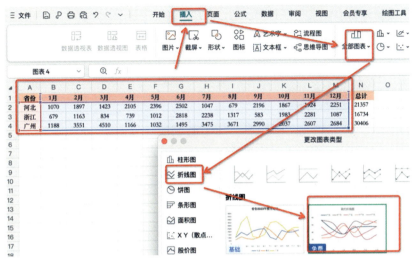

图 6-4-31　插入折线图

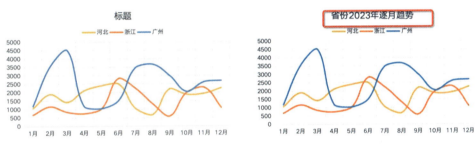

图 6-4-32　折线图　　　　　　　　图 6-4-33　更改标题

4. 可视化排版整合

将前面 4 个步骤的表格、图表，拖拽到同一界面排版，如图 6-4-34 所示。

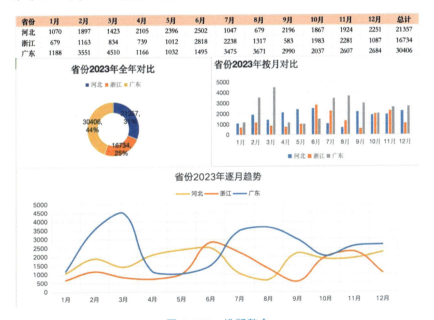

图 6-4-34　排版整合

◇ 实施评价

任务评价表见学习单元一之主题学习单元1的表1-1-2。

单元自主学习任务

请同学们扫描二维码完成本单元自主学习任务。

学习单元六自主学习任务

学习单元七　数据可视化应用案例

学习目标

◇ **素养目标**
- 通过分析和应用行业数据可视化案例,培养批判性思维和解决问题的能力。
- 通过学习实时数据可视化应用场景,培养技术创新意识。

◇ **知识目标**
- 了解金融、教育等行业数据可视化的概念。
- 熟悉相关行业数据可视化的应用工具和技术。

◇ **技能目标**
- 能够运用已知行业数据,制作合适的可视化图表。
- 运用数据可视化工具设计和实现课程数据的可视化项目。

思维导图

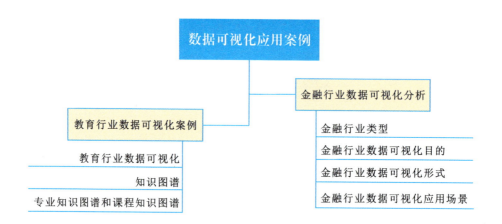

案例导入

提升数智化营销能力[①]

某银行持续推进财富管理数字化建设。为精准勾勒客户画像、洞察客户需求，该银行于 2019 年启动建设了客户管理数据集市（零售）系统，全面整合了个人客户信息，建立了科学、准确的客户标签体系，实现了客户 360 度视图和全面实名认证。该银行于同年启动建设了业内领先的个人财富管理系统，以资产配置为核心对一线理财经理进行科技赋能，创新式解决客户在资产配置过程中不清楚买什么、买多少，以及理财经理不明确如何为客户开展资产配置的问题，为银行推进数字化财富管理打下了坚实基础。

该银行不断提升数智化营销能力，通过大数据实名认证＋资产配置，推进"智慧化"财富管理经营模式。其结合同业领先实践经验，打通各条业务线，汇集线上线下、行内行外的客户数据，形成了 5 大类 18 小类，涵盖人口轮廓、客群特征、产品持有、消费偏好、价值贡献等接近 2000 个标签。理财经理在全面了解客户的基础上，借助个人财富管理系统，形成"理财经理约见客户—为客户出具建议书—客户在手机银行查看建议书—持续跟踪检视客户资配需求"的资产配置全流程闭环。

基于全面实名认证系统对客户进行深入洞察，开展价值挖掘，如临界客户提升、VIP 客户流失预警等"营销白名单"已在全国推广。其中，临界客户提

---

① 来源：北京金融科技产业联盟，https: //baijiahao.baidu.com/s?id=1754633731931715863&wfr=spider&for=pc。

升率高于自然转化率50%以上。截至2022年第二季度末，已有数百万客户在手机银行进行财富体检，接收投资规划建议书并下单，促成交易近百亿元。

对财富客户的资产分析发现，本项目可以有效地提升客户投资理财类产品占比，经财富管理系统出具投资规划建议书并一键下单的财富客户，较全部财富客户平均持有的理财产品占比提升近27个百分点，基金产品占比提升16.5个百分点，信托资管产品提升近13个百分点。本项目亦可显著提升客户持有资产多元化水平。持有三种以上产品的占比显著高于全部财富客户平均水平，其中持有三种产品客户比例提升20.5个百分点，持有四种产品客户比例提升近31个百分点，持有五种产品客户比例提升15个百分点。

◇ **思考**

通过分析该银行成功案例，我们可以得到哪些启示？

主题学习单元1　金融行业数据可视化分析

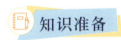

一、金融行业类型

金融行业涵盖银行业、证券业、保险业等。

二、金融行业数据可视化目的

数据可视化技术可以将金融行业大量复杂、抽象的数据转化为直观、易于理解的图表、图形或仪表盘，帮助金融从业者和决策者更好地了解市场走势、客户需求、风险状况等，帮助他们做出准确、及时的决策。

三、金融行业数据可视化形式

金融行业数据可视化可以采用多种形式，我们要根据不同的数据类型、目的和受众需求选择合适的可视化方式。

1. 折线图和柱形图

用于展示时间序列数据或不同类别之间的比较，如市场指数走势、资产价格变化、财务报表指标等。

2. 饼图和环形图

用于展示各类别占比情况，如资产配置比例、行业市场份额、客户群体构成等。

3. 散点图和气泡图

用于展示两个变量之间的关系或趋势，如收益率与风险之间的关系、市场价值与市盈率之间的关系等。

4. 热力图和地图

用于展示数据在空间上的分布和变化情况，如全球经济指标的地区分布、客户分布情况等。

5. 箱线图和直方图

用于展示数据的分布情况和统计特征，如收益率分布、风险暴露度分布等。

6. 仪表盘和大屏展示

用于集中展示多个指标或数据源的关键信息，如实时监控市场情况、投资组合表现、客户服务指标等。

7. 词云图和树状图

用于展示文本数据的关键词或层次结构，如客户反馈的关键词分析、行业板块的层级结构等。

8. 时间轴和动态图表

用于展示数据随时间变化的趋势和动态特征，如市场交易量随时间的变化、资产配置比例随时间的演变等。

9. 网络图和关系图

用于展示数据之间的关联和连接关系，如金融市场参与者之间的关系网络、资产之间的相关性网络等。

四、金融行业数据可视化应用场景

金融行业数据可视化在市场分析与预测、投资组合管理、风险管理、客户洞察和行为分析、财务报告和绩效分析、合规监管、网络安全监控等方面都有重要的应用价值，可以帮助金融机构更好地理解和应对市场挑战，提高业务效率和决策质量。

微课：金融行业
数据可视化应用场景

1. 市场分析与预测

金融机构可以利用数据可视化工具对市场趋势、行业表现、资产价格和交易量等数据进行分析与预测。通过可视化图表和图形，更直观地反映市场动态，为投资决策提供支持。

2. 投资组合管理

数据可视化可以帮助投资经理和资产管理公司监控和管理投资组合的表现和风险。他们可以利用可视化工具跟踪资产配置、行业分布、收益率和波动性等指标，及时调整投资策略。

3. 风险管理

金融机构可以利用数据可视化来识别、评估和管理各种类型的风险，包括信用风险、市场风险、操作风险等。他们可以通过可视化图表和热力图等方式发现风险暴露点，并采取相应的风险控制措施。

4. 客户洞察和行为分析

金融机构可以利用数据可视化来分析客户行为、偏好和需求，更好地理解客户群体，并提供个性化产品和服务。金融机构可以通过可视化工具展示客户分布、交易模式、产品偏好等信息，以指导营销活动。

5. 财务报告和绩效分析

数据可视化可以帮助金融机构生成清晰、易于理解的财务报告和绩效分析，包括收入情况、成本结构、利润率等指标。可视化图表和仪表盘可以直观地展示业务绩效，让人们及时发现问题和机会。

6. 合规监管

数据可视化可以帮助金融机构监测活动合规性，包括监控交易活动、检测异常行为和报告风险指标等。金融机构可以利用可视化工具生成合规性报告和监管指标的图表，确保业务活动符合相关法规要求。

7. 网络安全监控

金融机构可以利用数据可视化来监控和识别网络安全威胁和攻击，包括恶意软件、数据泄露和未经授权的访问等。他们可以通过可视化工具实时监控网络流量、异常行为和安全事件，及时采取防御措施。

社会担当

数据可视化助力可持续发展新局面

2022年，各股份制银行围绕"双碳"目标，全面落实绿色金融发展相关政策要求，聚焦清洁能源、清洁生产、生态环境、基础设施绿色升级、绿色服务等绿色产业重点领域，持续加大金融支持绿色经济发展的力度。在绿色信贷实现高速增长、绿色信贷余额平均增速、绿色债券承销规模差异、金融大力支持碳减排等方面，提供绿色金融可视化分析，将大量数据以图表形式展现，清晰地展示金融机构在绿色金融业务方面的活动，帮助金融机构在绿色投资和贷款决策中做出更加精准和前瞻性的决策。

案例详情请扫描二维码查看。

数据可视化助力可持续发展新局面

任务实施

◇ 任务描述

2024年3月1日至3月29日，某股票价格涨跌数据如表7-1-1所示。请据此绘制股价图、成交量柱形图。

7-1-1　任务实施

表 7-1-1　股票价格数据表

日期	开盘价	最高价	最低价	收盘价	成交量
2024-03-01	19.05	20.46	19.05	20.02	248116624
2024-03-04	20.80	22.02	20.44	22.02	268195152
2024-03-05	21.70	24.18	21.53	22.75	309757056
2024-03-06	22.07	22.55	21.70	22.01	230257680
2024-03-07	22.47	23.21	21.86	22.61	270290688
2024-03-08	23.10	24.87	22.66	24.87	285720832
2024-03-11	23.68	26.75	23.4	25.82	335970976
2024-03-12	25.26	25.48	24.07	24.80	312517664
2024-03-13	25.54	26.98	24.09	24.35	492039968
2024-03-14	22.77	23.27	21.99	22.85	550613184
2024-03-15	22.49	23.28	22.46	23.08	358323552
2024-03-18	23.45	25.30	23.36	25.01	424813600
2024-03-19	24.40	26.11	24.13	25.51	379137504
2024-03-20	25.30	25.83	24.57	25.08	298902624
2024-03-21	25.08	25.80	24.74	24.99	269702592
2024-03-22	24.82	25.35	24.11	24.43	260364000
2024-03-25	24.85	25.00	23.87	23.91	233972832
2024-03-26	24.00	24.30	23.00	23.73	246343856
2024-03-27	23.37	23.67	22.36	22.41	237632032

续表

日期	开盘价	最高价	最低价	收盘价	成交量
2024-03-28	22.42	24.11	22.42	23.45	275641088
2024-03-29	23.14	23.18	22.33	22.77	169352272

本次任务结合实时数据可视化的应用场景，让学生学习股价图的制作。

◇ **实践准备**

Excel。

◇ **实践指导**

1. 选择合适工具

启动 Excel。

2. 插入股价图

选中 A1 到 F32 区域，选择"插入"，点击股价图，如图 7-1-1 所示。选择合适的股价图例。横坐标为日期，纵坐标为股票价格区间。插入效果如图 7-1-2 所示。

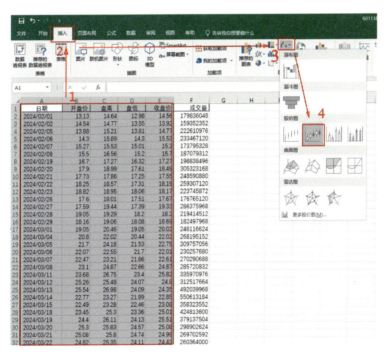

图 7-1-1 插入股价图

3. 美化股价图

（1）改变跌柱图颜色

选中股价 K 线图区域，右侧"绘图区域项"下拉菜单，选择"跌柱线 1"，如图 7-1-3 所示。

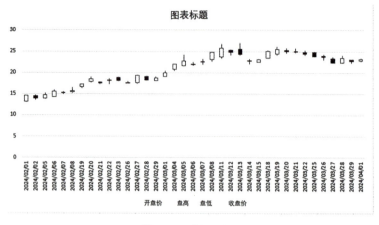

图 7-1-2 插入效果

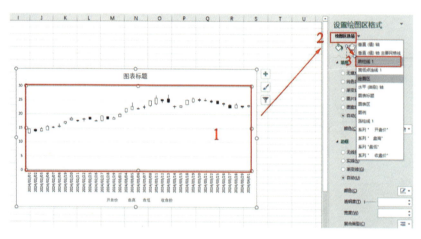

图 7-1-3 绘图界面

菜单变为"跌柱线选项",点击下方填充项内颜色菜单,选择绿色,如图 7-1-4 所示。效果如图 7-1-5 所示。

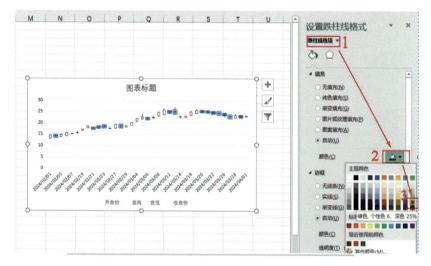

图 7-1-4 选择颜色

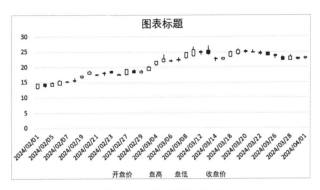

图 7-1-5　更改绿色效果

（2）改变涨柱图颜色

选中股价K线图区域，右侧"绘图区域项"下拉菜单，选择"涨柱线1"，如图7-1-6所示。

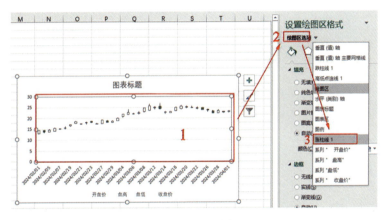

图 7-1-6　选择涨柱线

菜单变为"涨柱线选项"，点击下方填充项内颜色菜单，选择红色，如图7-1-7所示，操作效果如图7-1-8所示。

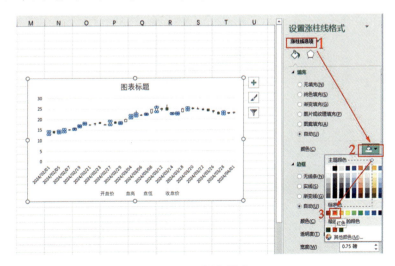

图 7-1-7　颜色更改

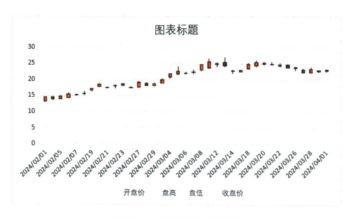

图 7-1-8 美化后的 K 线图

(3) 改变纵坐标最小值

由于本期内股票价格均高于 10 元，为了使股价图更加美观，可以调整纵坐标最小值为 10，具体步骤如图 7-1-9 所示。效果如图 7-1-10 所示。

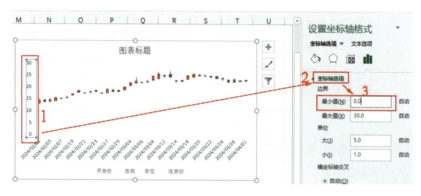

图 7-1-9 修改坐标轴

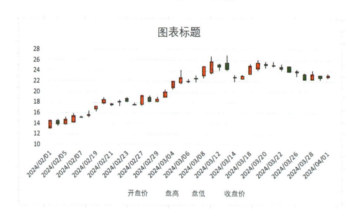

图 7-1-10 修改坐标轴后的效果

4. 添加 5 日均线

① 右击选中 K 线图，点击"添加趋势线…"，如图 7-1-11 所示。

② 选择移动平均线，把周期改为 5，如图 7-1-12 所示。

③ 更改移动平均线的颜色和线型，如图 7-1-13 所示。

学习单元七　数据可视化应用案例 **321**

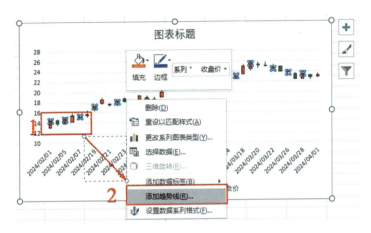

图 7-1-11　添加趋势线

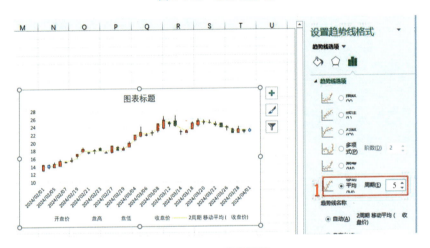

图 7-1-12　改变周期

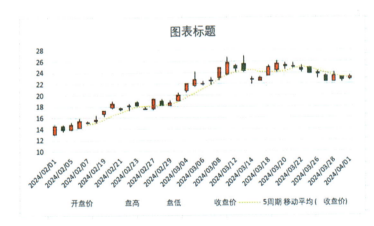

图 7-1-13　更改颜色和线型

右击选中移动平均线，选择填充与线条模块，更改颜色为蓝色、短划线类型为实线，如图 7-1-14 所示。修改后的效果如图 7-1-15 所示。

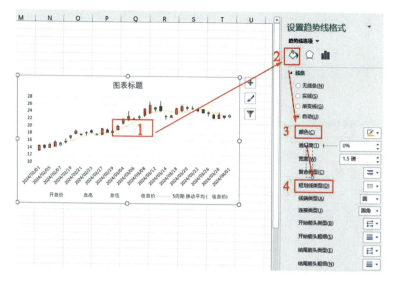

图 7-1-14 更改填充

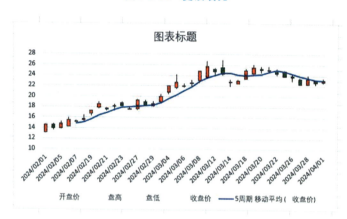

图 7-1-15 修改后的效果

5. 更改图表标题

双击选中图表标题如图 7-1-16 所示,更新为"股票价格 K 线图"。修改之后的效果如图 7-1-17 所示。

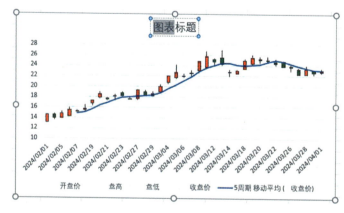

图 7-1-16 图表标题修改

图 7-1-17　修改标题的效果

◇ 实施评价

任务评价表见学习单元一之主题学习单元 1 的表 1-1-2。

主题学习单元 2　教育行业数据可视化案例

一、教育行业数据可视化

（一）教育行业数据可视化的概念

教育行业数据可视化是指将教育数据通过图表、图像、动画等可视化手段进行呈现和展示的过程。它将复杂的教育数据转化为直观、可感知的视觉形式，帮助教育者和决策者更好地理解和分析教育现状，发现问题，并改进教育策略。

具体来说，教育行业数据可视化可应用于多个方面，如学生考勤数据、教学数据、校园安全数据和学生心理卫生数据等。通过使用 RFID 芯片或人脸识别技术，学校管理人员可以实时监控学生的上课情况，更好地跟踪和管理学生考勤和缺勤情况。

同时，教学数据如课堂讲义、试卷成绩、课堂评价等也可以通过可视化方式展示，使学校管理人员能够更全面地了解教学进程和教师的工作情况。

此外，校园安全数据和学生心理卫生数据的可视化展示也有助于学校管理人员更好地掌握校园安全状况和学生心理状况，从而做出更科学、更高效的决策。

总的来说，教育行业数据可视化是一种强大的工具，能够提升教育行业的决策效率和管理水平，促进教育行业的持续发展和进步。

（二）教育行业数据可视化的目的

教育行业数据可视化旨在通过图形和图表等视觉元素将复杂的数据信息简化并直观地展示出来，以支持教育决策、改进教学方法、优化学习体验等。教育行业数据可视化具体目的可以概括为以下几点。

1. 增强对数据的理解和吸收

数据可视化可以将抽象、复杂的数据集转换为直观、易理解的视觉形式，帮助教师、学生、教育管理者等用户快速理解数据背后的信息和趋势，促进更有效的信息吸收和记忆。

2. 支持教育决策制定

通过可视化展示学生的学习成绩、进步趋势、课堂参与度等数据，有助于教育工作者做出更为精准的教学调整和决策。同样，学校管理人员可以利用数据可视化来分析学校运营各个方面的情况，从而制定更加科学的管理策略和发展规划。

3. 提升学习效率

数据可视化工具可以帮助学生自我监测学习进度和成效，通过可视化反馈，让学生清晰地了解自己的学习强项和弱点，从而有针对性地调整学习策略，提高学习效率。

4. 促进教学内容和方法的创新

教师可以利用数据可视化工具探索和分析学生的学习数据，识别出哪些教学方法有效、哪些内容需要进一步解释或调整。这有助于教师不断创新教学内容和方法，提高教学质量。

5. 增强学习体验

通过交互式的数据可视化应用，学生可以更加主动地探索学习材料，如通过操作交互式图表来理解复杂的科学原理或历史事件。这种参与式学习能够显著增强学生的学习体验和学习动机。

6. 促进教育公平

数据可视化可以帮助教育管理者识别教育资源分配的不平衡，了解不同群体学生的学习需求和挑战，从而采取措施促进教育机会的公平。

总的来说，教育行业数据可视化的目的在于利用视觉化手段提升数据的可访问性和可理解性，支持基于数据的教育实践和研究，最终促进教育质量的提高和教育公平的实现。

（三）应用场景

教育行业数据可视化应用广泛，涉及教学、学习、管理、决策制定等多个方面。以下是教育行业数据可视化的一些具体应用场景。

1. 学生表现分析

（1）场景描述

通过可视化工具展示学生的成绩分布、进步趋势、学科强弱等。例如，使用折线图展示学生一学期的成绩变化，或使用热力图展示全班学生在不同学科上的表现。

（2）目的

帮助教师快速识别学生的学习成果和需要额外支持的领域，以便提供个性化的教学指导。

2. 课程内容和资源管理

（1）场景描述

对教学资源进行分类和整理，通过数据可视化展示教材、视频、习题等资源的使用频率和学生的反馈评价，如图 7-2-1 所示。

（2）目的

使教师能够基于反馈优化课程内容，选择最有效的教学资源。

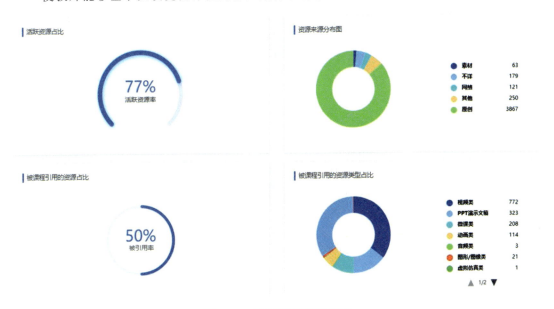

图 7-2-1　数据展示教学资源

3. 学习进度跟踪

（1）场景描述

对学生的学习进度进行实时监控，通过进度条、仪表盘等可视化组件展示学生完成课程的情况和学习中的"里程碑"事件。

（2）目的

让学生和教师都能清晰地了解学生的学习进度，及时调整学习计划和教学方法。

4. 学习行为分析

（1）场景描述

收集学生在在线学习平台上的行为数据，如登录频率、学习时长、互动次数等，通过数据可视化展示学生的学习习惯和活跃度，如图 7-2-2 所示。

（2）目的

分析学生的学习行为，识别学生的学习动机和潜在障碍，以提供更有效的学习策略和干预措施。

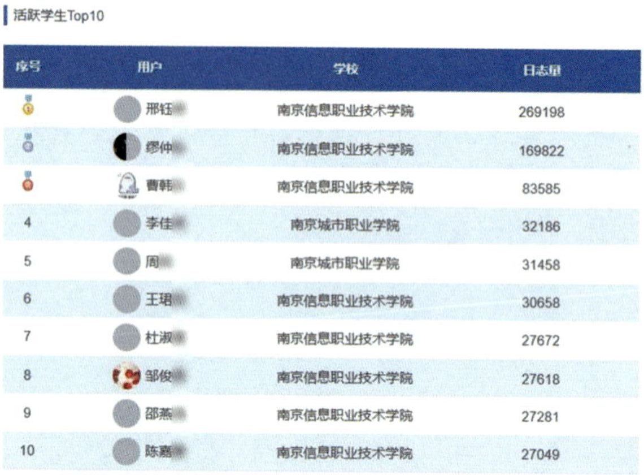

序号	用户	学校	日志量
1	邢钰	南京信息职业技术学院	269198
2	廖仲	南京信息职业技术学院	169822
3	曹韩	南京信息职业技术学院	83585
4	李佳	南京城市职业学院	32186
5	周	南京城市职业学院	31458
6	王珺	南京信息职业技术学院	30658
7	杜淑	南京信息职业技术学院	27672
8	邹俊	南京信息职业技术学院	27618
9	邵燕	南京信息职业技术学院	27281
10	陈嘉	南京信息职业技术学院	27049

活跃学生Top10

图 7-2-2　学习行为数据

5. 教育成果和效果评估

（1）场景描述

使用数据可视化展示教育项目或政策实施前后的变化，如学生成绩提升、课堂参与度增加等指标的对比分析。

（2）目的

评估教育改革措施的效果，为未来的教育决策提供依据。

6. 学习资源推荐

（1）场景描述

根据学生的学习历史和偏好，利用数据可视化展示个性化的学习资源推荐，如推荐课程、书籍、视频等。

（2）目的

增强学习体验，帮助学生发现对他们有用的新资源，激发学习兴趣。

7. 教育大数据分析

（1）场景描述

汇总和分析大规模教育数据，如全国范围内的学生表现、教育资源分配等，通过地图、散点图、知识图谱等可视化手段展现教育现状和趋势。

(2) 目的

为教育政策制定、资源配置提供数据支持，促进教育公平和质量提升。

这些应用场景展示了教育行业数据可视化的强大潜力，通过将复杂的数据转换为直观的视觉形式，它能够促进教育工作者的决策制定，提高教学和学习的效率，优化教育资源的管理和分配。

二、知识图谱

（一）知识图谱的概念

知识图谱是一种通过图形结构表达知识的方式，它以图谱的形式组织和集成了大量的信息和数据，便于人们理解和检索信息。知识图谱中的"节点"通常代表知识或能力等实体，而"边"则表示实体之间的关系（如隶属、递进等）。通过这种方式，知识图谱能够以一种直观和相互关联的形式展示复杂的知识体系和数据关系。图 7-2-3 展示了知识图谱的基本结构和单元，圆圈就是节点，代表实体，箭头就是边，代表关系。

图 7-2-3　知识图谱的基本结构和单元

图 7-2-4 中表示的知识用自然语言可以表述为"数据可视化图形"，其包含面积图、饼图、知识图谱、折线图等。同时，每个节点代表的实体还存在一些属性，比如"知识图谱"这个节点，我们可以把一些基本信息作为属性，比如知识图谱名称、知识图谱的领域、知识图谱的应用等。知识图谱就是由这些节点和边组成的网络状知识库。

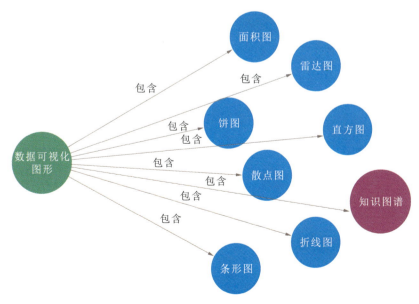

图 7-2-4　知识图谱展示

（二）知识图谱的重要性

知识图谱的重要性主要体现在以下几个方面。

1. 数据管理和组织

知识图谱能够将海量的多样化的数据以图形结构的形式表示，通过节点和边来表示实体、属性和关系，从而有效地管理和组织这些数据，帮助用户更好地理解和推断数据之间的关联性。

2. 语义表示和推理

知识图谱通过语义方式表示实体之间的关系，使人们对数据的理解更加准确；同时，它支持基于这些关系的推理，便于人们发现隐藏在数据中的模式和规律。

3. 智能搜索和问答

知识图谱具有更智能、更精确的搜索和问答功能。通过将问题和查询映射到知识图谱上，系统可以理解问题的语义，并根据图谱中的信息提供准确的答案。

4. 智能决策支持

知识图谱为决策支持系统提供全面、准确的信息。通过整合各种数据到知识图谱中，系统可以根据数据之间的关系和模式进行深入分析和洞察，帮助决策者做出更明智的决策。

5. 提高推荐质量

知识图谱能够提高推荐系统的准确性和相关性，集成多种数据源如文本、图像、视频等，支持多模态和跨域推荐，同时记录用户的历史行为和兴趣爱好，支持个性化推荐。

6. 教育数字化和智能化

知识图谱是实现教育数字化的关键基础设施，也是实现教育智能化的重要技术工具，有助于提高课程建设质量和教育效率。

总之，知识图谱在管理、组织、表示、推理和应用数据方面提供了强大的工具，对于个人决策、组织的知识管理和教育技术的进步都具有重要的意义。

（三）知识图谱的应用场景

知识图谱的应用场景广泛且多样，几乎涵盖所有需要深入理解复杂关系的行业领域。

在自然语言处理和人工智能领域，知识图谱能够助力机器更深入地理解人类语境，从而提升交互的智能性。在数据挖掘和信息检索方面，知识图谱有助于人们发现数据间的内在联系。

在电子商务领域，知识图谱可以优化商品推荐并深入分析用户行为；在金融领域，知识图谱能够对风险管理、投资决策等提供数据支持。

在公共安全与政务方面，知识图谱能够处理海量数据，揭示复杂的信息关系，为公安等部门的决策提供辅助性支持。

在医疗保健领域，知识图谱可以辅助医生进行更精确的诊断。

此外，在智能助手、社交网络以及企业知识管理等领域，知识图谱都发挥着不可或缺的作用。

简而言之，知识图谱通过揭示实体和实体之间的关系，为各行业提供了更智能的决策支持和更高效的信息管理，正逐渐成为现代社会数据处理与智能分析的重要工具，如图 7-2-5 所示。

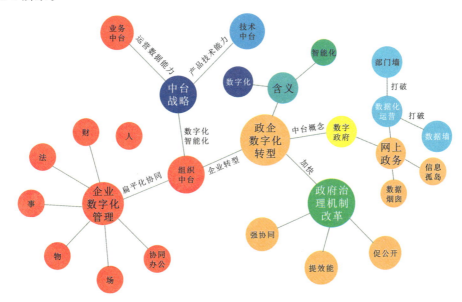

图 7-2-5　知识图谱

三、专业知识图谱和课程知识图谱

（一）专业知识图谱

专业知识图谱是指针对特定学科专业（如跨境电商、机械工程、计算机科学等）构建的知识管理工具，它通过图谱形式表示和组织

动画：专业知识图谱和课程知识图谱

该领域的核心概念、术语、原理、方法、工具、案例及其相互关系。专业知识图谱旨在为学生、教师、研究者和专业从业人员提供一个结构化、系统化的体系，支持教学、学习、研究和实践活动。

1. 核心特点和功能

（1）结构化表示

它将专业领域以结构化分层的方式表示，包括专业的职业面向、培养目标、毕业要求、课程体系、能力、问题、知识结构、岗课赛证等，定义专业的属性、分类以及各种标准之间的各种关系（如依赖、包含、递进等），使得专业体系更加清晰、易于理解，如图 7-2-6 所示。

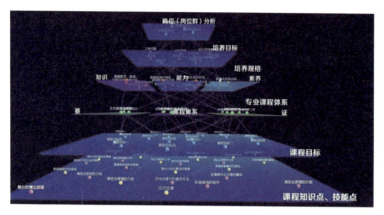

图 7-2-6　结构化表示

（2）支持教学和学习

专业知识图谱为教学设计和学习路径提供参考，使教学活动更有针对性，学习过程更加高效。通过个性化推荐，它还可以根据学习者的背景和需求推荐适合的学习资源。

（3）支持专业实践

对于专业从业人员来说，专业知识图谱可以提供必要的知识背景和数据支持，使他们能够在复杂的业务环境中做出更明智的决策。专业知识图谱还能提供行业最新动态、技术标准、专业实践等重要信息，帮助专业从业人员解决实际工作中的问题。

（4）知识的发现和连接

通过揭示不同专业之间的内在联系，专业知识图谱帮助学习者和研究者发现新的知识、理解复杂概念和提出新的研究假设，从而推动创新，如图 7-2-7 所示。

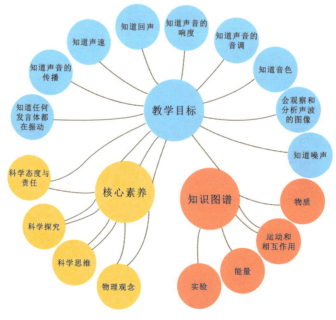

图 7-2-7　知识联系图

（5）促进跨学科研究

专业知识图谱不仅组织了单一学科内的知识，还可以连接其他学科的知识图谱，通过共享统一的知识框架，更有效地交流思想和协调工作，促进跨学科的知识整合和研究合作。

总的来说，专业知识图谱通过系统化和结构化地组织专业知识，为教育和专业发展提供了一个强大的工具，有助于知识的传播、应用和创新。

2. 应用场景

专业知识图谱作为一种强大的工具，通过结构化和可视化方式系统地展示复杂的专业知识，显著提升了教育、研究、企业管理和客户服务等多个领域的效率与效果。在教育和培训中，它帮助学生和教育者深入理解学科内容，优化学习路径，如在医学领域通过可视化展示不同疾病和治疗间的关系，极大地提高学习效率。研究人员利用知识图谱整合广泛的学术资料，加速新知识的生成，如通过生物技术理解复杂的生化过程。企业通过知识图谱支持决策的制定，优化供应链管理，降低成本并提高运营效率。此外，知识图谱通过快速准确地诊断问题和提供解决方案，提高了客户服务的质量。通过促进不同领域知识的融合，知识图谱还激发了跨学科的创新，为新产品和服务的开发提供支持。总体来说，专业知识图谱为各行各业提供了高效的知识管理和应用平台，提升了行业内部的信息流通性和知识利用效率。

（二）课程知识图谱

1. 教育领域的工具

课程知识图谱是一种专门为教育领域设计的工具，旨在通过可视化方式结构化地展示课程内容，帮助学生、教师和教育研究者更好地理解和掌握学科知识。它将课程中的概念、主题、关键点以及它们之间的关系进行图形化表示，提供一个全面的学习路线图，如图 7-2-8 所示。

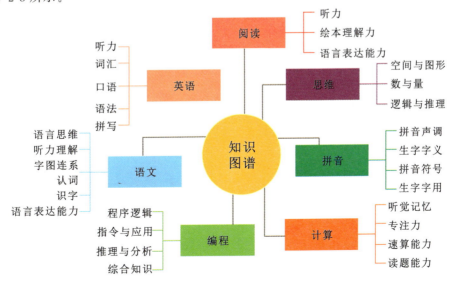

图 7-2-8　课程知识图谱

课程知识图谱是一个高效的教育工具，其通过系统地将课程核心内容可视化，极大地促进了教学和学习过程的深化。它将课程的核心概念、术语和关键知识点形象化为图谱中的节点，使学生能够快速掌握课程的基本结构。这些节点通过逻辑或因果关系连接，形成一个完整的理论框架，帮助学生理解各知识点之间的相互依存性。

此外，课程知识图谱融入了丰富的案例分析，将抽象理论与具体实例相结合，增强了学生的理解和记忆能力。通过与教科书、研究论文、视频讲座等资源结合，课程知识图谱进一步支持学生的深入学习和探索。评估测试和作业的集成确保学生可以对所学知识进行有效的自我检验和巩固。学习路径的规划引导学生按逻辑顺序逐步学习，从基础概念到复杂理论，而跨学科链接的展示则拓宽了学生的视野，促进了综合和跨学科的学习。

总体而言，课程知识图谱不仅为学生提供了一个全面的课程概览，还促进了知识之间的联系，为学生的自主学习和应用提供了坚实的支持。

2. 应用场景

课程知识图谱作为一种创新型教育工具，通过结构化和可视化的方式显著提高了教学和学习效率。它通过精确映射和展示课程中的核心概念、理论关系、案例分析以及相关学习资源，为学生提供了一个直观的互动式学习平台。

在课程设计与开发领域，课程知识图谱能帮助教育者全面审视和优化教学大纲，确保教学内容的完整性和逻辑性。通过识别知识空白，教师能够补充必要的教学点，设计更均衡更全面的课程结构。此外，课程知识图谱作为教学辅助工具，为学生提供了一个清晰的课程知识框架，帮助他们快速理解关键概念和理论之间的联系，从而促进理解和记忆的深化。

个性化学习路径的定制是课程知识图谱的另一个重要应用，它允许教育者根据每位学生的学习进度和能力，提供定制化学习材料和活动。这不仅提高了学生学习的有效性，还增强了学生的学习动力。同时，课程知识图谱在学习成果评估中的应用也使得教师能够准确评估学生对课程内容的掌握情况，便于教师及时调整教学策略。

此外，课程知识图谱还支持协作学习和跨学科教学，通过展示不同学科之间的连接，激发学生的创新思维和解决问题的能力。在在线教育资源的整合上，课程知识图谱提供了有效的导航工具，帮助学生在庞大的数字资源中找到最相关的学习材料，极大地提升了资源的可访问性和学习的便利性。

综上所述，课程知识图谱通过其多功能的特性，在现代教育体系中扮演着至关重要的角色，不仅优化了教育内容的呈现形式，也极大地增强了学生的学习体验和学习效果。

（三）专业知识图谱和课程知识图谱的区别

专业知识图谱和课程知识图谱是有一定关联，但具有不同焦点和应用领域的知识组织工具。专业知识图谱可能更广泛地应用于行业实践和研究，而课程知识图谱则专注于特定课程内容的教学和学习。两者大致可以从以下几个方面进行区分。

1. 范围和深度

专业知识图谱通常覆盖较宽的专业领域，如整个跨境电商行业，包括其所有相关概念、工具、法规等。这种图谱旨在全面地捕捉特定行业或学科领域的知识体系，适用于行业从业人员、研究者和学生。

课程知识图谱专注于特定课程的内容，如一门关于跨境电商的大学课程。它主要围绕课程教学大纲组织知识，更注重教学内容的组织和学习路径的设计。

2. 应用重点

专业知识图谱强调的是专业知识的广度和实用性，重视行业应用、实践技能和最新研究。它支持专业实践和决策，帮助行业从业人员保持对最新行业趋势的了解。

课程知识图谱更关注教育的结构性和系统性，帮助学生理解课程目标和学习材料之间的关系，促进教学活动的高效进行。

3. 用户群体

专业知识图谱面向的是整个行业的专业人员、研究者以及那些希望深入了解某个领域的学生。

课程知识图谱主要服务于特定课程的学生和教师，为他们在课程学习中提供更好的导向性支持。

总之，虽然专业知识图谱和课程知识图谱在形式上相似，都采用图谱来组织知识，但它们的范围和深度、应用重点、用户群体等存在明显区别。但两者也是相辅相成的，专业知识图谱提供行业或学科的广泛视角，而课程知识图谱则深入特定教学内容细节，两者共同支持知识的传播和教育的深化。

创新应用

虚拟现实中的动态知识图谱

虽然知识图谱已经被广泛用于支持复杂数据的组织和理解，但大多数应用都是通过传统的屏幕界面呈现的。将知识图谱与虚拟现实技术结合，可以创建一个虚拟现实应用，不仅支持静态查看，而且可以通过 VR 环境进行交互动态探索和操作，建立一个更直观更具互动性的学习环境。学生可以在三维空间中导航，直接与信息节点互动，通过自然的手势和命令探索知识连接方式和数据层次，通过沉浸式的学习体验，极大地提高学习的动机和效率，尤其是在理解抽象和复杂的概念时。

虚拟现实中的动态知识图谱的特点和方法如下。

第一，三维知识展示。在 VR 环境中，知识点以三维形式展现，学生可以在虚拟空间中移动，从不同角度和深度探索知识结构。

第二，交互式学习。用户可以使用手势或VR控制器与图谱中的节点互动，如放大查看详细信息，或是触发相关的学习材料和视频教程。

第三，沉浸式教学场景。教师可以结合具体学科内容，如历史、生物或天文，创建情境模拟，让学生通过互动的方式深入理解复杂概念。

这种集成了知识图谱的虚拟现实环境能够提供更具吸引力和交互性的学习方式，可以应用于学术研究、教育教学以及专业培训等场景，研究人员可以用这个工具来探索大量的学术数据，发现新的研究领域和相互关系；教师可以利用这种技术带领学生进行虚拟实地考察，例如历史事件的重现或科学理论的可视化，增强学生的学习兴趣和记忆效果；在医学或工程等需要复杂设备和程序训练的领域，通过虚拟现实中的知识图谱提供步骤详解和操作指南，能够帮助学生或新员工快速掌握关键技能。

任务实施

◇ **任务描述**

设计跨境电子商务运营这门课程的课、章、节和知识点的图谱。结合可视化应用场景，学习知识关系图的制作。

◇ **实践准备**

7-2-1　任务实施

这里利用 Gephi 知识图谱软件进行操作，完成该课程的知识图谱。其中要进行四个步骤的操作。

1. 安装软件

生成图谱需要专门的知识图谱软件，我们这里选择的是开源软件 Gephi。

2. 数据导入

知识图谱除了需要导入每个节点的数据，还需要边的数据。

3. 调整外观和布局

图谱的美观性与节点、边、标签的属性和布局有关。要做出一个具有美观性的知识图谱，需要对这些属性进行调整。

4. 导出

完成后根据自己的需求导出合适格式，如 PDF、PNG、SVG 等格式。

◇ **实践指导**

1. 安装软件

软件的安装如图 7-2-9 所示。

点击"Install for all user（recommended）"，选择"I accept the agreement"，然后一直点击"Next"，直到出现"Instal"，最后点击"Finish"，安装完成，如图 7-2-10 所示。

学习单元七　数据可视化应用案例　**335**

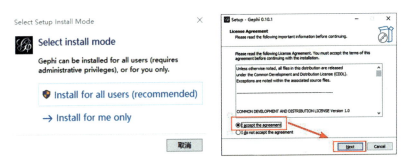

图 7-2-9　软件安装初始界面

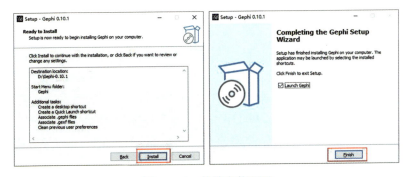

图 7-2-10　软件安装页面

2. 导入数据

新建工程窗口如图 7-2-11 所示。点击"新建工程",初始界面如图 7-2-12 所示。

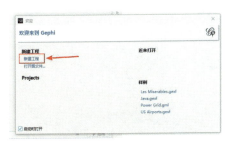

图 7-2-11　数据导入窗口

图 7-2-12　初始界面

在数据资料窗口，点击"文件"—"导入电子表格"，选择我们需要导入的文件。我们先导入"节点.csv"文件（"边csv."后续再导入），点击"打开"，如图7-2-13所示。

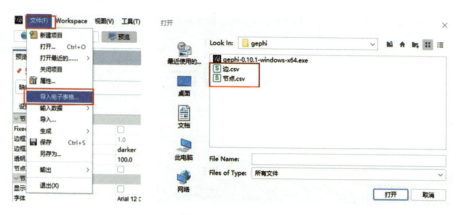

图7-2-13　导入界面

字符集选择可以显示中文的GB2312，如图7-2-14所示。在下一步的选项中，点击勾选"新的工作区"，之后点击"确定"，如图7-2-15所示。之后，节点导入成功，如图7-2-16所示。

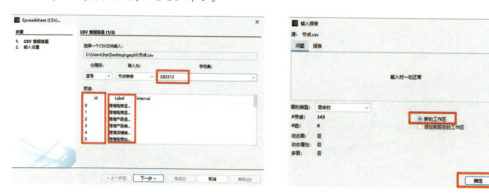

图7-2-14　字符集选择　　　　　　　　图7-2-15　新的工作区

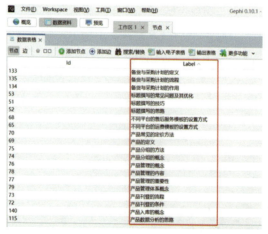

图7-2-16　节点导入成功

按照同样的步骤，将"边.csv"文件导入，并在输入报告窗口选择"添加到现在的工作区"，点击"确定"，数据表格里就会显示相关数据内容，如图 7-2-17 所示。

图 7-2-17　边数据导入成功

3. 调整外观和布局

数据导入后展示界面出现数据的初始状态，外观和布局概览如图 7-2-18 所示。

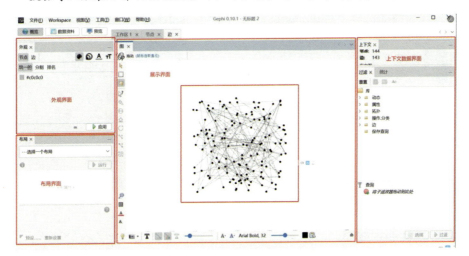

图 7-2-18　概览界面

导入数据后的页面，知识图谱的展现比较单一，接下来我们继续调整，找到"统计"里面的"模块化"，点击"运行"，然后点击"确定"，如图 7-2-19 所示。

改变节点的颜色，点击"节点"下的"分割"，然后下拉选项选择"Modularity Class"渲染方式，点击"应用"，根据不同的属性分成若干种不同的颜色（颜色可点击色块进行更改），如图 7-2-20 所示。

点击节点的颜色，选择 Modularity Class 渲染方式，得到图 7-2-21。

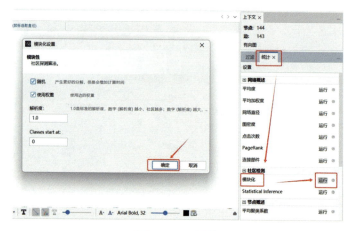

图 7-2-19　调整

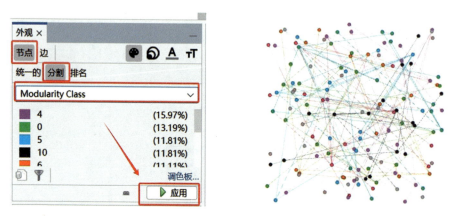

图 7-2-20　更改颜色效果

图 7-2-21　渲染效果

改变节点的大小，点击"节点"下的"排名"，然后下拉选项选择"Modularity Class"渲染方式，设置最大尺寸和最小尺寸，点击应用可出现大小不同的节点，如图 7-2-22 所示。

在布局页面中，选择一个合适的布局，例如 Fruchterman Reingold，调整重力和速度，点击"运行"，得到一个圆形的图例，如图 7-2-23 所示。

图 7-2-22　更改节点大小效果

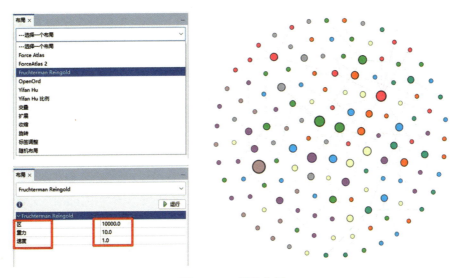

图 7-2-23　调整布局

如需显示标签属性或边属性，点击展示界面下面的字体符号，选择字体，调整大小，即可让节点上面出现标签，如图 7-2-24 所示。

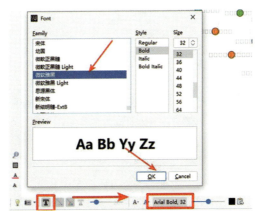

图 7-2-24　调整出现标签文字

此时点击导航栏的"预览"界面,点击"刷新",图形就会根据前面所调整的展现出来,如图 7-2-25 所示。

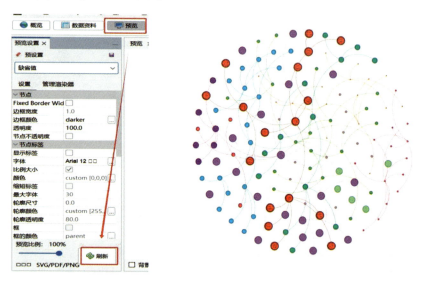

图 7-2-25　展示预览图

如果节点标签未出现,可勾选设置中的"显示标签",并调整为合适的字体及大小等,点击"确定",如图 7-2-26 所示。刷新后,可视化知识图谱如图 7-2-27 所示。

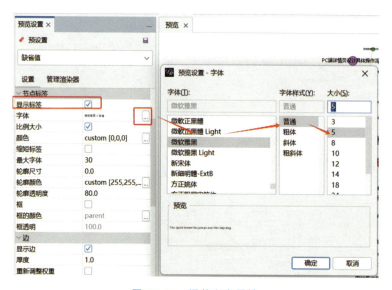

图 7-2-26　调整文字属性

如需调整形状,可回概览中调整,得到想要的形状。

4. 导出

知识图谱可以导出为 PDF、PNG、SVG 等文件格式,如图 7-2-28 所示。

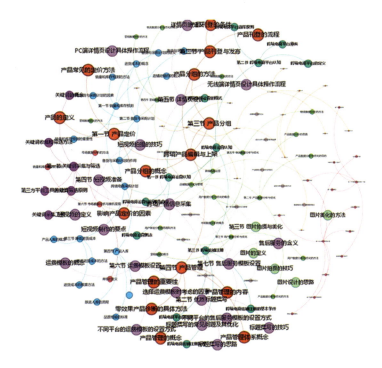

图 7-2-27　知识图谱展示

图 7-2-28　导出界面

◇ **实施评价**

任务评价表见学习单元一之主题学习单元 1 的表 1-1-2。

单元自主学习任务

请同学们扫描二维码完成本单元自主学习任务。

学习单元七自主学习任务

参 考 文 献

[1] 宋翔. Excel 与 Power BI 数据分析从新手到高手[M]. 北京：清华大学出版社，2021.

[2] 张超，董慧，张平亮. 数据可视化入门与实战[M]. 北京：化学工业出版社，2023.

[3] 格雷格·德克勒. Power BI 数据分析与数据可视化[M]. 刘君，译. 北京：清华大学出版社，2021.

[4] 沈君. 数据可视化必修课：Excel 图表制作与 PPT 展示[M]. 北京：人民邮电出版社，2021.

[5] 贺宁，季丹. 数据可视化技术及应用[M]. 北京：机械工业出版社，2021.

[6] 朱德军，仲崇丽，张胜南. 数据分析基础与实战（微课版）[M]. 北京：人民邮电出版社，2022.

[7] 王斌会. 数据分析及可视化：Excel＋Python（微课版）[M]. 北京：人民邮电出版社，2022.

[8] 谢东亮，黄天春，徐琴，等. 数据可视化基础与实践[M]. 西安：西安电子科技大学出版社，2020.

[9] 王建国，高海英. 大数据可视化技术[M]. 北京：电子工业出版社，2023.

[10] 袁佳林. Power BI 数据可视化从入门到实战[M]. 北京：电子工业出版社，2022.

[11] 颜颖，蒋鹏. 数据可视化[M]. 北京：电子工业出版社，2021.

[12] 黑马程序员. Python 数据可视化[M]. 北京：人民邮电出版社，2021.

[13] 贾俊平，何晓群，金勇进. 统计学[M]. 6 版. 北京：中国人民大学出版社，2015.

[14] 左圆圆，王媛媛，蒋珊珊，等. 数据可视化分析综述[J]. 科技与创新，2019（11）：82-83.

[15] 温丽梅，梁国豪，韦统边，等. 数据可视化研究[J]. 信息技术与信息化，2022（5）：164-167.

[16] 罗敏刚. 探析大数据可视化技术与工具[J]. 科技视界，2020（9）：159-161.

[17] 韩兆洲. 统计学原理[M]. 8 版. 广州：暨南大学出版社，2018.

[18] 韩小良. Excel 数据分析可视化必备技能：案例视频精讲[M]. 北京：清华大学出版社，2023.

[19] 雷玉堂,李柯,杨浦. 大数据可视化分析建模:人人都是数据分析师. 北京:清华大学出版社,2022.

[20] 贾俊平. 统计学基础[M]. 7版. 北京:中国人民大学出版社,2023.

[21] 郭宏远. Excel数据可视化:从图表到数据大屏[M]. 北京:清华大学出版社,2023.

[22] 黄源,蒋文豪,徐受蓉. 大数据可视化技术与应用[M]. 北京:清华大学出版社,2020.

[23] 王振丽. Python数据可视化方法、实践与应用[M]. 北京:清华大学出版社,2020.

[24] 刘亚男,谢文芳,李志宏. Excel商务数据处理与分析(微课版)[M]. 北京:人民邮电出版社,2019.

[25] 范刚龙. 电子商务数据分析及应用:理论、案例与实训[M]. 北京:人民邮电出版社,2023.

[26] 王薇,刘亚男,陈悦. Excel商务数据处理与分析(微课版)[M]. 2版. 北京:人民邮电出版社,2023.

[27] 曾文权,张良均. Python数据分析与应用(微课版)[M]. 2版. 北京:人民邮电出版社,2021.

[28] 黑马程序员. Python数据预处理[M]. 北京:人民邮电出版社,2021.

[29] 肖睿,陈磊. Python网络爬虫(Scrapy框架)[M]. 北京:人民邮电出版社,2020.

[30] 汪静,郑婷婷. Python数据预处理(微课版)[M]. 北京:人民邮电出版社,2023.